全国高职高专教育精品规划教材

建筑应用文写作教程

主　编　郭筱筠
副主编　邓建飞　林　武　何春蕾

北京交通大学出版社

·北京·

内 容 简 介

本教材论述了应用文写作的一般原理和基本知识，结合建设类工作的写作实际需要，介绍了工作中最常用的党政机关公文、计划、总结、调查报告、述职报告、简报、规章制度、讲演稿、职场礼仪文书、招投标书、建设工程合同、商业广告文案、工程日志等文种的写作。每一文种均包含三方面内容：写作知识概说、与专业密切相关的例文以及例文分析、能力训练。全书内容侧重于体现建设行业的特点，侧重于使用建设工程相关专业应用文写作方面的例文，侧重于用适当的练习提高写作水平。

本书理论性适当，且具有一定的操作性，可作为建设类高职院校学生学习公共类课程——《应用写作》使用的教材，同时也适宜从事建设工程方面写作的从业人员使用。

图书在版编目（CIP）数据

建筑应用文写作教程／郭筱筠主编 . — 北京：北京交通大学出版社，2014.8（2020.1重印）

（全国高职高专教育精品规划教材）

ISBN 978-7-5121-2021-1

Ⅰ. ① 建…　Ⅱ.① 郭…　Ⅲ.① 建筑业-应用文-写作-高等职业教育-教材　Ⅳ.① H152.3

中国版本图书馆 CIP 数据核字（2014）第 175416 号

责任编辑：杨　青

出版发行：北京交通大学出版社　　　　　　电话：010-51686414
　　　　　北京市海淀区高粱桥斜街 44 号　　邮编：100044
印 刷 者：北京时代华都印刷有限公司
经　　销：全国新华书店
开　　本：185×260　　印张：18.25　　字数：456 千字
版　　次：2014 年 8 月第 1 版　　2020 年 1 月第 9 次印刷
书　　号：ISBN 978-7-5121-2021-1/H·408
印　　数：27 001 ～ 29 500 册　　定价：46.00 元

本书如有质量问题，请向北京交通大学出版社质监组反映。对您的意见和批评，我们表示欢迎和感谢。
投诉电话：010-51686043，51686008；传真：010-62225406；E-mail：press@bjtu.edu.cn。

"十三五"全国高职高专教育精品
规划教材丛书编委会

主　任：曹　殊
副主任：武汉生（西安翻译学院）
　　　　朱光东（天津冶金职业技术学院）
　　　　何建乐（浙江越秀外国语学院）
　　　　文晓璋（绵阳职业技术学院）
　　　　梅松华（丽水职业技术学院）
　　　　王　立（内蒙古建筑职业技术学院）
　　　　文振华（湖南现代物流职业技术学院）
　　　　高　英（广西机电职业技术学院）
　　　　陈锡畴（郑州旅游职业学院）
　　　　黄小玉（广西机电职业技术学院）
　　　　张子泉（潍坊科技学院）
　　　　王法能（西安外事学院）
　　　　邱曙熙（厦门华天涉外职业技术学院）
　　　　逯　侃（陕西国际商贸学院）
委　员：黄盛兰（石家庄职业技术学院）
　　　　张小菊（石家庄职业技术学院）
　　　　邢金龙（太原学院）
　　　　孟益民（湖南现代物流职业技术学院）
　　　　周务农（湖南现代物流职业技术学院）
　　　　周新焕（郑州旅游职业学院）
　　　　吴东泰（广东松山职业技术学院）
　　　　高庆新（河南经贸职业学院）
　　　　李玉香（天津冶金职业技术学院）
　　　　邵淑华（德州科技职业学院）
　　　　刘爱青（德州科技职业学院）
　　　　左春雨（天津青年职业学院）
　　　　黄正瑞（广东创新科技职业学院）
　　　　孙法义（潍坊科技学院）
　　　　颜　海（武汉生物工程学院）

出 版 说 明

　　高职高专教育是我国高等教育的重要组成部分，其根本任务是培养生产、建设、管理和服务第一线需要的德、智、体、美全面发展的应用型专门人才，所培养的学生在掌握必要的基础理论和专业知识的基础上，应重点掌握从事本专业领域实际工作的基础知识和职业技能，因此与其对应的教材也必须有自己的体系和特点。

　　为了适应我国高职高专教育发展及其对教育改革和教材建设的需要，在教育部的指导下，我们在全国范围内组织并成立了"全国高职高专教育精品规划教材研究与编审委员会"（以下简称"教材研究与编审委员会"）。"教材研究与编审委员会"的成员所在单位皆为教学改革成效较大、办学实力强、办学特色鲜明的高等专科学校、成人高等学校、高等职业学校及高等院校主办的二级职业技术学院，其中一些学校是国家重点建设的示范性职业技术学院。

　　为了保证精品规划教材的出版质量，"教材研究与编审委员会"在全国范围内选聘"全国高职高专教育精品规划教材编审委员会"（以下简称"教材编审委员会"）成员和征集教材，并要求"教材编审委员会"成员和规划教材的编著者必须是从事高职高专教学第一线的优秀教师和专家。此外，"教材编审委员会"还组织各专业的专家、教授对所征集的教材进行评选，对所列选教材进行审定。

　　此次精品规划教材按照教育部制定的"高职高专教育基础课程教学基本要求"而编写。此次规划教材按照突出应用性、针对性和实践性的原则编写，并重组系列课程教材结构，力求反映高职高专课程和教学内容体系改革方向；反映当前教学的新内容，突出基础理论知识的应用和实践技能的培养；在兼顾理论和实践内容的同时，避免"全"而"深"的面面俱到，基础理论以应用为目的，以必需、够用为尺度；尽量体现新知识和新方法，以利于学生综合素质的形成和科学思维方式与创新能力的培养。

　　此外，为了使规划教材更具广泛性、科学性、先进性和代表性，我们真心希望全国从事高职高专教育的院校能够积极参与到"教材研究与编审委员会"中来，推荐有特色、有创新的教材。同时，希望将教学实践的意见和建议及时反馈给我们，以便对出版的教材不断修订、完善，不断提高教材质量，完善教材体系，为社会奉献更多更新的与高职高专教育配套的高质量教材。

　　此次所有精品规划教材由全国重点大学出版社——北京交通大学出版社出版。适合于各类高等专科学校、成人高等学校、高等职业学校及高等院校主办的二级技术学院使用。

全国高职高专教育精品规划教材研究与编审委员会

2018 年 1 月

总　序

历史的车轮已经跨入了公元 2017 年，我国高等教育的规模已经是世界之最，2016 年毛入学率达到 42.7%，属于高等教育大众化教育阶段。根据《教育部关于全面提高高等职业教育教学质量的若干意见》（教高〔2006〕16 号）等文件精神，高职高专院校要积极构建与生产劳动和社会实践相结合的学习模式，把工学结合作为高等职业教育人才培养模式改革的重要切入点，带动专业调整与建设，引导课程设置、教学内容和教学方法改革。由此，高职高专教学改革进入了一个崭新阶段。

新设高职类型的院校是一种新型的专科教育模式，高职高专院校培养的人才应当是应用型、操作型人才，是高级蓝领。新型的教育模式需要我们改变原有的教育模式和教育方法，改变没有相应的专用教材和相应的新型师资力量的现状。

为了使高职院校的办学有特色，毕业生有专长，需要建立"以就业为导向"的新型人才培养模式。为了达到这样的目标，我们提出"以就业为导向，要从教材差异化开始"的改革思路，打破高职高专院校使用教材的统一性，根据各高职高专院校专业和生源的差异性，因材施教。从高职高专教学最基本的基础课程，到各个专业的专业课程，着重编写出实用、适用高职高专不同类型人才培养的教材，同时根据院校所在地经济条件的不同和学生兴趣的差异，编写出形式活泼、授课方式灵活、满足社会需求的教材。

培养的差异性是高等教育进入大众化教育阶段的客观规律，也是高等教育发展与社会发展相适应的必然结果。只有使在校学生接受差异性的教育，才能充分调动学生浓厚的学习兴趣，才能保证不同层次的学生掌握不同的技能专长，避免毕业生被用人单位打上"批量产品"的标签。只有高等学校的培养有差异性，其毕业生才能有特色，才会在就业市场具有竞争力，从而使高职高专的就业率大幅度提高。

北京交通大学出版社出版的这套高职高专教材，是在教育部所倡导的"创新独特"四字方针下产生的。教材本身融入了很多较新的理念，出现了一批独具匠心的教材，其中，扬州环境资源职业技术学院的李德才教授所编写的《分层数学》，教材立意新颖，独具一格，提出以生源的质量决定教授数学课程的层次和级别。还有无锡南洋职业技术学院的杨鑫教授编写的一套将管理学、经济学等不同学科知识融为一体的教材，具有很强的实用性。

此套系列教材是由长期工作在第一线、具有丰富教学经验的老师编写的，具有很好的指导作用，达到了我们所提倡的"以就业为导向培养高职高专学生"和因材施教的目标要求。

教育部全国高等学校学生信息咨询与就业指导中心择业指导处处长

中国高等教育学会毕业生就业指导分会秘书长

曹　殊　研究员

前言

　　本书主要是为高职建设工程勘察、设计和施工、建设工程监理、建设工程管理等专业的学生学习应用写作而编写。

　　目前各高职院校使用的应用写作教材多为各专业通用教材，写作基础知识只强调通用的特点，应用文种的选用也偏向于通用，没有兼顾、也不可能兼顾到每个行业、每个专业。为适应高职建设工程大类的学生学习应用文写作的需要，使写作的学习与专业密切地结合起来，使学以致用这一高职高专的教学思路得以体现，我们编写了这本教材。

　　在编写的过程中，我们参阅了大量的资料，努力使教材的编写适合专业的需要，目的只有一个：更好地服务于学生的学习，为建设大类专业的学生学习应用文写作提供指导。

　　全书共十四章，由郭筱筠、邓建飞、林武、何春蕾共同编写。其中，郭筱筠负责编写第一章、第二章、第四章、第七章、第十二章，邓建飞负责编写第三章、第六章、第九章、第十一章，林武负责编写第五章、第八章、第十三章、第十四章，何春蕾负责编写第十章。最后全部稿件由林武主审。

　　感谢有关专业方面的专家提供的专业性的指导，感谢广西建设职业技术学院对教材编写工作的鼎力支持，感谢北京交通大学出版社对本教材出版的大力支持，感谢使用本教材的相关老师和学生的信赖及支持。

　　我们想做得更好，且正在努力，但由于编写水平有限，肯定还有不少的纰漏和错误，敬请各位专家和读者批评指正。

编　者

2014 年 5 月

目录

第一章

绪 论

本章要点

- 应用文写作的基础知识
- 应用文写作的基本方法

教学要求

本章主要介绍应用文的一些基础性知识，让学习者了解应用文的概念、特点和种类，并以此为基础，进而了解应用文写作的实际意义以及通过对学习方法的认识，可让学习者不仅知其然，更能知其所以然。

通过本章的学习，要求掌握应用文的基本特点以及写作的基础，能初步明了学习方法。

第一节 应用文写作概述

一、应用文的概念

在学习应用文写作之前，必须先了解什么是应用文。

人类从事写作活动，可以上溯到文字诞生之初，单就写作目的而言，可以将人类的写作行为分为两大类：一类为抒发作者的主观感情，反映社会现实，以供人欣赏的文学艺术创作，即文学作品，如小说、诗歌等的创作；另一类则为解决处理各种实际问题而进行的写作，如为维护社会正常秩序而颁布的法律法规，为达成房屋买卖或租赁依据的合同，为推销房地产而发布的广告等。可以将前者称为文学创作，后者称为应用文写作。由此，可以这样认为，应用文是国家机关、企事业单位、社会团体以及个人办理事务、沟通信息、进行社会活动中广泛运用的、为解决实际问题而撰写的具有一定惯用格式的实用性文章。

作为一名工程专业的毕业生，当你走上工作岗位之时，你不一定需要具备文学创作能力，但你一定要有一定的应用文写作能力。例如，上级布置了一项具体的工作，想了解你打算如何顺利完成时，你需要提供一个执行方案（计划），让上级看到你的工作方法以及工作进程；工作完成后，向上级提交一份报告或总结，让上级对你工作的内容、工作的全过程、工作成绩有所了解，甚至是对工作方法、经验的认同。即使你打算自主创业，开一家设计工作室或设备维修店，为自己的小店准备一份广告，制作一份节假日照常营业或歇业的启事，制定一份员工守则，填写一份财务表或为免税提交的申请都离不开应用文写作。

建设工程、房地产等行业的从业人员，根据自身的工作特点，需要撰写（填写）建设工程招投标书、建设工程合同、施工档案管理等相关资料；企业单位也经常要撰写公文、计划、总结、规章制度、调查报告等。可以说应用文在日常工作中不可缺少，具有扎实的应用文写作功底，是从事专业技术的工作人员必须具备的基本功。

二、应用文的特点

作为文章，应用文与文学作品之间有一定的共性，但也有其特性，了解前者，有助于学习应用文写作。

（一）思维的逻辑性

应用文写作中对具体问题（事情），不仅观点阐述要清楚，同时要把事情的前因后果、现象、本质分析清楚，这正是逻辑思维方式的体现。而文学作品的写作侧重于形象思维。

（二）内容的真实性

应用文针对现实中客观存在的问题或事情，具有客观实际性，不允许虚构。广告如此，新闻报道如此，调查报告、求职书莫不如此。而文学作品可以根据需要适当地进行艺术加工，甚至可以天马行空，可以穿越时空。

（三）本质的实用性

文学是一种审美意识形态，具有认识价值、思想价值、审美和娱乐意义；应用文则是用来处理事务、解决实际问题的，要根据实际情况来写，具有很强的实用功能。这一特点是文学作品无法比拟的。

（四）格式的稳定性

应用文在长期使用过程中，根据实际需要不断发展而形成了自己的比较规范的体式和写法。这种规范的体式具有相对的稳定性，既利于写作，也利于阅读，更利于提高办事效率。

（五）处理的时效性

应用文具有为现实服务的性质，为解决实际问题，应对突发情况，须迅速传递信息情报，否则贻误时机，将会给工作带来诸多不便。例如，计划、请示在事先，总结、报告在事中、事后，时间性是十分明显的。而文学作品，既可以反映上古时期的社会，也可展现未来的世界，还可以扎根于当代现实，并无限制。

（六）对象的特定性

应用文一般有具体的阅读对象，且为特定的对象，如公文，一个通知要发给具体的对象，一份请示是呈交上级机关，一份合同只涉及签约的当事人。阅读对象的特定性也决定了它对阅读对象具有约束力。离开了特定的对象，超越了一定的范围，则没有意义。文学作品虽有针对的阅读人群，但其所针对的阅读对象不一定要读，其他人也并非不能阅读。例如，儿童文学作品，不止是孩子们在读，成人也可以欣赏。

三、应用文的种类

应用文使用范围极广，涉及社会的各个领域，因此其种类繁多，不同的领域、行业、部门，均有各自的应用文。也由于使用范围的广泛，使其不像文学文体分类那样成熟和统一，在一般情况下，可根据使用范围、性质、格式作如下区分。

（一）通用类

通用类应用文是指国家行政机关、企事业单位、群众团体和个人在社会活动中通用的一类应用文。包括以下几类。

（1）党政公文类：指《党政机关公文处理工作条例》中规定的文种，包括命令、决议、决定、指示、公报、公告、通告、通知、通报、议案、意见、请示、报告、函、纪要等。

（2）通用事务类：包括计划、总结、调查报告、述职报告、简报、规章制度、会议记录等。

（3）个人事务类：包括日记、读书笔记、各类信函等。

（二）专用类

专用类应用文是指在一定的工作部门和业务范围内，根据特殊需要专门使用的一类应用文。包括以下几类。

（1）科技类：包括实验报告、设计报告、施工方案、工程日志、学术论文、毕业论文等。

（2）司法类：包括诉状、辩护词、公证书、判决书等。

（3）财经类：包括市场预测报告、市场调查报告、经济活动分析报告、经济合同、招标书与投标书、广告等。

（4）传播类：包括消息、通讯等。

除以上常见的4类专用文书外，专用类文书还包括军事、外交等方面的文书。

（三）礼仪类

指国家、单位、个人之间的社会生活中经常使用的、用于表示礼节的文书，如聘书、请柬、邀请书、贺词等。

四、应用文写作的学习

（一）学习本课程的目的和意义

现代社会对人才的要求日益全面，既要求具备一定的科学素养，也要求具备一定的人文素养。面对日趋激烈的竞争，企业对青年学生也提出了相应的要求：既要有职业技能素养，也必须具备基本能力素养，其中基本能力素养包括写作能力、口头表达能力、沟通能力等。应用文写作正是一门专门研究应用文的特点和写作规律，用以指导应用文写作的学科。通过系统地学习，掌握应用文写作的基础理论知识，并用以指导写作实践，可使实际写作少走弯路，起到事半功倍的效果。学习本课程的目的就是培养一种职业基本技能，提升就业能力，以避免在将来的实际工作中无从下手的尴尬。

（二）学习本课程的基本方法

1. 加强理论修养，增强政策观念和法律意识

这里的理论既包括科学的世界观和方法论，也包括应用文写作理论。科学的世界观和方

法论，有助于人们提高对事物的分析、判断、处理能力；写作理论能帮助人们正确认识各类应用文的特点，进而选材熔材、谋篇布局。此外，对国家方针、政策的领会，对国家法律、法规的熟悉，可使人们写出的应用文能在实际工作中发挥更好的作用，否则，违背了法律、政策，文章形同废纸一张。因此，加强相关的理论的学习，无疑能帮助人们更好地进行写作实践。

2．丰富知识，拓宽知识面

清人万斯同说："必尽读天下文章，尽通古今之事，然后可以放笔为文"（《与钱汉臣书》）。毕竟应用文写作涉及社会各方面，对写作者而言，知识面愈宽，愈能避免因孤陋寡闻而导致文章的失误。搭建合理的知识结构平台，为展现个人实力提供了有力的帮助。

3．知行合一，融会贯通

古人有云："破万卷书，行万里路。"读书即是"知"，实践即是"行"，二者同样重要。通过"知"，了解事物本身存在的规律，为"行"提供指导；通过"行"，来验证"知"的正确性，即通过工作实践，熟悉工作内容以及工作流程，以便在实践中发现问题，也通过实践找到解决问题的最佳方法。将知行合一，方能融会贯通，方能更好地驾驭应用文写作，写出来的文章才能切合实际，反映现实，才能更好地体现应用文写作务实的作风，否则形同虚设，对工作反而产生负面影响。

4．在善仿勤练中提高写作水平

应用文的特点，决定了应用文写作有规律可循。在了解应用文写作的基础理论知识的基础上，要善于借鉴那些优秀的范文。优秀范文，在格式、观点的表述、材料的运用上为人们提供了一个可供参考的样本，学习应用文写作，完全可以从"依葫芦画瓢"开始，从中悟出写作的技法，同时通过不断地写作实践提高自己的实际写作能力，使自己的写作水平得以很快提高。

第二节　应用文写作基础

一般来说，文章的写作主要从主旨、材料、结构、语言四个方面进行着手，应用文写作也不例外，只是对这四个方面的要求，因文章的种类不同，写作要求也有一定的差异。对应用文写作而言，应做到以下几点。

一、主旨

（一）主旨的概念
主旨即文章要表达的中心或主要观点，是全文的"灵魂"。主旨，应在动笔之前确定。
（二）应用文对主旨的要求
应用文主旨要求做到正确、集中、深刻、鲜明。
（1）正确。指要以正确的理论为指导，要反映事物的本质与规律，要符合国家现行的方针政策以及法律、法规的规定。
（2）集中。指全文的主旨只能有一个，这个主旨在文章中要集中、突出地表现。这对文章选材也提出了相应的要求。
（3）深刻。指应用文要揭示的是本质和规律，要有思想深度。

（4）鲜明。指应用文所表述的观点必须明确，肯定什么，反对什么，态度要鲜明，表述要清楚，而不能模棱两可。

二、材料

（一）应用文材料的概念

即作者为撰写目的而搜集或积累的能够表现文章主旨的事实和论据，包括人物、事件、情理、数据、例证、言行等。材料是文章的"血肉"。主旨的体现依靠材料，材料使文章内容丰富有张力，这好比建房子，没有适当的材料，建不出理想中的房子，同样，没有富有表现力的材料，写不出有吸引力的文章。

（二）材料的来源

应用文材料主要来源于搜集和积累，日常主要从以下几方面搜集、积累材料。

（1）注重搜集"两头"的材料。"两头"，一"头"是"上头"，指了解党和国家的方针、政策，领会上级指示的精神；一"头"是"下头"，指对本单位、本系统的实际情况包括本单位、本系统基本情况、统计数字、思想、生产、技术、经济等方面的动态资料、正反典型、历史资料、发展规划、公共关系等方面的信息了如指掌。

（2）积累与本单位、本系统有关的资料。这由事物之间的普遍联系这一因素所决定。这些联系是本单位工作开展的重要信息。

（3）搜集科技信息、市场信息。科学技术的飞速发展，新兴市场的兴起，都会对一个单位或企业带来较大程度的影响和冲击，一个单位或企业要发展就必须站在科学技术的最前沿，及时了解和运用新技术、新材料，把握好市场发展的新动向。

（三）材料的选择和使用

如何通过材料来表现主旨，主要取决于对材料的选择和使用。

材料选择的一般方法是：选择紧扣主题的材料、真实的材料、典型的材料、新颖的材料。

材料使用的根本依据是：能够揭示本质（分析其本质，掌握其价值）的材料，同时注意材料的取舍有度（依据和论据，写入文章不同对待），做到量体裁衣（指详略安排得当、材料使用点面结合），并体现材料间的逻辑联系（指材料之间条理要清楚、明了）。

三、结构

（一）应用文结构的概念

指对文章内容进行组织安排，体现作者思路的外在形式。包括开头、段落、层次、转承、铺垫、过渡、照应、结尾。结构是文章的"骨骼"，强健的"骨骼"，才能支撑起整个文章。

（二）对应用文结构的要求

1. 完整匀称

一般而言，应用文正文应有开头、主体、结尾三部分，各部分之间的比例要协调，要处理好各部分的详略关系，同时使文章首尾圆通。

2. 严谨自然

严谨指结构精当、周密；自然指结构安排顺理成章。严谨、自然即是要求应用文的层次、段落的划分恰当，组织严密，联系紧凑。

3. 清晰醒目

为便于对应用文内容的把握和所涉及工作的贯彻执行，应用文结构要求清晰醒目，最通常采用的方法是标项撮要。标项是用逻辑序码标示内容层次的一种方法，可以将全文分成若干部分，每一部分又可分解成几个侧面的问题。这样层层划分，使上下、左右之间的关系清楚；撮要指用简洁的语言概括每一部分内容，并将此置于句首，起到提示每一部分内容的作用。采用标项撮要的方法达到使全文条理清楚，一目了然的目的。

（三）结构内容的安排

1. 开头常见的形式及写法

（1）目的式。起句点题，交代行文的目的、意义，常用"为了……""为……"形式开篇。如第二章例文 3 和例文 5。

（2）根据式。起句指出行文的法律、政策和事实依据，常用"根据……""遵照……"等词语。如第二章例文 4。

（3）原因式。以说明行文原因开端，再阐述其理，常用"由于……""鉴于……"这样的句式发端。

（4）引文式。引用来文的文号、标题、主要内容，然后予以答复。如第二章例文 20。

（5）要求式。针对事项提出总的要求，对行文机关的意图有强调作用。如第二章例文 1。

（6）意义式。说明意义，以统一思想，引起足够的重视。此法具有鼓动性。

（7）概述式。概述情况或概述全文内容。多见于总结、综合报告、调查报告，如第四章例文 3。

（8）回顾式。对工作的回顾，概述成绩，指出不足。多用于计划、总结中，如第四章例文 1。

选用何种方式开头，可根据实际的内容而定，单一形式或综合几种形式，注意简明扼要，同时避免千篇一律。如第八章例文 2，就综合了目的式、根据式两种方式，也非常简明。

2. 层次的安排

涉及段落、过渡、照应、转承等问题，是文章的主体部分。层次的安排较为灵活，不固定，但有规律可以遵循，常见的有以下几种。

（1）纵式结构。即各层次之间是一种递进关系。一般有以下三种情况。

① 按事物由先到后的时间顺序来安排。调查报告、经验总结中常用。

② 按事物发展的全过程来安排。主要用于重大事故的调查、先进事迹的通报、重点工程、主要经济活动情况报告，如第五章例文 3。

③ 按事物的内在联系来安排。用于指示、请示、通知、函、计划、总结，如第二章例文 7。

（2）横式结构。即各层次之间是一种平行并列的关系。一般有以下两种情况。

① 条款式。按章、条、款、项、目五级层次安排，适用于行政法规。如第八章例文 1。

② 条文式。常用的词、词组有首先、其次、最后。通知、通报、决定、布告中常用。此外，专题报告、会议纪要中也用，如第二章例文 5。

（3）纵横交叉式。融合以上两种方法。经验性总结中常用，如第二章例文 5。

（4）总分式。有先总后分、先分后总、总分总式。如第二章例文 9。

3. 层次表述的方法

（1）使用小标题标识。

（2）用数量词表示，如一、二、三……（一）、（二）、（三）……1.、2.、3.……

（3）用表示排序的词语表达，如"首先……""其次……""再次……""最后……"等。

4. 结尾常用的方法

（1）总结式。对全文内容和基本思想做进一步概括归纳，以加深认识。

（2）要求式。对某项工作或活动的开展提出进一步要求或希望，一般是上级对下级、长辈对晚辈。下行的公文中比较常见，如第二章例文 1。

（3）展望式。对未来作美好的憧憬，鼓励人们为实现目标而努力。

（4）号召式。倡导某种行为，希望更多的人参与时用，下行的公文、演讲稿、倡议书中较为常见。

（5）固定式。用专用词语结束全文。公文、礼仪信函中常见，如第二章例文 14。

（6）综合式。也有文章会综合以上两种或两种以上的方式来结尾。

四、语言

（一）应用文写作对语言的要求

应用文写作对语言的要求是准确、简洁、庄重、严密、规范。

（1）准确。语言表述符合客观实际，符合逻辑；遣词造句贴切恰当，语言规范。比如，法律用语中"犯人"和"犯罪嫌疑人"就不能乱用。

（2）简洁。运用简洁明快、精练、概括性强的文字表达尽可能丰富的内容是应用文语言表述的基本特征，因此在应用文中常使用一些精当的词语，如专业词语、单音节的文言词语，以及一些习惯用语；同时也使用一些缩略句、"的"字句等形式，使表达简洁明了。

（3）庄重。应用文书面语言居多，注定它的语言应该和缓、礼貌，尤其是那些代表特定机关的发言，具有特定的权威，以体现其严肃性。例如，在外交、法律方面用词就十分讲究。

（4）严密。这是应用文的一个重要特点，主要表现在事理的顺序、因果关系、前呼后应上，遵循事物的内在客观联系，严丝合缝，具有较强说服力。例如，合同中涉及交货地点，表述为"南宁"就不够严密，不利于合同的顺利执行。

（5）规范。应用文在长期的使用过程中，逐渐形成了一定的语言规范体式，有一些专用词，使用这些专用词，可以使文章表达更具简练、严谨、庄重的色彩。

（二）表达方式的使用

一般文章的表达方式在应用文中都可以使用，但要求并不相同。常用的主要有叙述、说明。叙述多为概述；说明往往采用多种说明方法，增强文章的说服力；议论也用，但不注重逻辑的推理，在文中主要用于关键的强调作用；描写、抒情这两种带主观感情色彩较为强烈的表达方式较少使用。

[附] 应用文专用词语如表 1-1 所示。

表 1-1 应用文专用词语表

称谓词	第一人称		本、我
	第二人称		贵、你
	第三人称		该
领述词	根据、按照（遵照）、为了、按……、前接（近接）……、敬悉、惊悉、……收悉、……查、为……特、现……如下		
追述词	业经、前经、均经、即经、复经、迭经		
承转词	为此、据此、故此、鉴此、综上所述、总而言之、总之		
祈请词	希、即希、敬希、望、希望、请、敬请、恳请、烦请、要求		
商洽词	妥否、当否、可否、是否妥当、是否可行、是否可以、是否同意、意见如何		
受事词	蒙、承蒙		
命令词	命令语气	着、着令、特命、责成、令其、着即	
	告诫语气	切切、毋违、切实执行、不得有误、严格办理（执行）	
目的词	用于上行文、平行文	请批复、函复、批示、告知、批转、转发	
	用于下行文	查照（遵照）办理、参照执行	
	用于知照性文件	周知、知照、备案、审阅	
表态词	应（应当）、同意（不同意）、准予备案、特此批准、特此通知、请即执行、可（不可）行、迅即办理		
结尾词	用以结束上文	此布、特此报告、特此通知、特此批复、特此函复、特予公布、此致、谨此、此令、此复、特此	
	再次明确行文目的、要求	……为要、……为盼、……为荷、……是荷	
	表示敬意、谢意、希望	敬礼、致以谢意、谨致谢忱	

思考与练习

一、选择题（每个选择题有 4 个备选答案，其中至少有 1 个是正确的。）

1. 应用文的共同特点是（　　）。

　　A. 直接的功用性　　B. 内容的真实性　　C. 思维的逻辑性　　D. 格式的稳定性

2. 应用文的语言表述的要求是（　　）。

　　A. 严谨庄重　　　　B. 准确通畅　　　　C. 朴实得体　　　　D. 简明精练

3. 下列词语表示"征询"的有（　　）。

　　A. 是否可行、妥否、当否、是否同意　　B. 蒙、承蒙、妥否、当否、是否同意

　　C. 敬希、烦请、恳请、希望、要求　　　D. 可行、不可行、希望、妥否

4. 下列词语表示"祈请"的有（　　）。

　　A. 是否可行、妥否、当否、是否同意　　B. 蒙、承蒙、妥否、当否、是否同意

　　C. 敬希、烦请、恳请、希望、要求　　　D. 可行、不可行、希望、妥否

5. 下列选项词语全部表示商洽的有 （　　　）。

    A. 是否可行、妥否、当否、是否同意

    B. 蒙、承蒙、妥否、当否、是否同意

    C. 敬希、烦请、恳请、希望、要求

    D. 可行、不可行、希望、妥否

6. 下列各组词语都是"领叙词"的是 （　　　）。

    A. 为此 综上所述 总之 故此　　　　B. 希望 恳请 妥否 承蒙

    C. 责成 着即 特此 告知　　　　　　D. 根据 按照 获悉 为了

7. 下列应用文语句有语病的是 （　　　）。

    A. 我科基本上已经全部完成了工作任务

    B. 同意你科所请，特此批复

    C. 此次调查，搞清楚了原来存在的问题，并初步拟订了解决问题的方案

    D. 你单位 2000 年 8 月 4 日的来函已收悉

8. 下列公文用语没有语病的是 （　　　）。

    A. 依法加强对集贸市场的监督管理，不断提高集贸市场的管理水平

    B. 依法进一步加强对集贸市场的商品质量的检验，打击不法商贩的假冒伪劣的欺诈行为

    C. 引导加强个体经济的健康发展，加强对个体经济的管理和监督

    D. 为了提高工商行政人员的管理队伍的素质，把廉政建设放在首位

9. 下列公文用语没有语病的是 （　　　）。

    A. 我单位通过自检，认为已经基本完全达到局里的要求

    B. 为了严惩严重危害社会治安的犯罪分子，特决定如下

    C. 综上所述，该会计科基本遵守财务制度，仅在成本核算方面将福利费分摊超出规定

    D. 区房管局不给办理搬迁手续，以致影响搬迁工作无法进行

10. 下列句子中没有语病的是 （　　　）。

    A. 同时要守住两个路口，对他来说是不可能的

    B. 当他进屋打开灯时，外面渐渐下起了小雨

    C. 平心而论，谁都无法完全克制自己的缺点

    D. 在判断一个事物的发展过程时，要学会一分为二

11. 下列句子有语病的是 （　　　）。

    A. 战士们都在争分夺秒地抓紧修筑防御工事

    B. 飞机下午 1 点 20 分起飞

    C. 人人都把这看成是一场义不容辞的重大政治任务

    D. 许多平常难以想象的事情发生了

12. 下列句子中没有语病的是 （　　　）。

    A. 明天我会专程拜访你，请你在家恭候

    B. 国外的汽车厂家的年产量不但比我们多，而且花色品种也比我们丰富

    C. 中国古代无论是奴隶制还是封建制，都受到宗法制度的强烈影响

D. 他的马虎和粗心使他在面试中落选

13. 填写专用词语

（1）××局：

你局关于××的请示（×字〔2001〕14 号）____①____，经市办公会议研究____②____如下：

    A. ①收到　　　　B. ①已收到　　　　C. ②回答　　　　D. ②批复

（2）某起诉状：____①____公司违约致使____②____公司遭受 100 万元的严重损失……

    A. ①该　　　　　B. ①贵　　　　　　C. ②本　　　　　D. ②我们

（3）某公司致××公司成立 10 周年的贺信：多年来，____①____贵公司在经贸活动中的照顾……望今后进一步加强合作____②____。

    A. ①蒙受　　　　B. ①承蒙　　　　　C. ②为盼　　　　D. ②为好

（4）某公司致××公司的函：____①____公司 2002 年 3 月 4 日来函索要的 KD300-BJK 印刷机的修理材料已经寄出，不知收到没有？____②____回函告知。

    A. ①贵　　　　　B. ①你们　　　　　C. ②烦请　　　　D. ②请务必

（5）以上决定____①____施行，不得____②____。

    A. ①立即　　　　B. ①切实　　　　　C. ②违反　　　　D. ②有违

14. 在画线下填上恰当的一组词语

（1）常有人说，效率与公平的关系问题是一个_____的问题，孰先孰后、孰轻孰重往往是公说公有理、婆说婆有理，难以定于一端。这说明，这个问题牵扯面广、十分复杂。对于这样复杂的问题，我们不妨跳出来，以更大的_____来分析，这样或许能得出一些新的认识。　　　　　　　　　　　　　　　　　　　　　　　　　　　　　　　（　　）

    A. 见仁见智　视野　　　　　　　B. 莫衷一是　眼界

    C. 因人而异　思路　　　　　　　D. 众说纷纭　眼光

（2）在知识快速更新的今天，_____只是一个符号，工作胜任的关键还是在于能力。　　　　　　　　　　　　　　　　　　　　　　　　　　　　　　　　　　（　　）

    A. 学历　　　　B. 学力　　　　　C. 学识　　　　　D. 学问

（3）长城的文明是一种僵硬的雕塑，都江堰的文明却是一种_____的生活。长城摆出一副老资格等待人们的修缮，都江堰却卑处一隅，像一位绝不炫耀、毫无所求的乡间母亲，只知_____。　　　　　　　　　　　　　　　　　　　　　　　　　　（　　）

    A. 轻盈　沉默　　B. 灵动　贡献　　C. 滋润　奉献　　D. 恬静　付出

（4）文明要想延续难乎其难，而邪恶毁坏文明则_____。

    A. 来之不易　　　B. 轻而易举　　　C. 寸步难行　　　D. 唾手可得

（5）月光下的沙漠有一种奇异的震撼力，背光处黑如静海，面光处一派灰银，却有一种蚀骨的冷。这种冷与温度无关，而是指光色和状态，因此更让人_____。

    A. 提心吊胆　　　B. 胆战心惊　　　C. 面无血色　　　D. 不寒而栗

（6）一种文化决不能靠_____其他文化而得到真正的发展。有没有容纳外来成分的气魄，能不能_____和消化新的分子而又并不机械照搬、盲目崇洋，正是衡量一种文化有没有生命力的标准。　　　　　　　　　　　　　　　　　　　　　　　　　　　（　　）

    A. 排挤　吸收　　B. 排斥　吸纳　　C. 排挤　吸纳　　D. 排斥　吸收

（7）地铁的诞生不仅仅是一场交通革命，是解决一座城市交通拥堵的根本出路，它更是一个现代化大城市发展的重要标志，地铁能改善城市结构，_____ 城市功能，提升城市的_____，对城市经济、文化的发展，都具有十分重要的战略意义。 （ ）

    A. 完善 知名度   B. 增强 国际化

    C. 维持 影响力   D. 促进 智能化

二、运用应用文专用词语填空

1. ××省××局：

局×字〔2009〕第 073 号请示_____，经与××部研究_____ 如下：……

2. 以上请示，望予_____，并列入今年招生计划。

3. 《××××办法》_____ 学院党委第×次会议讨论通过，现发给你们，望结合本部门具体情况_____ 执行。

4. ……以上意见，如_____，批转各部属院校。

5. _____ 进一步提高我省企业管理干部的管理素质，决定对在岗企业管理干部有计划地进行培训。_____ 征得四川省行政管理学院同意，_____ 委托_____ 院举办企业管理专业班……

6. _____ 公司大力支持，我校新校园各项筹建工作已基本告一段落。

7. ×××来函_____，关于××一事，我厅完全同意_____ 局意见…… 特此_____。

8. 请速研究并函复_____。

9. _____ 生_____ 我校××系××专业××级学员……

10. _____ 悉_____ 总公司成立，谨表_____。

11. 以上命令_____ 施行，不得_____。

12. 以上通令，应使全体公民_____，切实_____ 执行。

13. 随函附送《××××情况统计资料》一份，请_____。

14. _____ 省人民政府的指示，_____ 将国务院办公厅《关于公文处理等几个具体问题的通知》_____ 给你们。

三、选择最能概括文段主旨的一项

1. 人类拥有一切力量和弱点，拥有一切只有人类才拥有的感情，我希望每一项新的惊人的技术突破都会遇到来自心理学家、社会学家、医学家和法律专家以及一切能够监督、评估新技术对人的影响的其他各种专业人士的怀疑主义的质难。 （ ）

    A. 人类不断取得新的惊人的技术突破

    B. 人类既拥有力量又拥有感情和弱点

    C. 新的技术突破必然伴随被广泛地质疑

    D. 人类必须重视技术突破带来的负面影响

2. 政策和制度在相当程度上带有人们的主观意志，或者说是人们意志作用的结果。因此在宏观经济管理过程中，行政调节方法运用得是否合理和科学，主要取决于人们主观上对客观事物的认识是否正确，取决于人们对客观规律和复杂的经济活动的了解和掌握程度。

                                                    （ ）

    A. 行政调节方法在宏观经济管理中的局限性

    B. 政策和制度在制定过程中存在不科学性

    C. 应该用经济和法律等其他调节方法取代行政调节方法

    D. 政策和制度的正确与否，取决于其制定者的主观因素

  3. 随着我国经济持续增长，工业化水平不断提高，城市化急速推进以及人民生活水平不断改善，对能源的需求必然是急剧、大量增长的。但高增长、高耗能、高污染、高浪费、低效益的发展模式是绝对不可取的。　　　　　　　　　　　　　　　　（　　）

    A. 我国的能源问题日益严重，这主要是由于经济快速增长造成的

    B. 要把追求经济增长放在我们工作的首要位置

    C. 不能一味追求经济高速增长，而应大力限制能源消费

    D. 应当在保持经济高速增长的同时，把过高的能源消耗降下来

  4. 乡村规划和建设，要突出乡村特色、地域特色和民族特色，尊重各地的传统习惯和风土人情，不能把典型的地域特征搞没了，把鲜明的民族特色改掉了，把优秀的文化传统弄丢了。　　　　　　　　　　　　　　　　　　　　　　　　　（　　）

    A. 乡村规划和建设要突出特色　　　　B. 乡村规划和建设要典型

    C. 乡村规划和建设要保留优秀传统　　D. 乡村规划和建设要符合国情

  5. 即使细节的出入对于全部论证还不发生直接影响，也会使人对于材料的全部可靠性发生怀疑，以至伤害了论证的说服力量。有时看来是细节上的马虎，却会造成关键问题上的错误，那当然更是要警惕的。　　　　　　　　　　　　　　　　　　（　　）

    A. 无足轻重　　　　B. 举足轻重　　　　C. 无关大体　　　　D. 无伤大雅

  6. 真诚永远都像镜子一样，当你真诚面对公众时，公众肯定会读到你的真诚；即使你存在错误和自己没有发现的过失，那可能是智力问题，或者是现有的行为模式和智力结构所无法避免的，公众会原谅。　　　　　　　　　　　　　　　　　　　　（　　）

    A. 无论正确错误都应该真诚面对公众

    B. 公众能读懂你的真诚

    C. 真诚面对公众，公众会原谅你的错误

    D. 真诚是镜子

  7. "门当"与"户对"是古民居建筑中大门建筑的组成部分，有"户对"的宅院，必须有"门当"，这是建筑学上的和谐美学原理。因此，"门当""户对"常常同呼并称。后成了社会观念中男女婚嫁衡量条件的常用语。　　　　　　　　　　　（　　）

    A. "门当户对"的典故　　　　　　　B. "门当户对"的原理

    C. "门当户对"的建筑　　　　　　　D. "门当户对"的含义

  8. 钢铁被用来建造桥梁、摩天大楼、地铁、轮船、铁路和汽车等，被用来制造几乎所有的机械，还被用来制造包括农民的长柄大镰刀和妇女的缝衣针在内的成千上万的小物品。
　　　　　　　　　　　　　　　　　　　　　　　　　　　　　　　（　　）

    A. 钢铁具有许多不同的用途

    B. 钢铁是所有金属中最坚固的

    C. 钢铁是一种反映物质生活水平的金属

    D. 钢铁是唯一用于建造摩天大楼和桥梁的物

第二章

党政机关公文

本章要点

- 党政机关公文的格式以及行文规则
- 党政机关公文的用语特点
- 通知与通报、报告与请示、函和纪要的写作

教学要求

本章主要介绍党政机关公文的基础理论知识：党政机关公文的概念、特点和种类，党政机关公文的格式、用语特点。通过对以上知识点的学习，要求掌握党政机关公文写作的基本知识，并能够根据实际工作环境以及工作需要写作实际工作中常用的通知、请示、报告、函、纪要等公文。

第一节　党政机关公文概述

一、党政机关公文的概念和性质

2012 年 4 月 16 日发布的《党政机关公文处理工作条例》第三条规定："党政机关公文是党政机关实施领导、履行职能、处理公务的具有特定效力和规范体式的文书，是传达贯彻党和国家的方针政策，公布法规和规章，指导、布置和商洽工作，请示和答复问题，报告、通报和交流情况等的重要工具。"

二、党政机关公文的特点

（一）内容的公务性

党政机关公文是党政机关之间联系公务的重要手段，上级依此对下级行使管理职能，下级依此向上级反映情况，平级依此沟通情况、联系工作。因此，党政机关公文是党和政府的各级机关行使管理和监督职能不可缺少的重要工具之一。

（二）作者的法定性

党政机关公文的作者是法定的，它必须是依法成立并能以自己的名义行使职权和担负义务的党和政府机关或其他机关或组织，它所代表的是机关或组织，而非个人行为。它的内容受法律、工作需要及领导人指示的制约，法定作者制发公文的权利是受法律保护的。

（三）效力的特定性

党政机关公文是机关或组织在职能活动中形成的，是职能活动的直接产物，它代表发文机关行使法定职权、策令和施政，具有较强的行政约束力，对收文者的行为产生不同程度的强制性影响。如命令具有法规性，一旦发出，则令行禁止；决定具有指挥性和约束性；而通知主要具有指导性、规定性或告知性。此外，它的效力是现行效用，当公文执行完毕后，现行效用消失，将作为档案文献资料加以保存。

（四）体式的规范性

党政机关公文有国家统一规定的种类、规范化的体式和处理程序，每种公文有特定的适用范围、对应的内容和规范的格式。规范体式，其目的是维护党政机关公文的法定效力和机关的权威性，也是为了实现公文的标准化，进而提高工作效率。

三、党政机关公文的种类

根据《党政机关公文处理工作条例》的明确规定，将党政机关公文的文种分为15种，分别是决议、决定、命令（令）、公报、公告、通告、意见、通知、通报、报告、请示、批复、议案、函、纪要。

为方便党政机关公文（为行文的方便以下简称公文）的使用和处理，通常将公文按行文方向、机密程度、紧急程度等方面进行分类。

（一）根据行文方向分

行文方向是指公文送达的目标方位，依据发文单位与收文单位之间的关系确定，因此，将公文分为上行文、平行文、下行文。

上行文是指下级机关或业务部门呈报给具有隶属关系的上级领导机关或业务主管部门的公文，如报告、请示、意见；平行文是指同系统内的平级机关或不相隶属的机关之间来往的公文，如通知、函、议案、纪要；下行文是指上级机关或业务主管部门向具有隶属关系的下级机关或业务部门发送的公文，如命令（令）、决定、决议、公报、公告、通告、通知、通报、批复、意见、纪要。

（二）按机密程度分

按机密程度将公文分为绝密公文、机密公文、秘密公文和普通公文。

（三）按紧急程度分

按紧急程度将公文分为紧急公文（又分特急、加急）和普通（常规）公文。

特急公文是指事关重大而又十分紧急，要求在接到来文后以最快速度制发和处理，办理时限不超过24小时的公文；加急公文为涉及重要工作，需要从快制发处理，应在接到来文的3日内办理完毕的公文；普通（常规）公文则是指可以按正常速度、程序制发和处理的公文，一般不超过15日。如果公文采用电报发送，需标注"特提""特急""加急""平急"，办理的时限分别为1日内、3日内、5日内、10日内。

（四）按公文来源分

按公文来源将公文分为收进公文、外发公文、内部公文三种。

四、公文的格式

公文格式依据 2012 年 7 月 1 日开始施行的《党政机关公文格式》（GB/T 9704—2012）书写。下面就公文通用的纸张要求、印刷要求、公文格式各要素编排规则等相关内容进行介绍。

（一）公文的排版、制版、装订要求

1. 公文用纸要求

采用 GB/T 148 中规定的 A4 型纸，其成品幅面尺寸为 210 毫米×297 毫米。

2. 公文页边与版心尺寸

公文用纸天头（上白边）为 37 毫米±1 毫米，公文用纸订口（左白边）为 28 毫米±1 毫米。版心尺寸为 156 毫米×225 毫米。

3. 排版规格

无特殊说明，格式各要素用 3 号仿宋体字，一般每面排 22 行，每行排 28 个字，并撑满版心。特定情况可以适当调整。

4. 制版要求

版面干净无底灰，字迹清楚无断划，尺寸标准，版心不斜，误差不超过 1 毫米。

5. 印刷要求

双面印刷，页码套正，两面误差不得超过 2 毫米。黑色油墨应达到色谱所标 BL100%，红色油墨应达到色谱所标 Y80%、M80%。印品着墨实，均匀；字面不花、不白、无断划。

6. 装订要求

公文应左侧装订，不掉页，两页页码之间误差不超过 4 毫米。包本公文的封皮与书芯应吻合、包紧、包平、不脱落。

（二）公文行文格式

组成公文的各要素分为版头、主体、版记三部分。

1. 版头

公文首页红色分隔线（宽度同版芯，即 156 毫米，颜色为红色）以上的部分称为版头。版头部分通常由份号、密级和保密期限、紧急程度、发文机关标志、发文字号、签发人等要素构成。

（1）份号。指公文份数序号，是将同一文稿印制若干份时每份公文的顺序编号。如需标注，一般用 6 位 3 号阿拉伯数字，顶格标识在版心左上角第一行。

（2）密级和保密期限。密级指公文保密等级。如需标识密级和保密期限，用 3 号黑体字，顶格标识在版心左上角第二行，保密期限的数字用阿拉伯数字标注。秘密等级和保密期限之间用"★"隔开。

（3）紧急程度。是对公文送达和办理的时限要求。如需标识紧急程度，用 3 号黑体字，顶格标识在版心左上角；如需同时标注份号、密级和保密期限、紧急程度，按份号、密级和保密期限、紧急程度的顺序自上而下分行排列。

（4）发文机关标志。由发文机关全称或规范化简称后加"文件"二字组成，也可以使用发文机关全称或规范化简称。

发文机关标志居中排布，上边缘至版心上边缘为 35 毫米。发文机关标志推荐使用小标

宋体字，用红色标识。发文机关标志以醒目、美观、庄重为原则。

联合行文时，如需同时标注联署发文机关名称，一般应将主办机关名称排列在前；如有"文件"二字，应置于发文机关名称右侧，以联署发文机关名称为准上下居中布排。

（5）发文字号。由发文机关代字、年份和发文顺序号组成。年份、发文顺序号用阿拉伯数字标注；年份应标全称，用六角括号"〔〕"括入；发文顺序号不编虚位（即1不编为01），不加"第"字。如"桂建院〔2014〕3号"即为广西建设职业技术学院2014年制发的第3号文件的发文字号。联署行文，只标注主办单位的发文字号。上行文的发文字号居左空一字编排，与最后一个签发人的姓名处在同一行。

（6）签发人。上行文需标注签发人姓名。由"签发人"三字加全角冒号和签发人姓名组成，编排在发文机关标志下空二行位置。签发人平行排列于发文字号右侧。发文字号居左空1字，签发人姓名居右空1字。"签发人"三字用3号仿宋字，冒号后的签发人姓名用3号楷体字。

如有多个签发人，主办单位签发人姓名置于第1行，其他签发人姓名从第2行起在主办单位签发人姓名之下按发文机关顺序依次顺排，一般每行排两个姓名，回行时，与上一行第一个签发人姓名对齐。发文字号与最后一个签发人姓名处在同一行。

2. 主体

公文首页红色分隔线（不含）以下至公文末页首条分隔线（不含）以上的部分称主体。主体部分包括以下内容。

（1）标题。由发文机关名称、事由（公文的主题）和文种三部分组成，如"广西壮族自治区人民政府关于调整全区职工最低工资标准的通知"。公文标题位置在红色反线下空2行，用2号小标宋体字，可分一行或多行居中排布；回行时，要做到词意完整，排列对称，长短适宜、间距恰当。标题排列使用梯形或菱形。

公文标题应当准确、概括、简要，以便检索与处理，也便于读者理解公文的内容和行文的目的。

公文标题中除法规、规章名称加书名号外，一般不使用标点符号。

（2）主送机关。指公文的主要受理机关（单位），使用全称、规范化简称或同类型机关统称。最后一个主送机关名称后标全角冒号。其位置在标题下空一行，左侧顶格用3号仿宋体字标识，回行时仍顶格；如主送机关名称过多而使公文首页不能显示正文时，应将主送机关名称移至版记中的抄送之上，标识方法同抄送。

（3）正文。公文的主体和中心，公文具体内容所在，一般由导语、正文主体和结尾三部分构成。导语说明制发公文的依据、目的或原因。正文主体是整个公文的核心部分所在，按公文发文的目的以及文种的不同安排其结构。结尾是公文内容部分的自然收束，公文一般使用与其文种相适应的习惯性结束语。

公文正文在主送机关名称下一行，每自然段首行左空二字，回行顶格。文中结构层次次序数依次可以使用"一、""（一）""1.""（1）"标注；一般第一层用黑体字，第二层用楷体字、第三层和第四层用仿宋字标注。

（4）附件说明。如有附件，在正文下空一行左空二字用3号仿宋体字标注"附件"二字，后标全角冒号和名称。如有多个附件，使用阿拉伯数字标注附件顺序号（如"附件：1.××××"）；附件名称后不加标点符号。附件名称较长需回行时，应与上一行附件名称的首字对齐。

附件应另面编排，并在版记之前，与公文正文一起装订。"附件"二字及附件顺序号用3

号黑体字顶格编排在版心左上角第一行。附件标题居中编排在版心第三行。附件顺序号和附件标题应当与附件说明的表述一致。附件格式要求如同正文。如附件与公文正文不能一起装订，就在附件左上角第一行顶格标编排公文的发文字号并在其后标识"附件"二字及附件顺序号。

（5）发文机关署名、成文日期、印章。

发文机关署名应署发文机关全名或规范化简称，应与标题中的发文机关标识一致。

成文日期指公文生效的时间。成文日期根据具体情况确定：一般文件以负责人签发日期为准；经会议讨论通过的文件，以通过日期为准；法规性文件以批准日期为准；联合行文的，以最后签发机关的负责人签发日期为准。成文日期，用阿拉伯数字将年、月、日标全；年份标全称，月、日不虚位（即 1 不编为 01）。

公文中有发文机关署名的，应加盖印章，并与发文机关相符。印章用红色，不能出现空白印章。有特定发文机关标志的普发性公文和电报可以不加盖印章。

① 加盖印章的公文。

成文日期一般右空 4 字编排。

单一机关行文时，一般在成文日期之上、以成文日期为准居中编排发文机关署名。印章端正、居中下压发文机关署名和成文日期，发文机关和成文日期居印章中心偏下位置。印章顶端上距正文（或附件说明）一行之内。

联合行文时，一般将各发文机关署名按发文机关顺序整齐排布在相应位置，并将印章一一对应。端正、居中下压发文机关署名，最后一个印章端正、居中下压发文机关署名和成文日期，印章之间排列整齐，互不相交或相切，每排印章两端不得超出版心，首排印章顶端应上距正文（或附件说明）一行之内。

② 不加盖印章的公文。

单一机关行文时，在正文（或附件说明）下空一行右空二字编排发文机关署名，在发文机关署名下一行编排成文日期，首字比发文机关署名右移二字，如成文日期长于发文机关署名，应成文日期右空二字编排，并相应增加发文机关署名右空字数。

联合行文时，应先排主办机关署名，其余发文机关署名依次向下编排。

③ 加盖签发人签名章的公文。

单一机关制发的公文加盖签发人签名章时，在正文（或附件说明）下空二行右空四字加盖签名章，签名章左空二字标注签发人职务，以签名章为准，上下居中排布。在签名章下空一行右空四字编排成文日期。

联合行文时，先编排主办机关签发人职务、签名章，其余机关签发人职务、签名章依次向下编排，与主办机关签发人职务、签名章对齐；每行只编排一个机关的签发人职务、签名章；签发人职务标注全称。

签名章一般用红色。

当公文排版后所剩空白处不能容下印章或签发人签名章、成文日期时，可采取调整行距、字距的措施加以解决，务使印章与正文同处一面。

（6）附注。是对公文传达范围、使用时必须注意的事项的简要说明。公文如有附注，居左空二字加圆括号"（ ）"编排在成文日期下一行。

3. 版记

置于公文末页首条分隔线（含分隔线）（与版心同宽，推荐高度为 0.35 毫米）以下，末条分隔线（含分隔线）（与版心同宽，推荐高度为 0.35 毫米）以上的部分称为版记。版记部分包括以下内容。

（1）抄送机关。指除主送机关外需要执行或知晓公文内容的其他机关。使用机关全称或规范化简称或同类型机关统称。公文如有抄送，一般用 4 号仿宋体字，在印发机关和印发日期之上一行左、右各空一字编排。"抄送"二字之后加全角冒号和抄送机关名称，回行时与冒号后的首字对齐，最后一个抄送机关标句号。

如需把主送机关移至版记，除"抄送"二字改为"主送"外，编排方法同抄送机关。

既有主送机关又有抄送机关时，将主送机关置于抄送机关上一行，之间不加分隔线。

（2）印发机关和印发日期。指公文送印机关和送印时间。一般用 4 号仿宋体字，编排在末条分隔线之上，印发机关左空一字，印发日期右空一字，用阿拉伯数字将年、月、日标全，月、日不虚位（即 1 不编为 01），后加"印发"二字。

版记中如有其他要素，将印发机关和印发日期用一条细分隔线（与版心同宽，推荐高度为 0.25 毫米）隔开。

（3）页码。指公文页数顺序号，用 4 号半角宋体阿拉伯字编排在版心下边缘之下，数字左右各放一条一字线；一字线上距版心下边缘 7 毫米。单页码居右空一字，双页码居左空一字。版记页前有空白页的，空白页和版记页不编排页码。公文附件与正文一起装订时，页码应连续编排。

（三）公文的特定格式

1. 信函式格式

发文机关名称上边缘距上页边的距离为 30 毫米，推荐使用小标宋体字。联合行文时，使用主办机关标志。发文机关全称下 4 毫米处印一条红色双线（上粗下细），距下页边 20 毫米处为一条红色双线（上细下粗），线长均为 170 毫米，居中排布。

如需标注份号、密级和保密期限、紧急程度，应顶格居版心左边缘编排在第一条红色双线下，按以上顺序自上而下分行排列，第一要素与该线的距离为 3 号汉字高度的 7/8。

标题居中编排，与其上最后一个要素相距二行。

第二条红色双线上一行如有文字，与该线的距离为 3 号汉字高度的 7/8。

首页不显示页码，版记不加印发机关和印发日期、分隔线，位于公文最后一面版心内最下方。

其他与公文标准格式一致。

2. 命令格式

发文机关标志由发文机关全称加"命令"或"令"组成，居中排布，上边缘距版心上边缘 20 毫米，用红色小标宋体字。

发文机关标志下空二行居中编排令号，令号下空二行编排正文。

签发人职务、签名章和成文日期编排方法与标准公文编排相同。

3. 纪要格式

纪要标识由"××××纪要"组成，居中排布，上边缘至版心上边缘 35 毫米，推荐使用红色小标宋体字。

标注出席人员名单，一般用 3 号黑体字，在正文或附件说明下空一行左空二字编排"出席"二字，后标全角冒号，冒号后用 3 号仿宋体字标出出席人单位、姓名，回行时与冒号后的首字对齐。

标注请假人和列席人员名单,除依次另起一行并将"出席"二字改为"请假"或"列席"外,编排方法同出席人员名单。

纪要格式可以根据实际制定。

附公文标准样式:公文首页版式如图 2-1 所示;联合行文公文首页版式如图 2-2 和图 2-3 所示;公文末页版式如图 2-4 和图 2-5 所示;联合行文公文末页版式如图 2-6 和图 2-7 所示;附件说明页版式如图 2-8 所示;带附件公文末页版式如图 2-9 所示;正式公文样本如图 2-10 所示。

图 2-1 公文首页版式

000001

机密★1年

特急

×××××
××× 文件
×××××

×××〔2012〕10 号

×××××关于×××××××的通知

×××××××：

　　×××××××××××××××××××××××××××××××。
　　×××××××××××××××××××××××××××××××××
×××××××××××××××××××××××××××××××××××
×××××××××××××××××××××××××××××××××××
××××。
　　×××××××××××××××××××××××××××××××××

图 2-2　联合行文公文首页版式 1

000001

机密

特 急

×××××

× × ×

×××××

签发人:×××　×××

×××

×××〔2012〕10 号

×××××关于×××××××的请示

××××××××:

　　××××××××××××××××××××××××

××××××××××××××××××××××××××××

××××××××××××××××××××××××××××

××××。

　　××××××××××××××××××××××××

图 2-3　联合行文公文首页版式 2

××××××××××××××。
　　×××××××××××××××××××××××××
××××××××××××××××××××××××××
×××××××××。

2012年7月1日

（×××××）

抄送：×××××××××，×××××××××，×××××，
　　　×××××。

×××××××××   2012年7月1日 印发

图2-4　公文末页版式1

×××××××××××××××××××。

　×××××××××××××××××××××××

×××××××××××××××××××××××××

×××××××××××。

　　　　　　　××××××××××××

　　　　　　　2012年7月1日

（×××××）

抄送：×××××××××，×××××××××，×××××××；
　　　×××××。

×××××××××　　　　　2012年7月1日印发

图 2-5 公文末页版式2

××××××××××××××××××。
　　×××××××××××××××××××××××
×××××××××××××××××××××××
××××××××××。

（×××××）

2012年7月1日

抄送：×××××××××，×××××××××，×××××××，
　　×××××。

×××××××××× 　　　　　　　　　2012年7月1日印发

图2-6　联合行文公文末页版式1

×××××××××××××××。
　×××××××××××××××××××××××
×××××××××××××××××××××××
××××××××××××。

(×××××)

2012年7月1日

抄送：×××××××，××××××××，×××××，
×××××。

×××××××× 　　　　　　2012年7月1日印发

— 2 —

图2-7　联合行文公文末页版式2

25

××××××××××××××。

　　××××××××××××××××××××××

××××××××××××××××××××××

××××××××××。

　　附件：1. ××××××××××××××××××××
　　　　　　××××××

　　　　　2. ××××××××××××

×××××××

× 　 × 　 × 　 ×

2012年7月1日

（×××××）

图 2-8　附件说明页版式

附件2

××××××××××

　　××。

　　××。

抄送：×××××××××，××××××××××，×××××××，
　　××××× 。

×××××××××　　　　　　　　　　2012年7月1日印发

图 2-9　带附件公文末页版式

江苏省人民政府文件

苏政发〔20××〕×号

江苏省人民政府关于表彰江苏省企业
创新先进单位的决定

各市、县（市、区）人民政府，省各委办厅局，省各直属单位：

近年来，全省广大企业深入贯彻落实科学发展观，加大研发投入，大力推进技术、管理、体制机制和商业模式创新，加快创新成果产业化，有力促进了全省经济社会又好又快发展。为鼓励先进，省人民政府决定，对南京联创科技集团股份有限公司等121家企业予以表彰，授予"江苏省企业创新先进单位"荣誉称号。

希望受表彰的企业再接再厉，勇攀高峰，在转变发展方式和促进结构调整方面充分发挥示范表率作用。各地、各部门要加大支持力度，加强协调服务，营造有利于企业创新的良好环境。广大企业要紧紧围绕"十二五"发展主题主线，深入实施创新驱动战略，自觉投身到"万企升级"行动中来，学习借鉴企业创新先进单位的好做法、好经验，着力强化技术创新和产业转型升级主体地位，着力加强产学研联合，着力推进创新成果转化和推广应用，全面提升自主创新能力和内生发展动力，为把江苏率先建成创新型省份作出新的更大贡献。

附件：江苏省企业创新先进单位名单

江苏省人民政府
201×年7月5日

附件：

江苏省企业创新先进单位名单

（正文内容略）

抄送：省委各部委，省人大常委会办公厅，省政协办公厅，省法院，省检察院，省军区。

江苏省人民政府办公厅　　　　　　　　201×年7月5日印发

图 2-10　正式公文样本

五、党政机关公文的行文规则

（一）行文根据的规则

为使公文迅速准确地传递，行文应注重效用，应确定好行文关系和公文文种。

行文关系是指发文机关与主送机关之间的组织关系在行文的体现。行文关系根据隶属关系和职权范围确定。

1. 隶属关系

（1）上下级关系。上级对下级可行命令、决定，发通知、通报、公告、通告、公报，写批复或提出指导性的意见；下级对上级可写请示、报告或提出建议性的意见。

（2）平级关系。指同等级别的关系，如同级人民政府之间就是平级关系。

（3）非隶属关系。不相隶属机关（包括平级机关）之间，一般行文用函，或用通知以及联合行文的方式处理公务。

2. 职权范围

要求做到两点：一是党政分开，党和政府各有不同的职权范围，党务和政务要分别行文；二是各司其职，各级政府、政府机关各个部门，都有明确的职权范围。

3. 文种确定的依据

公文文种的确定根据行文目的、发文机关的职权和与主送机关的隶属关系确定。如某路桥公司因路面施工需要向某市公安局交警支队请求对某一路段实行临时交通管制，选用的文种依据路桥公司与交警支队的关系为非隶属关系，因此只能在平行文中选用，而行文的目的是请求对方批准有关事项，因此，选用函。

（二）平行文、下行文规则

（1）党委、政府的各部门依据职权可以相互行文。

（2）党委、政府各部门在各自职权范围内可以向下一级党委、政府的相关部门行文。

（3）党委、政府的办公厅（室）根据本级党委、政府授权，可以向下级党委、政府行文，其他部门和单位不得向下级党委、政府发布指令性公文或在公文中向下级党委、政府提出指令性要求。需经政府审批的具体事项，经政府同意可由政府职能部门行文，文中需注明已经政府同意。

（4）涉及多个部门职权范围内的事务，部门之间未协调一致的，不得向下级行文；擅自行文的，上级机关应当责令其纠正或撤销。

（5）主送受理机关，根据需要抄送相关机关。主要行文应当同时抄送发文机关的直接上级机关。

（6）上级机关向受双重领导的下级机关行文，必要时抄送该下级机关的另一个上级机关。

（三）上行文规则

（1）原则上主送一个上级机关，根据需要同时抄送相关上级机关和同级机关，不抄送下级机关。

（2）党委、政府的部门向上级主管部门请示、报告重大事项，应当经本级党委、政府同意授权；属于部门职权范围内的事项应当直接报送上级主管部门。

（3）下级机关请示的事项，如需以本级机关的名义向上级机关请示，应当提出倾向性意见后上报，不得原文转报上级机关。

（4）请示应当一文一事。不得在报告等非请示性公文中夹带请示事项。

（5）除上级机关负责人直接交办的事情外，不得以机关名义向上级机关负责人报送公文，不得以本机关负责人名义报送公文。

（6）受双重领导的机关向一个上级机关行文，必要时抄送另一个上级机关。

（四）联合行文规则

（1）同级党政机关、党政机关与其他同级机关必要时可以联合行文。

（2）属于党委、政府各自职权范围内的工作，不得联合行文。

六、党政机关公文用语特点

公文的语言，受制于公文的性质、内容、功能，有明确、简要、平实、朴素、庄重的特点。撰写公文时，应按公文语言的要求选词造句，组段成篇，使公文语言更好地为表达内容服务。为此，写作者应从以下几方面下工夫。

（一）用词要准确、规范、精要

1. 所用的词语要有明确的单义性，避免歧义

为表义的确切，公文较常采用偏正短语，对词语进行修饰、限定，而使词义明确。例如，本章例文1中对文件执行要求是"认真贯彻执行"，而例文2只是要求"认真学习"。

此外，对同义词（近义词）的选择注重实际。例如，成绩、成果、成效、成就，这几个词就是同义词，它们的基本意义一样，但分量上和重点上则不相同。"成绩"一般用于工作或学习中取得的具体收获，如"他在期末考试中取得了优良成绩"。"成果"则用在事业中取得了较大些的收获，如"我们的劳动取得了丰硕的成果"。"成效"则重于功效、效果，如"他们研制的新农药，杀灭稻田害虫很有成效"。"成就"是指事业上取得了很大的成绩，如"我国的开放改革事业取得世界瞩目的成就"。

专业术语的准确运用也使语言表达更为规范和简明，又不失庄重。

2. 要选用通俗易懂的词语

公文是上下级之间传递信息的重要工具，为便于理解不宜使用过时、冷僻的词语，更不能生造词语。比如，"FB"是目前较为流行的网络语言"腐败"的意思，尽管在网络中大行其道，但这类生造"词语"，他人在理解时难度较大，因此不宜使用。

3. 使用书面语，一般不使用口语、方言、土语

公文一般不使用口语，只使用合乎规范的书面词语，以免破坏公文的语体风格。

4. 适当使用文言词语

公文会适当使用诸如"业经""悉""兹""兹有""特""拟""者""为荷""于""为""依""逾""其""亦""以""尚"等这些单音节或双音节的文言词语，目的在于使表达简明扼要。

5. 恰当使用公文特定专用语

在长期的公务实践中，由于行文和处理程序的需要，公文已逐渐形成了一套常用的专用语，即公文特定用语。在公文写作中，这些特定用语的使用频率很高，或在结构上引起开端，导向过渡，收束全文；或在语意上表示郑重、强调；或在意向上提出请示，表示盼望。它在准确、严谨地表述公文内容及格式的同时，还能有效地增强简明、庄重的语体风格。

6. 经常使用介词短语

为能准确地说明事物的时间、地点、方向、条件、对象、范围、原因、目的、方式、依据等，公文经常使用含介词结构的短语。例如，公文标题中一般都会出现介词"关于"与其宾语组成的介词结构，用以提示和限定公文涉及的内容范围；公文正文使用介词结构的短语的频率也很高。

（二）句式讲求严密、简洁

1. 普遍使用主谓完全句

为避免表达的歧义，公文中大多使用主谓完全句，以保证说明判断的准确性。也使用省略句，但使用省略句多采用承前省略，或在主语十分明确的情况下省略，一方面是使表达明确，另一方面也是使语言在明晰的前提下更加简洁。

2. 运用附加成分多而复杂的长句

这种运用使表达的内容容量大且说理比较严密，如本章例文12中"进一步完善设摊禁止与疏导管理机制"一句就是一个附加了较多成分的长句子：谓语"完善"前附加了一个状语限制词"进一步"，说明工作推进的程度；宾语"管理机制"前附加定语修饰语"设摊禁止与疏导"是从两方面来规定了中心语的范围，使表述更加明确而精密。

3. 使用插说成分

例如，本章例文19中"我市需在'十一五'期间完成污水处理二期扩建工程（含收集管网、提升泵站）"一句中，其中括号中的内容，即是采用插说，使表述更加严密、简约。

4. 利用联合短语构成句子成分，使结构紧凑、语言简洁

例如，本章例文10中"进一步规范局系统行政决策议事规则和局长办公会、专项业务会审会、综合业务协调会、局系统工作会等议事方式"一句中宾语就是由两个联合短语构成的，两个中心语"规则"和"方式"前的修饰语，既规定了中心语的范围，又使句子紧凑、简洁。

此外，还可以运用"的"字短语构成"的"字句，运用文言句式的形式帮助表达。

总之，公文语言明晰、准确、简朴、庄重的特点，不是孤立存在的，而是互相联系，统一存在于一份公文的整体之中。因而撰写公文的时候，遣词造句，应从体现这些特点出发，切勿顾此失彼。

[附] 公文常用特定用语简表如表2-1所示。

表2-1 公文常用特定用语简表

类别	用语名称	作用	常用特定用语
1	开端用语	主要用于文章开头，表示发语、引据	为、为了、为着、查、接、顷接、根据、据、遵照、依照、按照、按、鉴于、关于、兹、兹定于、今、随着、由于
2	称谓用语	用于表示人称或对单位的称谓	第一人称：我、我单位、本人、本公司、我们、敝单位 第二人称：你、你局、贵公司、贵方 第三人称：他、该公司、该项目

类别	用语名称	作用	常用特定用语
3	递送用语	用于表示文、物递送方向	上行：报、呈 平行：送 下行：发、颁发、颁布、发布、印发、下达
4	引叙用语	用于复文引据	悉、接、顷接、据、收悉
5	拟办用语	用于审批、拟办	拟办、责成、交办、试办、办理、执行
6	经办用语	用于表明进程	经、业经、已经、兹经
7	过渡用语	用于承上启下	鉴于、为此、对此、为使、对于、关于、如下
8	期请用语	用于表示期望请求	上行：请、恳请、拟请、特请、报请 平行：请、拟请、特请、务请、如蒙、即请、切盼 下行：希、望、尚望、切望、请、希予、勿误
9	结尾用语	用于结尾表示收束	上行：当否，请批示；可否，请指示；如无不当，请批转；如无不妥，请批准；特此报告；以上报告，请批转；以上报告，请审核 平行：此致敬礼、为盼、为荷、特此函达、特此证明、尚望函复 下行：为要、为宜、为妥、希遵照执行、特此通知、此复、为……而努力、……现予公布
10	谦敬用语	用于表示谦敬	承蒙惠允、不胜感激、鼎力相助、蒙、承蒙
11	批转用语	用于上级对下级来文的批转处理	批转、转发
12	征询用语	用于征请、询问对有关事项的意见、态度	当否、妥否、可否、是否妥当、是否同意、如无不当、如无不妥、如果可行等

第二节　几种常见公文的写作

一、通知

（一）通知的适用范围、种类

1. 通知的适用范围

通知主要用于批转下级公文、转发上级和不相隶属机关公文，发布、传达要求下级机关执行和有关单位周知或执行的事项。

2. 通知的种类

（1）发布性通知。这是向下级机关单位发布行政法规、制度、办法、措施等文件使用的一种通知。如本章例文1。

（2）批示性通知。包括"批转""转发"两种形式。"批转"用于领导机关对直属部门或下级机关呈报的报告或其他文件，认为具有普遍意义，于是对来文加上批语，再用通知的形式发给所属的各个下级机关单位或部门，要求下级作借鉴、参考或贯彻执行。"转发"用于机关、单位对上级机关、单位和不相隶属机关、单位发来的文件，对本机关、单位所属下级机关、单位具有指示、指导或参考作用，加上按语，再用通知的形式发给下级。本章例文2即为此类通知。

（3）指示性通知。用于布置下级机关工作，指示工作方法、步骤，带有强制性、指挥性。如本章例文3。

（4）事务性通知。多用于上级机关向下级机关宣布某些应知事项，不具有强制性。如本章例文4。

（5）会议通知。用于告知有关机关、单位或个人出席会议。如本章例文5。

（6）任免通知。上级机关对任免的人员用通知的形式告知下级机关。如本章例文6。

（二）通知的内容、结构和写法

通知主体部分一般由标题、主送机关、正文和落款等几部分组成。具体写法如下。

1. 标题

标题为标准格式，由发文机关名称、事由和文种构成。

2. 主送机关

指通知的承办、执行或应当知晓的主要受文机关，一般为直属下级机关、单位，或需要了解通知内容的不相隶属的单位。

3. 正文

由导语（前言）、主体和结尾三部分组成。

（1）导语（前言）。主要交代制发通知缘由、根据或情况。

（2）主体。说明通知事项，即要求主送机关承办、执行或应当知晓的具体事项。当事项部分内容较多时，采用标项撮要项的方法，将各项写出。

（3）结尾。有几种写法，一是以事项部分结束，全文也自然结束，不一定要结尾部分；二是以习惯用语"特此通知"收束全文，但前言与主体之间没有用过渡语"现将有关事项通知如下"或"特作如下通知"；三是用简明的文字，再次明确主题或作必要的说明或提出执行要求。

4. 落款

标明发文机关名称和成文日期，均按公文的标准格式。

（三）写作通知应注意的事项（写作要求）

（1）内容要单一，针对性要强。制发通知的目的虽然不同，但都是为了回答或解决一些实际问题。因此，撰写时必须从实际出发，使内容具有针对性。同时，一份通知只能涉及某一方面的工作，不能同时涉及多方面的工作。

（2）事项说明要具体明确。为方便受文单位切实贯彻执行通知的要求，对事项说明时，不仅要内容齐全，执行要求也应具体，且具有操作性。

（3）语言要准确、简明、通俗易懂。通知的受众广，要考虑阅读者的实际情况，以方便为前提，在准确表达发文者意图的前提下，尽量简明、易懂。

（四）通知写作实例及其分析

例文 1

国务院办公厅关于印发国民旅游休闲纲要（2013—2020 年）的通知

各省、自治区、直辖市人民政府，国务院各部委、各直属机构：

《国民旅游休闲纲要（2013—2020 年）》已经国务院同意，现印发给你们，请认真贯彻执行。

国务院办公厅

2013 年 2 月 2 日

国民旅游休闲纲要

（2013—2020 年）

为满足人民群众日益增长的旅游休闲需求，促进旅游休闲产业健康发展，推进具有中国特色的国民旅游休闲体系建设，根据《国务院关于加快发展旅游业的意见》（国发〔2009〕41 号），制定本纲要。

……（以下略）

（本例文引自国务院网）

【例文分析】

这是一则发布性通知。这类通知的写法非常简单。

标题由三部分构成：发文机关、事由和文种。事由部分用"颁布"（"发布""印发"）作谓语＋"颁布"（"发布""印发"）的文件名称构成。

正文由两部分构成：发文决定（"所印发的文件经有关部门审查批准"）和执行要求（"现印发给你们，请认真贯彻执行"）。执行要求也有使用"请遵照（参照）执行"这样的句式，主要根据具体情况提出不同的要求。附件一般随通知一并行文，不必再在"附件说明"位置标注。这类通知也有在正文开头说明印发文件的目的和缘由的。

例文 2

北京市住房与城乡建设委员会转发《市安监局关于组织落实电工安全口诀强化企业用电安全管理工作的通知》的通知

各区、县住房城乡建设委，东城、西城区住房城市建设委，经济技术开发区建设局，各集团、总公司，各有关单位：

现将《市安监局关于组织落实电工安全口诀强化企业用电安全管理工作的通知》转发给你们，各施工总承包单位要以项目部为单位组织专业承包、劳务承包单位电工认真学习，有条件的可将"口诀"制作成挂牌，切实加强电工安全知识和专业技能宣传教育。

特此通知。

附件：《市安监局关于组织落实电工安全口诀强化企业用电安全管理工作的通知》（略）

北京市住房与城乡建设委员会

2010 年 1 月 10

（本例文引自北京市住房与城乡建设委员会网）

【例文分析】

这是一则转发性通知。这类通知的写法也比较固定而简单。

标题由发文单位、事由和文种构成。事由部分由"批转"（"转发"）+批转（"转发"）的文件名（即附件）构成。

正文部分先说明需转发的具体文件，然后说明执行的希望和要求"请认真学习""切实加强……宣传教育"。如附件涉及的工作非常重要，也会强调某方面的意义或对附件的主要问题作进一步阐发或说明。附件一般随通知一并行文。

这类通知，注注比较注意行文措辞的得体，例如，同样是执行要求，例文 1 用的是"认真贯彻执行"，例文 2 充分考虑了收文单位的具体情况，并未提出统一要求。

例文 3

山东省住房和城乡建设厅关于进一步加强建筑施工消防安全工作的通知

各市住房城乡建委（建设局）、市政公用局：

冬季是建筑施工火灾事故多发季节，加之元旦、春节即将来临，进一步做好建筑施工消防工作，意义重大。近期省内外发生了多起火灾事故，为吸取事故教训，确保我省建筑施工消防安全，现就有关工作要求如下。

一、高度重视、落实责任

要牢固树立"安全第一、以人为本"的理念，坚决克服麻痹大意和侥幸心理，进一步提高对做好建筑施工消防工作重要性的认识，增强责任感、紧迫感。各施工企业、各工程项目部要针对建筑施工消防安全管理存在的主要问题和薄弱环节，切实落实责任、加强管理。建设、设计、施工、监理等企业要认真落实消防安全主体责任，严格执行国家和省关于加强建筑施工消防安全管理的各项规章制度，建立健全消防安全责任体系，认真开展建筑施工消防安全隐患自查自纠工作，及时消除消防隐患，严防火灾事故发生。

二、全面排查消防安全隐患

各地住房城乡建设主管部门要在当地政府的统一领导下，加强同公安消防等部门的沟通协调，积极配合公安消防部门对新开工项目、既有建筑改（扩）建项目等建筑施工现场消防工作的监督检查，特别是进入主体阶段和装饰阶段的高层建筑工程，要重点对项目部消防安全责任制落实、外墙保温材料、电焊气焊使用情况、高层建筑外架上架设消防管与施工进度同步情况、施工升降梯及楼梯间消防设施设置情况等进行检查。重点检查以下几方面：一是各企业主体消防安全责任制建设情况，消防安全体系是否健全，防火安全责任和岗位责任是否层层落实，用火、用电、易燃可燃材料等消防管理制度和操作规程是否得到严格执行；二是施工现场消防器材、消防设施的配备和消防水源、消防通道的设置是否满足规范标准要求，是否运转有效、疏散通畅；三是建筑电工、焊工等特种作业人员的消防安全教育培训及持证上岗情况；四是施工现场动火作业是否符合相应的操作规程和标准规范要求，并采取相应的防火措施；五是施工现场生活区宿舍用电是否严格按照临时用电规范，是否存在违规使用大功率照明、取暖、电加热器具等方面的情况；六是对于建筑外保温系统及外墙装饰工程，是否按照《建设工程施工现场消防安全技术规范》（GB 50720—2011）、《民用建筑外保温系统及外墙装饰防火暂行规定》的要求进行防火设计、施工。

对排查发现的隐患和问题，各企业、各工程项目部要立即整改。对不认真进行隐患整改以及对隐患整改不力造成事故的，要依法依规从重追究相关责任人员的责任。

三、加强演练，提高应急处置能力

各单位、各施工企业、工程项目部要结合实际，重点从消除建筑施工火灾隐患、组织扑救初起火灾、组织人员疏散逃生等方面建立健全消防安全应急预案，有针对性地开展施工消防安全知识的宣传教育培训和演练。要切实加强对施工现场一线操作人员，特别是电工、焊工等特种作业人员的消防安全知识培训，进一步提高一线作业人员的安全意识和自防自救能力。项目停止施工和节假日期间，要严格落实领导带班值班制度，加大对施工现场的巡查巡检频次，严防因无人看管引发火灾事故。

山东省住房和城乡建设厅

2013 年 12 月 16 日

（本例文引自山东建设网）

【例文分析】

这是一则指示性通知。

正文由通知的缘由、通知的事项两部分构成。通知针对冬季建筑施工消防安全，为避免事故发生而提出要求。既有对施工单位的要求，也有对相关监管部门的要求；同时要求也是具体的，以便落实，也便于各方的督促。事项部分说完，也自然结束全文，不再写结尾，这使通知结构紧凑；分项说明也使通知的条理性较好。

语言表达上，言简意赅，既注重表意的明确，又注意表达的前后呼应。例如，标题中的"加强"，在正文中通过三项措施，从意识上、管理上、处置能力上得到体现。

这类通知的指导性更强，事项部分要具有操作性，方利于工作的进行。

例文 4

广西壮族自治区人民政府关于调整全区职工最低工资标准的通知

各市、县人民政府，自治区农垦局，自治区人民政府各组成部门，各直属机构：

根据国家《最低工资规定》有关要求及我区当前实际情况，现对全区职工最低工资标准进行调整。

调整后的最低工资标准自发文之月起执行。

附件：广西壮族自治区最低工资标准及适用地区

广西壮族自治区人民政府
2013 年 2 月 7 日

附件

广西壮族自治区职工最低工资标准及适用地区

类别	最低工资标准（元）		适 用 地 区
	月	小时	
一类	1 200	10.5	南宁市、柳州市、桂林市、梧州市、北海市
二类	1 045	9.5	防城港市、钦州市、贵港市、玉林市、百色市、贺州市、河池市、来宾市、崇左市
三类	936	8.5	各县级市
四类	830	7.5	各县、自治县

（本例文引自广西壮族自治区政府门户网）

【例文分析】

这是一则事务性通知（或者称为一般性通知），行文的目的主要是向有关部门告知情况。

标题为规范写法。正文部分由发文缘由、需周知（办理）的事项以及要求构成。通知的事项为"调整全区职工最低工资标准"，要求是"自发文之月起执行"。

全文内容简单，但表达清楚具体，不拖泥带水。

例文 5

广西壮族自治区住房和城乡建设厅
关于召开全区建筑施工质量安全标准化现场观摩会的通知

各市住房城乡建设委（局）：

为认真贯彻落实国务院安委会《关于深入开展企业安全生产标准化建设的指导意见》，进一步推动我区建筑施工质量安全标准化工作，经研究，定于 2013 年 6 月 20 日在贵港市召开全区建筑施工质量安全标准化现场观摩会。现将有关事项通知如下。

一、会议内容

（一）通报上半年全区建筑市场暨建筑工程质量安全层级监督检查情况。

（二）部署下一阶段全区建筑施工质量安全标准化工作任务。

（三）观摩 1 个建筑施工质量安全标准化工地。

（四）发放广西房屋建筑和市政基础设施工程安全生产动态管理信息系统用户名及

密码。

二、参加会议人员

（一）各市、县（市、区）住房城乡建设委（局）分管领导；

（二）南宁、柳州、贵港3市建管处主任；

（三）各市住房城乡建设委（局）建管科、工程科、质安科科长及质安监站站长；

（四）自治区建设工程质量安全监督总站、自治区建设工程造价总站各1名负责人；

（五）广西建筑业联合会、广西建设监理协会、广西建筑装饰协会、广西建设工程质量管理协会、广西建设工程质量检测试验协会各1名负责人；

（六）广西建工集团有限责任公司1名主要负责人；

（七）区内房屋建筑总承包特级和一级资质施工企业1名主要负责人（详见附件1）；

（八）百色、崇左各2家施工企业的1名主要负责人；

（九）区内综合、甲级工程监理企业1名主要负责人（详见附件2）。

三、会议时间、地点

6月20日上午8时在贵港国际大酒店2楼会议室开会，10时30分从酒店统一乘车到工地现场参观，会期半天。

6月19日全天在贵港国际大酒店报到（地址：贵港市金港大道838号，总台电话：0775-4296688，联系人：段黎，联系电话：18907758822）。

四、其他事项

（一）会议重要，请各市住房城乡建设委（局）负责通知本辖区各县（市、区）住房城乡建设主管部门、有关企业参加会议。会议人员名单请于6月17日上午下班前填写附件3并传真到我厅建筑市场监管处，传真电话：0771-2260138。

（二）会议统一安排住宿，费用自理。

（三）由于观摩工地离会场较远，会议代表一律从酒店乘坐大巴前往。

（四）会务工作委托自治区建筑业联合会具体负责。

自治区建筑业联合会联系人：余阆，联系电话：0771-5710107，13788703330。

附件：1. 全区房建总承包特级和一级企业名单

      2. 全区综合、甲级监理企业名单

      3. 全区建筑施工质量安全标准化现场观摩会回执表

广西壮族自治区住房和城乡建设厅

2013年6月9日

（本例文引自广西建设网）

【例文分析】

这是一则会议通知。

标题事由部分的表述基本上采用"关于召开……会议的"形式。正文内容分前言和主体两部分。前言说明召开会议的缘由和目的，主体则说明会议召开应注意的事项。因会议涉及的事项比较多，发文者通常会采取标项撮要的方法，清楚地说明召开会议的时间、地点、会议的内容、与会人员以及其他相关事宜、联系方式等六方面内容，这是会议能按预定顺利召开的保证。而有条理的分项说明，使受文者对会议召开应注意的事项能一清二楚，一目了然。

例文 6

工业和信息化部关于赵卫东王祥瑞职务任免的通知

甘肃省通信管理局：

工业和信息化部党组决定：

赵卫东任甘肃省通信管理局局长（试用期一年），免去其国家计算机网络与信息安全管理中心甘肃分中心主任职务，任职时间自 2013 年 8 月 27 日党组会决定之日起计算；

免去王祥瑞的甘肃省通信管理局局长职务，办理退休。

中华人民共和国工业和信息化部

2013 年 9 月 23 日

（本例文引自工信部人事教育司网）

【例文分析】

这是一则任免通知。

通知的正文只需要写清楚什么机关（单位）在什么时间的什么会议（或第几次会议）决定任免何人、任何种职务就行了，内容须简明扼要。任免通知中，如果任职者有任期时限的，还应写明任职的期限。总之，写法、表达都应简明扼要。

二、通报

（一）通报的适用范围以及种类

1. 通报的适用范围

通报是"适用于表彰先进，批评错误，传达重要精神和告知重要情况"的公文。

2. 通报的种类

（1）表扬性通报。用于表扬先进集体或先进个人事迹，宣传典型、树立榜样，总结成功经验。

（2）批评性通报。用于批评违反政策和纪律的错误，以反面典型或重大事故警诫有关人员，教育广大干部群众。有错误通报和事故通报两种。

（3）情况通报。用于传达重要精神、通报重要情况。

（二）通报的内容、结构和写法

1. 标题

通常的标题由发文机关名称、事由和文种构成。

2. 主送机关

通报为下行文，因此主送机关一般为直属下级机关（单位），或需要了解该内容的不相隶属的单位。

3. 正文

由导语（前言）、主体和结尾三部分组成。

（1）导语（前言）。主要交代通报写作的缘由、根据或情况。

（2）主体。说明通报的具体内容。

（3）结尾。有根据内容提出各类事项要求或希望的；也有以固定词语"特此通报"结尾的；也有不写结尾部分的。

4. 落款

标明发文机关名称和成文日期。

（三）写作通报的注意事项（写作要求）

（1）材料要典型。材料要具有普遍性、针对性和指导性，才会使通报有分量。

（2）事实要准确。不能是道听途说的东西，所选用的事实和数据要反复核实，批评或表扬也要做到恰如其分。

（3）通报要及时。发现情况及时通报，方是有的放矢，否则，事过境迁，起不到指导和教育作用。

（四）通报写作实例及其分析

例文 7

住房和城乡建设部关于 2012—2013 年度
中国建设工程鲁班奖（国家优质工程）获奖单位的通报

各省、自治区住房城乡建设厅、直辖市建委（建交委），国务院有关部门建设司，新疆生产建设兵团建设局，总后基建营房部工程局，国资委管理的有关建筑业企业：

经中国建筑业协会组织评选，中国国家博物馆改扩建工程（新馆）、南京长江隧道工程、上海青草沙水源地原水工程等 202 项工程获 2012—2013 年度中国建设工程鲁班奖（国家优质工程）。为了鼓励获奖单位，推动更多的企业积极参与工程创优活动，对获奖工程的承包单位给予通报表彰。

希望广大建筑业企业全面贯彻落实党的十八届三中全会精神，积极学习获奖单位创建精品工程的成功经验，强化质量意识和责任，严格执行工程建设法律法规和标准，建工程精品，创企业品牌，为我国工程建设事业的发展和工程质量水平的不断提高作出新的贡献。

附件：2012—2013 年度中国建设工程鲁班奖（国家优质工程）获奖工程名单

中华人民共和国住房和城乡建设部

2013 年 11 月 25 日

（本例文引自住房与城乡建设部网站）

【例文分析】

这是一则表扬性通报。

标题由三部分组成。表扬性通报标题的事由也有用"表彰""奖励""表扬"等词做谓语以引出被表彰对象的，如"广东省人民政府关于表彰第二届南粤技术能手奖获得者的通报"。

通报正文第一部分说明表彰依据并宣布表彰的决定，第二部分对受文机关发出希望和号召。也有的表扬通报会在第一部分讲述表彰对象的基本情况和先进事迹以及对先进事迹的评价（以使人们了解受表彰的集体或个人的先进事迹，彰显事实，真正起到树立典型的作用），再说明表彰依据和宣布决定。这样写可使表彰显得有理有据。但本文省略了这方面内容，因为鲁班奖的评选依据中国建筑行业协会颁布的《中国建设工程鲁班奖（国家优质工程）评选办法》，由具备评选条件的相关企业申报，尔后由有关专家评选，因此不必赘言。

例文 8

<h3 style="text-align:center">广西壮族自治区住房和城乡建设厅
关于对广西恒广建筑工程有限公司、广西润沣水利电力建设工程有限公司
提供伪造注册证书行为处理决定的通报</h3>

各市住房城乡建设委（局）：

广西恒广建筑工程有限公司、广西润沣水利电力建设工程有限公司在承揽南宁市水库除险加固工程施工时，分别提供了伪造的王振创、黄颖霞二级建造师注册证书。经我厅核实，王振创和黄颖霞二级建造师注册证书属于伪造。

根据原建设部《注册建造师管理规定》（建设部令第 153 号）规定，我厅作出如下处理决定。

一、广西恒广建筑工程有限公司、广西润沣水利电力建设工程有限公司违反《注册建造师管理规定》，在承揽水电工程施工时，提供伪造的二级建造师注册证书，决定在全区予以通报批评，并暂停在全区投标活动资格 90 天。

二、对王振创、黄颖霞提供伪造的二级建造师注册证书承揽水电工程施工项目，决定没收王振创、黄颖霞伪造的二级建造师注册证书，同时，暂停王振创、黄颖霞在广西执业资格 1 年。

以上决定，从本文下发之日起执行。处罚决定期满后，上述企业的投标资格和注册人员的执业资格即可自动恢复。

广西壮族自治区住房和城乡建设厅
2013 年 10 月 11 日
（本例文引自广西建设网）

【例文分析】

这是一则针对错误行为的批评性通报，发文的目的是使相关单位和人员认识错误，同时希望借此杜绝此类行为。

这类通报的标题对事由部分的说明一定要涉及错误的责任方以及错误行为，这可以使通报的内容一目了然，且批评具有较强的针对性。

正文包含以下内容：指出错误行为所在（发文缘由）、说明对错误行为的处理依据以及通报处理结果。也有的通报会指出错误的性质。

通报必须以事实为依据，否则难以服人（相关责任人），处理也应依法依规，否则难以服众。

例文 9

住房城乡建设部关于全国城镇污水处理设施
2013年第三季度建设和运行情况的通报

各省、自治区、直辖市住房城乡建设厅（市政管委、建委、水务局），新疆生产建设兵团建设局：

现将2013年第三季度全国城镇污水处理设施建设运行情况通报如下。

一、城镇污水处理设施建设情况

截至2013年9月底，全国设市城市、县累计建成城镇污水处理厂3 501座，污水处理能力约1.47亿立方米/日，比2012年年底新增污水处理厂161座，新增处理能力约450万立方米/日。

全国已有651个设市城市建有污水处理厂，约占设市城市总数的99.1%；累计建成污水处理厂2 020座，形成污水处理能力1.21亿立方米/日，比2012年年底增加了300万立方米/日。黑龙江省尚志、五常、密山、铁力、海伦市，西藏自治区日喀则市等6个城市尚未建成城镇污水处理厂。

全国已有1 336个县城建有污水处理厂，约占县城总数的82.3%；累计建成污水处理厂1 481座，形成污水处理能力2 564万立方米/日，比2012年年底增加了约150万立方米/日。

二、城镇污水处理厂运行与污染物削减情况

本季度，全国城镇污水处理厂累计处理污水116.0亿立方米，同比增长6.2%；运行负荷率达到86.1%，同比提高了1个百分点。累计削减化学需氧量（COD）总量275.4万吨，同比增长6.0%；平均削减COD浓度达到235.0 mg/L，同比下降0.7%。

本季度，36个大中城市（直辖市、省会城市、计划单列市）城镇污水处理厂累计处理污水量43.3亿立方米，同比增加3.1%；运行负荷率为92.4%，同比下降0.8个百分点；累计削减COD总量106.9万吨，同比增加1.0%；平均削减COD浓度达到246.9 mg/L，同比下降1.6%。

三、城镇污水处理工作考核情况

按照《城镇污水处理工作考核暂行办法》（建城函〔2010〕166号）的要求，依据全国城镇污水处理管理信息系统汇总的数据，我部对各省区和36个大中城市2013年上半年的城镇污水处理工作情况进行了考核、排序。省级考核前三名是北京、山东和天津，36个大中城市考核前三名是西安、济南和青岛市。

四、城镇污水处理信息报告情况

本季度运营项目信息按规模统计的上报率为99.5%，其中，北京、天津、辽宁、吉林、上海、安徽、湖北、湖南、重庆运营项目上报率为100%。

本季度在建项目整体上报率为75%，其中，北京、内蒙古、辽宁、吉林、江苏、安徽、湖北在建项目上报率为100%，江西、山西、黑龙江、宁夏的上报率不足25%。

五、下一步工作要求

（一）加快城镇污水处理设施建设与改造

各地要进一步加快城镇污水处理设施建设，特别是对于目前尚未建成投运污水处理设施

的市、县，要加快设施建设。各地要按照《国务院关于加强城市基础设施建设的意见》（国发〔2013〕36号）、《国务院办公厅关于做好城市排水防涝设施建设工作的通知》（国办发〔2013〕23号）等文件要求，创新投融资体制机制，多渠道筹措资金，确保如期实现国家"十二五"规划确定的各项建设任务目标；要优先升级改造落后的城镇污水处理设施，确保城市污水处理厂出水达到国家新的环保排放要求，或出水主要指标达到地表水Ⅳ类标准。

（二）进一步加强城镇排水与污水处理信息上报工作

各地要全面梳理本辖区内城镇污水处理设施建设进展情况，对于已经通水、发挥污染物削减效能的污水处理厂，及时在信息系统中转为运行状态，并按月上报运行信息，为年度节能减排考核工作做好准备。

（三）加强中央财政专项资金支持污水管网建设任务的管理

中央财政专项的先期资金，已按照两部核定的"十二五"各地城镇污水管网建设任务量基本拨付完毕，各地要加强中央财政专项资金支持污水管网建设项目的管理，做好任务量清算等工作。各地要严格按照国家有关规定把控工程质量，规范建设项目文件和相关资料的归档工作，做好项目信息的上报与备案，配合做好建设情况的检查核定和审计工作；要重视污水管网工程建设完成后的维护管理，防止雨污混接等现象。

（四）认真做好《城镇排水与污水处理条例》的贯彻实施

各地要认真组织学习贯彻《城镇排水与污水处理条例》（国务院令第641号），深入学习理解条例的立法宗旨、主要原则和各项管理制度，加强条例的宣贯培训，为条例2014年1月1日起实施做好充分准备。

中华人民共和国住房和城乡建设部

2013年11月11日

（本例文引自住房与城乡建设部网站）

【例文分析】

这是一则情况通报，一方面是为了向下级机关告知情况，另一方面也是为了明确阐述领导机关的意见和建议。

正文第一部分为前言，开门见山，直奔主题。这是作为例行性通报的惯常写法。也有的通报会在此部分概括说明整体情况。第二部分按"情况—建议"的逻辑顺序安排内容，既使有关单位了解情况，也明确表明上级对此的态度和意见。"下一步工作要求"部分，即"建议部分"，是针对工作中存在的不足提出的建议，有具体的措施、办法，具有指导性，也便于有关单位参照执行。

三、报告

（一）报告的适用范围和种类

1. 报告的适用范围

报告是"适用于向上级机关汇报工作、反映情况、回复上级机关的询问"时使用的一种陈述性公文。如定期的工作汇报，突发性的重大情况或重要问题的汇报，不定期的反映本单位执行各项方针、政策的情况的汇报，反映实际工作中遇到的问题，按指示办完上级的工作时的给领导的回复、上级询问时的答复，向上级递送文件、物品时使用。

2. 报告的种类

（1）工作报告。指定期向上级领导机关汇报本单位的全面工作情况而写的报告，主要是向上级陈述工作的开展情况以及做法，同时也是对经验和教训的总结。

（2）情况报告。指向上级汇报工作中发生或发现的某些问题和新情况时使用的一种报告，往往针对某一特殊或突发情况（如灾情、案情等）、某一问题（如工作存在的失误和重大问题）、某项工作（如重要活动、重要决议、上级决定事项的督办情况及检查某项工作的发展的情况）、某次会议（如重要会议的情况，各级、各类代表大会选举）的某些事项、有一定倾向性的异常事件或新动态、新风气、新生事物等。

（3）答复报告。针对上级询问的问题所作的一种被动性报告。

（4）递送报告。向上级机关递送文件、物件，随同文件或物件一起发送的报告。

（二）报告的内容、结构和写法

1. 标题

报告的标题有两种写法，一是发文机关、事由、文种三部分齐全；另一是只有事由、文种，如《国务院政府工作报告》。

2. 主送机关

一般只送一个上级部门，且为直属上级。

3. 正文

一般由导语（前言）、主体、结尾三部分构成。

（1）导语（前言）。简要说明写报告的目的或缘由、背景或总的基本情况。然后根据报告的不同种类，用不同的承启句过渡到下文，常见的有"兹报告如下""特作如下报告"。

（2）主体。即报告的具体内容。围绕主旨展开陈述，写明主要情况、措施和结果、成效和存在的问题等。报告的种类不同，报告的主体的写法也略有差异。

（3）结尾。根据报告种类的不同，可采用不同的惯用语，如工作报告和情况报告常用"特此报告""专（特）此报告，请审阅""以上报告，请审查（审核）"作结束语。答复报告多用"专此报告"。递送报告则用"特此报告，请查收（审阅）"。

4. 落款

标明发文机关名称和成文日期。

（三）写作报告应注意的事项（写作要求）

（1）情况要真实。不真实的报告会给上级不真实的信息，会使上级作出错误的决策，势必对本单位工作带来影响，甚至会给工作带来损失。因此，报告的写作要做到"不掺水""不作假"，情况属实，数据也经得起检验。

（2）主次、详略要分清。报告的目的是让上级了解情况，但报告的内容不同、要求不同，领导了解的情况也有所侧重，因此写作的重点也不尽相同，点面的考虑、详略的安排在报告中也会有不同的体现。

（3）言简意赅，条理清晰。报告的写作不在于长度，而在于语言表达的到位程度，力求用简洁的语言，表达丰富的内容。当报告中涉及的事情比较多时，要注意表达的条理性和结构安排的逻辑性。

（四）报告写作实例及其分析

例文⑩

天津市国土资源和房屋管理局 2008 年依法行政工作报告

国土资源部：

按照国务院《关于全面推进依法行政实施纲要》《国土资源管理系统全面推进依法行政规划》和《关于深入持续推进依法行政构建保障和促进科学发展新机制的通知》，现将我局 2008 年度全面推进依法行政工作情况报告如下。

一、全面推进依法行政工作主要做法

2008 年，在国土资源部和市委、市政府领导下，我们以科学发展观为统领，以落实《国务院全面推进依法行政实施纲要》为目标，认真贯彻党的十七大精神和市委九次党代会以来的一系列决策部署，求真务实，积极进取，不断开创依法行政新局面。

（一）转变政府职能，完善公共服务

1. 理顺管理体制。自 2007 年以来，组建 12 个涉农区县国土资源分局，强化了规划研究、土地调查、地质资料利用、房屋交易资金监管等公共服务职能。土地估价协会、房地产业协会等协会组织全部与局机关脱钩，理顺了管理体制，实现政事职责分开，初步形成了与国土房管行政管理职能相适应的组织构架。

2. 健全预警机制。为应对房屋安全突发事件，做好地质灾害防治工作，制定《天津市房屋安全应急预案》《天津市突发性地质灾害处置应急预案》。在地质灾害危险区全部建立覆盖县—乡（镇）—村（厂矿、学校）三级的群测群防网络。汶川大地震发生后，第一时间组织房屋安全鉴定队伍奔赴灾区救援，为我市争得了荣誉。

3. 规范收支管理。在政务网和办件大厅公布所有行政收费项目的名称、标准、依据，严格执行罚缴分离和"收支两条线"制度，禁止下达罚款指标，加强对预算资金的管理和审计监督，规范经费支出，提高资金使用效益。

（二）坚持民主决策，提高决策水平

1. 明确集体决策范围。制定了《天津市国土资源和房屋管理局工作规则》，进一步规范局系统行政决策议事规则和局长办公会、专项业务会审会、综合业务协调会、局系统工作会等议事方式，明确国土房管行政管理重大决策事项范围。土地利用总体规划、年度计划审批、国有建设用地出让转让以及重大复杂行政复议处罚案件等，实行集体会审。

2. 遵循科学决策程序。积极发挥历史风貌建筑保护专家委员会、土地资产管理委员会、土地学会、科研院所、律师事务所等咨询机构、行业组织、专业部门在民主决策中的重要作用，完善相关工作程序，形成固定的专家学者库。实行重大决策执行责任制和执行情况报告制度，完善法律纠纷内部预警机制，有效减少和避免决策失误。

3. 扩大公众参与范围。修订了《天津市国土资源和房屋管理局听证办法》，不断规范立法听证、复议听证、处罚听证及其他依职权听证程序。在制定政策和立法工作中，创新思路，坚持开门立法，如委托市政府法制研究所起草了地质环境保护条例、土地整理储备管理办法，与天津市律师协会联合起草房地产交易管理条例，都取得很好的社会效果。

（三）创新管理模式，保障科学发展

1. 改革审批方式。制定《天津市国土房管局行政审批管理办法》，落实现场审批制度，取消或合并 8 项许可审批事项，建成开通用地预审、建设用地审批、探矿权审批、采矿权审批 4 个远程网络审批管理系统。为克服金融危机对我市经济的影响，成立建设用地联合审批办公室和房地抵押登记联合审批办公室，实现用地和抵押登记的快速审批，为好项目、大项目落地和企业快速融资提供保障。

2. 下放审批权限。将工业用地出让方案的编制、审批，土地出让合同的签订，建设用地批准以及土地登记发证等工作下放给区县，使项目落地时间由 40 天缩短到 7 天；将经营性土地出让方案备案、物业管理企业三级资质审批权和保障房管理下放到区县，减少了环节，优化了投资环境。

3. 缩短审批时限。推行"一门受理、并联审批"制度，压缩工业用地供地审批、登记时限，重点项目随批随发证。启动土地出让远程网络交易系统，实现一处挂牌、全市竞价。为支持企业渡难关，将行政许可审批时限整体压缩 60%，部分审批、登记、备案事项当天办结或"立等可取"。

（四）规范执法行为，提高保障能力

1. 明确执法职责。梳理完成行政执法依据，围绕全局 15 大类行政管理业务、230 项行政管理职能，编制 173 幅行政业务流程图，确定 278 项行政执法责任点，实行定岗定责、首问负责、限时办结，遇有新法出台及时更新。理顺市、区两级执法权限，印发《关于明确区县房地产管理局行政执法检查职权的通知》，强化区县局的执法职能。

2. 规范行政处罚自由裁量权。制定《天津市国土房管系统行政处罚自由裁量权标准》和《天津市国土房管系统行政处罚自由裁量权实施办法》，将 40 部法律、法规、规章涉及的 213 种自由裁量权量化规范，所有行政处罚必须经法制机构审核，保证行政处罚的合法性、合理性。

3. 坚持"三步式"执法。出台《天津市国土房管系统"三步式"执法适用范围依据》，将执法依据、"三步式"执法范围、执法程序和过错责任追究措施上网公布。严格执行亮证执法制度，按照市政府规定佩戴统一执法标志，文明执法。

（五）扩大政务公开，化解社会矛盾

1. 扩大信息公开。认真贯彻《政府信息公开条例》，制定了《依申请公开政府信息办理规定》《提供主动公开的政府信息规定》等 10 项制度，规范工作程序，扩大查询范围，全年主动公开信息 343 条，受理群众申请 171 件，依法履行公开义务，未发生因不公开引起的诉讼和复议案件。

2. 努力化解社会矛盾。修订完善《信访工作管理规定》《信访工作年度考核细则》等 4 项制度，坚持信访工作领导责任制、局长接访制、重大案件督办制、限期办结制，认真处理群众来信来访。与网通公司合作开通信访热线电话管理系统，开辟信访举报绿色通道，仅局长批示群众来信 174 封。探索信访工作新机制，定期选派业务处室的年轻干部到信访岗位挂职锻炼。完善征地补偿标准争议协调裁决制度，为化解征地矛盾提供了新途径。

3. 自觉接受人大监督和外部监督。先后召开 4 次人大代表、政协委员和社会监督员座谈会，主动报告执法情况，接受质询、检查和监督。认真及时办理 104 件人大代表建议和政协委员提案，走访率、满意率均达到 100%。受理群众行政执法投诉 11 件，全部办结。

（六）强化行政监督，依法履行职责

1. 严格规范性文件备案审查。制定《天津市国土资源和房屋管理局行政规范性文件管理办法》，通过法律审核、定期清理、备案审查等方式，加强对规范性文件的监督管理。2008年向市政府备案规范性文件19件，全部审核通过。对规范性文件进行清理，废止3件，修改13件。

2. 认真履行行政复议职责。修改《天津市国土资源和房屋管理局行政复议管理规定》，进一步规范复议程序。设立行政复议接待中心，充实复议工作人员，配备复议专用车，保证复议经费需要。

3. 加强依法行政监督考核。完善了执法责任制评议考核方法，明确考核标准、量化考核分值，将执法责任制考核列入全局工作责任目标考核内容，与处室、单位一把手考核奖惩相挂钩。定期进行依法行政检查，组织开展行政许可、行政处罚案卷评查。落实执法过错责任追究制度、行政处罚备案审查制度、行政败诉案件备案和行政执法投诉处理制度。

（七）注重宣传培训，提高法律素质

1. 多种形式开展宣传培训。开展了区县、乡镇、村级干部国土资源法律知识宣传教育培训活动，组建宣讲团，12个涉农区县的162个乡镇，3 855个行政村的7 080名乡镇村级干部参加培训考试并取得合格证书。完成372场次，29 201人次的送法下乡、送法到会、送法到单位、服务到基层等巡回宣讲，举办全市村级干部国土资源法律知识竞赛。有力地提高了基层干部群众依法保护耕地的责任和意识。

2. 加强领导干部法律学习和培训。定期开展领导干部法制知识讲座，邀请专家学者培训讲解《违反土地管理规定行为处分办法》和新出台的法规、规章知识。按照《天津市国土资源和房屋管理局管理人员法律学习培训八项制度》的规定，对25名新提拔的处级干部进行了任职法律知识考试。

3. 发挥法制机构作用。局领导重视法制机构建设，先后成立争议协调裁决处、行政复议办公室，充实相关人员。法制机构负责人列席每周一次的局长办公会。建设项目用地预审、农用地转用和土地征收审批、划拨用地审批、临时用地审批等事项，执法监察机构对有违法行为的项目实行"一票否决"。

二、推进依法行政工作取得的效果和体会

一年来，通过全面推进依法行政，在保护资源、保障发展、服务社会、关注国计民生方面不断探索新招法、取得新突破，圆满完成了市委、市政府部署的各项任务，促进了全市经济社会又好又快发展。

一是创新土地管理模式，保障全市经济社会发展用地需求。创新土地管理模式，与国土部签署了支持滨海新区开发开放合作备忘录，研究确定了土地管理专项改革八项核心内容和三年行动计划，为保障新区开发开放奠定了基础；加快推进土地利用总体规划修编，完成了《天津市土地利用总体规划（2006—2020年）大纲》。加大土地开发整理力度，完成30个耕地开垦项目的验收，共整理面积4 400.5公顷，新增耕地面积3 814.9公顷，实现了项目的占补平衡。

二是关注国计民生，做好住房保障和房地产市场宏观调控。创新住房保障模式，推出了四项住房保障新政策和五年发展规划并抓好落实，全年为12.98万户中低收入家庭提供了住房保障，比去年增加85%，是历史上保障力度最大的一年；探索"政府引导、市场运作"

的方式，加快保障性住房建设，全年共建设保障性住房9.33万套，比去年增加103%。积极应对房地产市场新形势，及时研究出台鼓励居民购房、促进市场稳定发展的八项举措。健全完善存量房屋交易监管制度，实行了新建商品房预售资金监管制度。

三是加强地矿管理，整顿规范矿产资源开发秩序工作全面完成。严厉打击违法违规开采矿产资源的行为，关闭影响生态环境的小矿山126个，进一步规范了矿产资源开发秩序，促进矿产资源的集约节约利用。加强矿山环境治理，使蓟县山区矿山环境得到明显改善，整顿规范工作得到国务院九部委联合检查组的充分肯定。组织完成了《天津市矿产资源总体规划》编制并通过国土资源部预审。严格按照《矿产资源规划》实行探矿权采矿权有偿使用制度。成功承办了亚洲地热直接利用国际研讨会，展示了天津地热开发利用成果。

我们在全面推进依法行政工作中的体会如下。

1. 领导重视是做好依法行政工作的前提。依法行政是依法治国的核心，也是建设社会主义法治国家的必然要求。局领导高度重视依法行政工作，把全面推进依法行政工作摆到重要议事日程，成立了推进依法行政工作领导小组，由局长任组长，分管局领导任副组长，各业务处室为成员。实行行政首长负总责，分管领导和业务处室各司其职、各负其责的责任制度。各级领导带头学法用法、依法管理，研究解决依法行政中的重大事项和问题，在完善机构、制定规划计划和组织实施上狠抓落实。

2. 健全制度是做好依法行政工作的保障。在实行立法责任制、执法监督、法律顾问、受理投诉（信访）、执法责任制考评、执法过错责任追究、行政信息公开等十余项制度的基础上，2008年增加了落实政府信息公开、加强执法巡查、重大违法案件挂牌督办、规范行政审批管理等制度，并专门在局机关成立政务督察室。从科学决策、规范执行和监督考核三个方面建立了较为完整的依法行政制度体系，为全面、依法履行国土资源和房屋管理职能打下了坚实基础。

3. 提高科技含量是做好依法行政工作的重要手段。加快"金土工程"信息化建设，实现土地、矿产、房屋管理信息系统整合，完善网上办公系统，市、区县局之间网上信息互通、资源共享。运用网上申报、网络审批等方式，审批效率明显提速，既方便管理相对人，又增强了透明度。我局在2008年度市政府和国土资源部的门户网站评比中名列第一。在治理违法用地中，充分利用GPS、季度卫片监测等科技手段，提高了治理效果。

4. 干事创业是做好依法行政工作的关键。去年以来，国土房管系统加强创建和谐文化建设，特别是在广大干部职工中开展了"同在国土房管，共创一番事业"主题实践活动，凝练形成了"依法行政、倾心为民、创新求实、廉洁高效、聚智汇能、追求卓越"的国土房管精神。进一步强化了干部职工创新意识、责任意识、实干意识和团队意识，有力地激励着国土房管人在新时期不断解放思想、干事创业、科学发展。

三、存在问题和2009年推进依法行政工作要点

虽然我局在全面推进依法行政方面取得了一定成效，但也存在一些不足，主要表现在三个方面：一是依法行政工作还不能完全适应科学发展的要求，以科学发展观为指导，有效破解依法行政难题，提升依法行政工作的水平有待提高；二是转变政府职能，更好地为企业、为社会服务的能力有待加强；三是面对新形势、新任务，依法行政监督考核机制还需要不断完善。

2009年，是深入贯彻落实党的十七届三中全会和市委九届五次全会精神的重要一年。按照保增长、渡难关、上水平的总体工作要求，我们将全面提升国土资源和房屋管理的保障能力、国土资源综合调控能力和综合服务能力，在推进依法行政方面重点做好以下工作。

1. 进一步转变职能，加强服务保障。围绕着保增长、保企业的目标，继续采取联合审批、提前服务、跟踪服务等方式，加快审批速度，为企业提供服务保障。积极培育房地产行业组织和中介机构，加强引导和规范。运用政策和法律手段管理土地市场、房地产市场和矿业权市场，依法履行市场监管职能，保证市场监管的公正性和有效性。

2. 完善执法监督考核机制，规范执法行为。依据新颁布的法律、法规，及时修订发布新的行政执法责任并逐级分解落实。完善行政执法监督考核机制和考评标准，科学设定考核指标，通过案卷评查、现场检查、社会测评等多种形式，组织开展依法行政定期检查和动态检查。认真做好行政应诉、复议和规范性文件监督管理工作。

3. 严格依法治理，打击各种违法违规行为。建立"防范在前、发现及时、制止有效、查处到位"的执法监察新机制，强化土地动态巡查，提高案件查处能力。积极推动12个涉农区（县）执法队伍和乡镇土地所的组建工作，发挥村级土地违法监察信息员的作用，健全四级执法监察网络。健全与各级纪检监察、公检法机关的定期联席会议制度，切实解决阻碍执法和非诉执行等问题。

4. 不断提升素质，强化队伍建设。加强行政执法人员的培训教育，完成全系统行政执法人员持证执法培训和换证考试工作，完善行政执法人员信息库。强化区县和基层国土资源管理部门机构、队伍建设，界定执法职责，改善经费、人员和工作条件。加强对重点部门、关键岗位的监督，通过制度管人管事管权，使各级干部自觉严格依法行政，让权力规范干净运行。

（本例文引自国土资源部网站）

【例文分析】

这是一则带有总结性质的全面性工作报告，属于定期汇报工作情况的报告。

正文第一部分（第一段）是导语部分，说明行文的依据、目的；第二部分是全文的重点，从三方面汇报工作。三个方面并非孤立的，而是有逻辑上的联系的，先叙述、说明推进依法行政工作的具体做法，再说明由此带来的成效以及从中获得的体会，先因后果，又层层递进，最后就推行依法行政工作中存在的问题以及下年度工作的要点做了简单的说明。安排内容上注意详略结合，前两方面为重点，详写，第三方面为次要，略写。

全文基本上按照例行工作报告的常规写法"基本情况（概述）——成绩与经验体会——存在问题——今后打算"这种多段式来确定内容和结构，使所做的工作清晰地摆在领导的面前，而事实加数据的材料又增强了报告的说服力。全文结构层次井然，逻辑严密。

工作报告也可以是专门针对成绩和问题的，如专门针对成绩的，可以不写存在的问题；一般性的工作报告也可不谈体会。

例文 11

涿州市建设局关于重点工程建设进展情况的报告

王市长：

建设局承担的2007年各项重点工程建设进展基本顺利，现将有关情况汇报如下。

一、各项重点工程进展情况

（一）北环路拓宽改造工程。投资 2 915 万元，全长 3 870 米，107 国道至东兴北街的北环路拓宽改造工程，在完成地下管网铺设后，正在加紧道路基础施工。8 月底前竣工通车。

（二）107 国道综合整治工程。投资 1 300 万元，全长 6 300 米，长城桥至北环路的 107 国道综合整治工程（道路两侧强、弱电入地、绿化、照明和人行道彩砖铺设），已完成勘察、测量和施工图设计，投资估算已提请市审计局审定，工程招投标前期准备工作正在进行，强、弱电入地工作正在加紧实施。

（三）东兴街综合改造工程。计划投资 3 500 万元，全长 2 922 米，冠云路至北环路的东兴街综合改造工程，机动车道 24 米，人行道彩砖铺设各 6+H 米（包括 2.5 米宽绿化带），地下管网改造和强、弱电入地。现已完成勘察、测量和施工图设计，待施工图审查完成后，一并将工程概算和工程量清单报市审计局审定，再进行工程施工招投标。

（四）冠云路东延工程。投资 5 418 万元（不包括 15 米建设用地内的拆迁费及征地费），全长 1 510 米，东兴南街至玫瑰大街的冠云路东延工程（征地拆迁、市政工程），将结合全家场"城中村"改造进行。《工程实施方案》已提请市政府审定。

（五）甲秀路附属设施建设工程。投资 620 万元，全长 2 915 米，范阳路至北拒马河的甲秀路附属设施建设工程（道路两侧人行道彩砖铺设、绿化及路灯安装），目前正在进行人行道彩砖铺设。

（六）小街巷翻修改造工程。投资 145 万元，完成了市场路（860 米）翻修改造工程。桃园办事处辖区 3 条小街巷即将开工建设。

（七）甲秀路南段东侧道路拓宽工程。已按规划要求，完成甲秀路南段东侧海校西墙拆除、地下管网建设和道路建设工程。

（八）东污水处理厂工程。日处理污水 4 万吨的东污水处理厂工程已全面开工建设，计划今年年底试运营。

二、存在问题及建议

（一）在重点工程实施过程中，个别村的个别拆迁村民无视拆迁政策和法律法规，严重脱离实际，超越规定，趁机要挟，提出很多无理要求，以致漫天要价，无法达成拆迁补偿协议，延误了拆迁时间，阻碍了工程建设进展。为此，需进一步强化各相关办事处、相关部门的协调配合意识。建议市政府视工程进展，随时召开重点工程调度会议，按照"四明确"要求，明确任务，明确责任单位，明确责任人，明确完成时限。协调有关各方增强大局意识，严禁推诿扯皮，做到紧密配合，协调联动，确保重点工程项目顺利实施。

（二）关于暂缓北环路东延工程和教军场街南延工程建设。

1. 暂缓北环路东延工程建设。

原因：投资 1 667 万元，全长 790 米，平安北街至玫瑰大街的北环路东延工程，涉及小沙坎 23 户村民拆迁，入户调查结果表明，所涉拆迁村民均不同意货币补偿并异地安置，而小沙坎村处于市行政中心规划控制范围，已无地安置。

建议：市政府暂缓北环路东延工程建设，待小沙坎村进行"城中村"改造时一并实施。这样，不仅可以减少道路拆迁费用，又可满足所涉拆迁村民要求，保持社会稳定。

2. 暂缓教军场街南延工程建设。

原因：投资 8 200 万元，长 910 米，范阳路至冠云路的教军场街南延工程，涉及拆迁居

（村）民近500户，其中，涉及新型建材厂8栋4-6层住宅楼、学校及部分附属设施，拆迁面积3.4万平方米，360户；涉及辛庄村拆迁面积1.9万平方米，138户。拆迁费用近6 000万元，拆迁户数多、密度大、费用高，为历年道路建设拆迁之最，加大了显在和潜在操作难度，极易引发不稳定因素。

建议：市政府暂缓教军场街南延工程建设，待辛庄村进行"城中村"改造时一并实施。

目前，正值项目施工的黄金季节，市建设局将按市委、市政府要求，集中精力，倒排工期，抢时间、争速度、保质量，克服困难，狠抓落实，把各项重点工程组织好、建设好，确保年度重点工程任务目标的实现。

涿州市建设局

20××年×月×日

（本例文引自涿州建设局网）

例文12

杨浦区绿化和市容管理局关于2009年度区委重点工作进展情况报告

区政府：

按照杨浦（督）〔2009〕B059号文的要求，现将我局负责推进落实的2009年度区委重点工作有关项目进展情况（截至5月31日）报告如下。

一、继续聚焦五角场市级副中心、基本完成黄兴创意文化体育休闲区一期工程任务、长海路历史风貌保护区整治任务，加强综合整治，提升整体形象。

已完成五角场市级副中心综合性景观设计和改造方案，待专家论证和有关部门沟通后分步实施。长海路历史风貌保护区整治体育学院围墙改建已进场施工。黄兴创意文化体育休闲区建设项目一期改造工程方案已上报市局，待审批后即组织实施。

二、依据上海市绿化和市容管理局明确的年度管理目标考核值，加强城市管理，使"四乱"（乱设摊、乱搭建、乱停放、乱张贴）明显减少，处于可控状态。开展违法建筑、乱设摊专项整治"疏理活动"，建立健全禁止与疏导相结合的长效管理机制。

以迎"五一"清洁城市、整治脏乱快速行动为契机，对城市管理脏乱差顽症，组织开展集中行动，教育整改各类违法设摊7 183起、查处1 535起，教育整改跨门营业1 833起，行政处罚161起。拆除违法建筑43 076平方米，完成年度计划71.8%。清除乱张贴6 794平方米，清除乱涂写、乱刻画6 346平方米，收缴小广告等印刷品12.4公斤，停机24起。

进一步完善设摊禁止与疏导管理机制。截至5月底，建立设摊临时疏导点10个，乱设摊总数控制在1 487个，低于市局下达年度控制指标1 600个以内；跨门营业数控制在174处，仅为市局下达年度控制指标650处的27%，使我区的设摊禁止与疏导管理工作取得了新的成效。

三、积极推进"迎世博"道路综合整治三年行动计划，打造"一街一景一点"，为世博会举办创造良好环境。

按照迎世博加强市容环境建设和管理600天计划安排，35条（段）中小道路整治已完成18条。内环线沿线市容环境综合整治任务基本完成，中环线和逸仙路高架沿线整治工作全面启动；在 12 个街道（镇）开展的"一街一景"创建工作按计划顺利推进，沈阳路、打虎山路、鞍山路等 7 条（段）道路的创建工作已基本完成。

四、进一步提高生活垃圾的收集和资源化利用水平，广泛开展"节能减排全民行动"。

按照环保要求，已完成 6 个基层单位 6 吨太阳能辅助燃油锅炉改装工程，更新各类环卫作业车辆 40 辆。

新增、落实 150 个居民小区生活垃圾四分类收集，新投放分类收集桶 2 675 只，发放宣传告知书 2 万余份。

五、全面启动第四轮环保三年行动计划，城区绿化覆盖率达到 26%。

按照迎世博 600 天行动计划和第四轮环保三年行动计划确定的城区绿化覆盖率达到 26% 目标，目前已完成绿化整治 470 138 平方米，绿地改建 35 203 平方米，立体绿化 4 350 平方米，闲置土地绿化 143 公顷。

六、完成大连路公共绿地建设地下车库工程和地面骨架乔木的种植任务。积极协调区各相关部门，推进安徒生公园手续办理及前期建设工作。

根据区委、区政府重大项目安排，结合"节能减排全民行动"和新一轮环保三年行动计划，重点推进大连路绿地建设，经过前期地下车库工程建设、地下商业街立面装修及水、电、通风设备安装等工作，现正进行绿化主要骨架乔木种植，9 月底将基本完成苗木种植。安徒生公园建设工程 5 月份已正式实施，计划 9 月份之前进行土建施工。

特此报告。

杨浦区绿化和市容管理局

20××年 5 月 31 日

（本例文引自上海市杨浦区人民政府网站）

【例文分析】

例文 11 和例文 12 都属于专题情况报告，但写法上处理并不一样。

例文 11 仍沿用报告的惯常写法，按"情况—问题—建议"的思路谋篇布局，例文 12 仅涉及所辖区内重点工程进展情况。报告的目的、要求不同，内容上也会有所不同。例文 11 针对主要领导的询问，行文的目的旨在让上级了解全面情况，以求得上级领导对工作的支持；例文 12 只是按相关规定（"按照杨浦（督）〔2009〕B059 号文的要求"）报告，因此，报告的内容比较单一。

但无论是例文 11，还是例文 12，建立在掌握情况的基础上，用事实说话是报告行文的前提。否则，不利于上级了解情况，并针对性地作出决策。

一般来说，情况报告所针对的事情比较单一，因此，写法也可以相对比较简单，无须面面俱到，报需要上级知道或上级想知道的情况并说清楚就行。

例文13

岐山县交通局关于岐蔡复线建设工程项目进展情况报告

岐山县人民政府：

岐蔡复线建设工程是我县《十二五农村公路建设规划》重点建设与发展的交通主骨架

之一，它连接了省道 S107、省道 S104、国道 G310 和姜眉公路等国省干线公路，是推动发展和谐大交通的加速器，对加快我县实施岐蔡一体化，促进县域经济跨越发展具有举足轻重的作用。

一、项目概况

路线起点位于县城以东 2 公里处故郡乡肖家桥村，并与关中环线呈"T"形交叉，由北向南经大营乡大营村、巩寺村，枣林镇凤刘村、贾家村，蔡家坡镇龚刘村，利用龚刘渭河大桥至安乐镇西府宫，沿华斜路在眉县斜峪关镇接姜眉公路，路线全线长 34.935 公里。拟按二级公路标准建设，计算行车速度 80 公里/小时，路基宽度 12 米，路面宽度 12 米，工程估算总投资约 2.1 亿元，平均每公里造价 601 万元。

二、项目进度

经过前期的积极准备，我局于 2008 年就把岐蔡复线项目作为"突破蔡家坡"的一项重大举措，委托陕西能通工程咨询有限公司完成了《工程可行性研究报告》编制工作，2009 年又重新进行了修编，进一步对原方案进行优化调整，并上报市交通运输局申请列入《宝鸡市"十二五"期农村公路建设规划》。在此期间，张海建书记、魏林副县长也多次向省市有关领导做了专题汇报，申请将岐蔡复线建设项目纳入国家干线公路建设投资计划。我局会同县发改局和财政局一直也向省上有关部门努力争取立项工作，积极筹措资金。

三、存在的问题

1. 项目立项工作难度较大。岐蔡复线作为规划中的区域交通主干道，能有效缓解现有岐蔡路的交通压力，加快人流、物流聚集，有利于我县加快岐蔡一体化建设进程。但是，从路网布局结构来说，东距麟眉路直线最短距离约 3 公里，西距岐蔡路约 4 公里，路网较为密集，就是这一点，直接影响省上的计划盘子。

2. 建设资金严重匮乏。岐蔡复线是我县除岐蔡路以外的又一条高标准的农村公路，里程长、投资大，按省上对农村公路每公里补助 35 万元的标准计算，仅仅能得到 1 220 多万元的补助，还有 2 个亿的资金缺口，比去年全县的财政收入还多。因此，筹措建设资金也是阻碍本项目实施的一个棘手问题。

四、下一步工作思路

1. 加强项目开发宣传力度，营造良好舆论导向。借助广播、电视、报纸、网页等媒体，搭建信息宣传平台，向社会各界宣传项目在岐蔡一体化建设中的重大意义，为项目前期各项准备工作打下基础。

2. 加强组织领导，强化责任，按照项目目前的进度和难度，合理确定项目各阶段完成间期，加大项目立项的争取工作。及时组建专门的项目开发机构，由领导亲自挂帅，配备强有力的工作人员，筹备一定的资金，利用一切可以利用的社会关系，继续跑省跑市，力争使项目立项工作在上半年有新的突破。

3. 进一步解放思想，创新项目运作机制。一是把握投融资体制改革的政策要求，深入研究国家的有关产业政策，掌握投资方向和投资渠道，努力多争取中省投资资金；二是降低市场准入门槛，激活民间资本，鼓励和引导民间投资，发挥民间资本在项目建设中的重要作用；三是进一步加强银企合作，积极争取银行贷款；四是通过招商引资解决项目建设资金，积极引进投资者和大企业、大集团，促成项目落户市开发；五是通过计划、扶贫、土地、农业综合开发等多渠道向上级争取资金，将其捆绑用于交通基础设施建设；六是县财政安排相应资金。

4. 积极主动做好项目的施工图设计工作，继续优化设计方案，减少成本，降低工程造价，力争项目早日开工建设。

岐山县交通局

201×年 10 月 13 日

（本例文引自岐山县人民政府网）

【例文分析】

这也是一则专题情况报告，与例文 11 和例文 12 所不同的是报告所涉及的工作范围更加单一，是专门针对某一工程项目而递交的报告，这在建筑工程企业中较为常见。

标题事由部分采用"关于+工程项目名称+进展情况+报告"的形式构成，正文的内容一般按这样的结构组织安排："工程概况——目前进展的程度——工程建设中存在的问题——下一步打算"。这种内容安排的目的与例文 11 相同：既让上级看到了报告方工作情况，也让上级了解努力工作、克服困难的工作态度、工作方法，有利于获得上级的支持和帮助。

这类报告也可以如例文 12 一样，不涉及"问题"和"打算"。行文时可以根据具体情况灵活处理。

四、请示

（一）请示的适用范围和种类

1. 请示的适用范围

请示是有关机关、单位在履行工作职责中出现疑难问题，请求上级机关指示或批准事项时使用的公文。凡办理下列事项都需用请示行文：

（1）对现行方针政策、法律、法规不甚了解，有待上级明确答复才能办理的事项；

（2）工作中出现了新情况、新问题，而又无章可循，无法可依，需上级明确指示或提出解决的措施和办法有待上级机关批准后方可办理的事项；

（3）因情况特殊，难以执行现行规定或对上级的某项决定或措施有不同看法，请求上级机关批准本机关在执行时可根据具体情况变通处理的事项；

（4）本单位的工作中遇到人、财、物等方面的困难，需要上级帮助解决的某一具体问题和实际困难；

（5）工作中出现了一些涉及面广而职能部门无法独立解决和协调，必须请求上级领导机关出面协调或统筹安排的事项；

（6）本单位虽可开展工作，但事关重大，为防止工作出现失误，需请上级审核把关的事项；

（7）按照上级的明文规定，需报请上级机关审核认可方可办理的事项；

（8）由于意见分歧，难以统一，无法工作，需要上级裁决才能办理的事项；

（9）本单位无权决定，按照规定必须请示上级主管部门审核、批准后才能办理的事项。

总之，凡是下级机关无权、无力解决以及按规定应经上级批准的问题、事项都必须正式向上级机关请示。

2. 请示的种类

按行文目的不同，可将请示分为三种。

（1）请求指示的请示。这类请示包括前面提到的适用范围中的（1）、（2）、（3）、（8）中涉及的情况。

（2）请求批准的请示。这类请示包括前面提到的适用范围中的（4）、（6）、（7）、（9）中涉及的情况，涉及的是财务、工资、福利、人事安排和人员编制问题。

（3）请求批转的请示。这类请示包括前面提到的适用范围中的（5）涉及的情况。

（二）请示的内容、结构和写法

1. 标题

请示的标题，一般由发文机关、事由和文种构成。事由部分概括请示事项。

2. 主送机关

请示是上行文，主送机关一般为直属上级，且只有一个。如需同时送其他机关，应当用抄送的形式。

3. 正文

请示的正文是全文的核心部分，一般为三部分，包括请示理由、请示事项、请示结语，三部分缺一不可。

理由部分阐述的是行文的依据，必须做到既充分又必要，言之有理有据，方能获得上级的支持与帮助。

事项部分是请求上级批准、解答、批转的具体事项，这部分则应该具体明确。

结语部分是请求上级对请示事项作出答复的用语，根据请示的不同种类选用不同的结束用语，一般用法如下。

请求指示类："妥否，请指示（批复、批示）""请指示（批复、批示）""请批复为盼"。

请求批准类："以上请示妥（当）否，请批复（审核、批示）""如无不当，请批准为盼"。

请求批转类："如无不当，请批转有关部门或单位执行"。

4. 署名和日期

正文之后标明，与其他文种的要求一致。

（三）请示与报告的区别

报告和请示均为上行文，是下级机关向上级机关呈报的公文。实际工作中，往往混用，出现选用文种不当的情况，为此，有必要认识这两种文种之间的区别。

（1）性质不同。报告是陈述性公文，请示是呈批性公文。

（2）行文目的不同。报告的目的在于汇报工作，反映情况，提出意见和建议，回答上级机关询问，以便上级机关了解本单位情况，从而有针对性地予以指导；而请示的目的，是为解决某一问题或请教某一问题，请求上级机关作出指示或予以批准。

（3）行文时间不同。报告一般是在工作结束后或正在进行中行文；而请示则必须在事前行文，不得先斩后奏。

（4）主送机关不同。报告的宗旨在于为上级机关提供信息，不是为了让其批复，因而允许多头主送；而请示是为向上级机关请求批示或批准的，只能写一个主送机关，不允许多头请示。

（5）涉及的事项多少不同。报告的事项可以是一件（如专题报告），也可以是多件（如综合报告）；而请示的内容必须遵循"一文一事"的原则。

（6）答复的形式不同。报告不要求上级机关回复；而请示则要求上级机关及时批复回文，给予明确答复。

（四）写作请示应注意的事项（写作要求）

（1）理由陈述要充分，有说服力，请示事项说明要明确。唯有做到这些才能得到上级的批准同意，唯有如此才能让上级迅速给予批复。

（2）坚持一文一事。一份请示中不能请示两个以及两个以上的互不相关的问题，也不能请示不是同时由一个上级机关批复的几个问题。否则上级无法批复，势必影响工作。

（3）不要多头请示。请示只能写一个主送机关，受双重领导的单位，所请示的问题，由哪个上级机关负责的，就主送哪个上级机关，另一个上级机关则抄送。多头请示，会造成互相推诿或批复意见不一致，将使下级难以开展工作。

（4）坚持逐级请示的原则。一般根据隶属关系逐级请示。如遇特殊情况，涉及重大事项，需越级请示时，必须抄送被越过的机关。

（5）语言要简明扼要，语气要谦恭得体。

（五）请示写作实例及其分析

例文⑭

无锡市南长区人民政府关于撤销中南路疏导点的请示

市城市创建工作领导小组：

2000 年 7 月 28 日，市创建办以锡创办发〔2000〕72 号文，同意在中南路两侧设立 19 个亭棚式经营和 110 个地摊式经营的临时疏导点。该疏导点的建立，曾为缓解该地区就业与再就业压力，维护社会稳定发挥了重要作用。但是，近年来，无锡市城市化快速推进，城市规模逐年扩展，该地区已由原城郊结合部，转为中心城区的重要组成部分，中南路也由城市支干道，转为城市的主干道之一，该疏导点的存在，严重影响了交通畅通与市容环境，还引发了大量无证摊担、流动人员的聚集，户外设摊、占道经营现象十分突出。我区每年都在该地区组织多次专项整治与集中执法，但由于临时疏导点的存在，这些整治与执法行动都无法落实到长效管理上，脏乱差现状无法根治，当地居民要求改善该地区市容环境的呼声强烈。

为了顺应城市的发展和广大市民的意愿，我区把改善中南路的市容环境列为今年城市管理的重点，并从 3 月 20 日起，就组织了大规模的集中整治，阶段性成效初显。为了深化整治成果，落实长效管理措施，我区在反复调研、论证的基础上，特提出申请，请予撤销中南路两侧临时疏导点，并授权我区对疏导点内的经营户另行择点安置。

以上请示如无不当，盼速批复。

无锡市南长区人民政府

20××年 5 月 29 日

（本例文引自无锡市人民政府网站）

【例文分析】

这是一则请求业务上级批准的请示，标题已清晰表明了请示的主要内容。

正文包括请示理由、事项、结语三部分，内容齐全。对理由的陈述充分显示出其必要性：曾为缓解该地区就业与再就业压力，维护社会稳定发挥了重要作用的临时疏导点，已因城市化的快速发展推进，不再具有原来的作用，甚至引发影响交通畅通、市容环境等多方面问题；此外，当地居民对此也反应强烈，这都使撤销临时疏导点显得十分必要。事项部分则明确具体："撤销中南路两侧临时疏导点""并授权我区对疏导点内的经营户另行择点安置"。这也体现出部门解决问题的能力极强：如果仅是撤销临时疏导点，而不涉及撤销后的经营户的安置问题，势必不能妥善解决问题，甚至引发新的问题，因此，本请示对圆满、妥善解决问题也提出了自己的意见，这实际是为尽快得到上级批准，提供了一个较好的方案。

例文 15

萧山区统计局关于解决区第三次全国经济普查经费的请示

萧山区人民政府：

根据国务院、省、市各级《关于开展第三次全国经济普查的通知》精神，今年我区将开展第三次经济普查工作。

按照普查工作方案要求，第三次全国经济普查数据处理工作采取普查员通过手持电子终端（以下简称 PDA）"现场数据采集、定位、拍照、识别转换，通过广域或无线网络进行数据传送，进入全国统一数据中心，统计人员五级在线审核处理"的组织模式进行。届时需在全区范围内选聘 1 800 名普查指导员和普查员，采购 1 200 台 PDA 对我区第二、第三产业合计约 12 万家法人单位、产业活动单位和个体经营户进行普查登记。为保证我区第三次全国经济普查的组织实施，结合我区普查工作实际，本着精打细算、勤俭节约、保证必需的原则，编制了"萧山区第三次全国经济普查经费预算"计 1 024.25 万元。今特向区政府申请，要求落实拨付，以保证区第三次全国经济普查工作的顺利进行。

望请批准为荷！

附件：萧山区第三次全国经济普查经费预算（略）

萧山区统计局

2013 年 5 月 27 日

（本例文引自萧山区人民政府网）

【例文分析】

这也是一则请求行政上级批准的请示，请求领导解决资金上的困难。

这类请示，首先在标题中要说明资金用途。正文除要说明请示的理由外，事项部分也必须说明申请的具体金额以及资金的具体用途（内容少时，直接在正文中说明，内容较多时，另行附件具体说明），以备领导审核。

例文16

莆田市人民防空办公室关于执行人防条例有关条款的请示

福建省人民防空办公室：

　　莆田市行政服务中心函告我办，对《条例》第十一条第三款"结建"标准按闽人防办〔2004〕19号文件执行，与《福建省人民防空条例》相矛盾相抵触，也与《行政许可法》相违背（见附件）。要求我办对照监察部监发〔2005〕2号文件的规定进行自查纠正。为此，对《福建省人民防空条例》第十一条关于新建居住小区、旧城改造区结合修建防空地下室的标准如何执行，特此请示。

　　请尽快批复。

　　附件：莆田市行政服务中心函（略）

莆田市人民防空办公室

20××年6月8日

（本例文引自福建莆田市人民政府网站）

【例文分析】

　　这是一则请求上级指示的请示，因在实际工作中遇到了疑难问题，需要上级作出明确的指示或解释。

　　正文开头交代请示缘由：因目前执行的人防条例中的第十一条与现行的其他相关法规不符而被有关部门要求自纠。但究竟按何规定执行，作为下级无法决定，于是请求上级给予明确的答复。

　　全文行文简洁，层次分明，对请示事项的说明也十分明确而具体。

例文17

国家旅游局、公安部关于中国公民自费出国旅游管理暂行办法的请示

国务院：

　　随着对外改革开放的不断扩大，人民生活水平不断提高，近年来，中国公民自费出国旅游不断增加，为适应改革开放形势，加强中国公民自费出国旅游的管理，特制定了《中国公民自费出国旅游管理暂行办法》。

　　以上暂行办法如无不妥，请批转发布执行。

　　附件：中国公民自费出国旅游管理暂行办法（略）

国家旅游局

公安部

20××年2月28日

【例文分析】

这是一则请求上级批转的请示。由两部门联合制定的规章，需要上级批准方能执行。但真正执行规章的是各省市的相关部门，不是国家旅游局或公安部能独立协商的，于是请求上级机关出面统筹安排，在请求上级批准的同时，请求转发到有关部门执行。

五、函

（一）函的适用范围及种类

1. 函的适用范围

函适用于不相隶属的机关之间商洽工作，询问和答复问题，请求批准和答复审批事项时。

2. 函的种类

（1）商洽函。用于平行或不相隶属机关之间商洽解决问题或请求协助的函。

（2）询问函。针对不明确的问题或不了解的情况向有关机关询问情况，征求意见的函。

（3）请批函。向没有隶属关系的业务主管部门或对口主管部门请求批准有关事项的函。

（二）函的内容、结构和写法

1. 标题

函的标题由发文机关、事由、文种三部分构成。

2. 主送机关

为需要商洽工作、询问情况、答复问题的有关机关，仅一个。

3. 正文

由发文缘由、发函事项（指商洽、询问、请批事项）和结语组成。

4. 落款

正文之后标明发文机关名称以及成文日期，与标准格式一致。

（三）写作函的注意事项（写作要求）

（1）函要求"一函一事"，也便于对方尽快办理或答复。

（2）内容单一，针对性强。函以概述为主，紧紧围绕提出的问题，忌无所不谈，大发议论或抒情。

（3）语言表达要有分寸感。无论是发函或复函写作时态度要诚恳，语气要平和，讲究平等协商，文明礼貌，既不虚套也不媚态。

（四）函写作实例及其分析

例文18

××乡人民政府关于要求对康庄线至桃园公路建设工程进行竣工验收的函

××县交通局：

我辖区内康庄线至桃园公路全长 1.2 km，由达州市××规划设计所测量设计，按四级公路标准设计建设。

该路路面宽度为 8 m，其中 K0+200 段为 15 m（其中 K0+200 ～ 300 m 为过渡段），道路全线有雨、污水管配套建设，由达州市政建设有限公司中标负责建设，该路由于污水管埋设深度不够，需走向改道，所以该工程延期至200×年4月份正式开工建设，至9月份竣工。

该工程在镇政府、村委会、××监理公司的共同努力下已顺利完工，为此要求贵局在5日内派人对该工程进行竣工验收。

××乡人民政府

20××年10月24日

【例文分析】

这是一则商洽函，交通局是负责验收的主管部门，与乡政府无隶属关系。

标题的事由部分明确说明要求对方协助的具体工作，简洁明了，减少不必要的繁文缛节，方便工作的办理。

正文内容分两部分，首先介绍要验收的工程的基本情况，最后提出希望交通局"对该工程进行竣工验收"的要求，且要求十分明确而具体："5日内派人"。

全文内容单一，表述简明。

例文19

××自来水公司关于城东污水处理厂二期建设工程申请立项的函

市发改委：

根据"十一五"规划和市委、市政府领导指示以及省、市污水处理设施建设专项行动方案要求，我市需在"十一五"期间完成污水处理二期扩建工程（含收集管网、提升泵站）。城东污水处理厂二期工程日处理8万吨，投资匡算约9 600万元。现按基本建设审批程序要求，特向贵委申请城东污水处理厂二期建设工程立项。

特此函达，请复。

××自来水公司

20××年7月26日

（本例文引自新余市人民政府网，稍作修改）

【例文分析】

这是一则请批函，是向没有隶属关系的业务主管部门或对口主管部门请求批准有关事项的函。

标题已说明请批事项。请批函的正文写作类似于请示的写法：内容由事由、事项、结束语三部分构成。事由部分根据有关的政策依据，充分说明请求的理由——需在"十一五"期间完成污水处理二期扩建工程。接下来的事项部分也做到了明确："申请立项"。这类请批函的结束语也可采用请示中请求批准的结束语，如"如无不当，请批准（请批复）"。

例文⑳

江苏省物价局关于调整注册会计师考试考务费标准的复函

省财政厅：

你厅《关于商请调整我省注册会计师报名考试收费标准的函》（苏财会〔2013〕44号）悉。经研究，现函复如下。

一、核定我省注册会计师报名考试费标准为每人每科次92元，其中含上缴财政部考办10元/科次、支付机考公司42元/科次。收取报名考试费后不得再额外收取报名费、工本费等其他费用。

二、各执收单位收费前须按规定向同级物价部门办理《收费许可证》变更手续，做好收费公示；收费时使用省财政厅统一监制的收费票据；收费收入上缴财政，实行收支两条线管理；接受物价、财政部门的监督检查和社会监督。

三、本复函自2014年1月1日起执行。《省物价局关于明确我省注册会计师考试收费问题的复函》（苏价费〔2002〕13号）同时废止。

江苏省物价局

2013年12月31日

（本例文引自江苏省政府门户网）

【例文分析】

这是一则复函，针对对方来文提出的问题作出明确答复的函。这类函的写法比较固定。

正文部分的第一句即告知对方来函（要在复函中引述来函的标题及发文字号）收悉，然后根据有关政策及规定对来函中提出的问题作出明确、具体的答复，最后以"特此函复"或"此复"结束全文。总之，语言表达简明扼要，具体明确，语气平和。

六、纪要

（一）纪要的适用范围和种类

1. 纪要的适用范围

纪要适用于记载会议的主要情况和议定事项。纪要是会议组织、领导和主持的机关用以记载会议进程、议决事项和主要精神，并传达给有关方面的正式公文。

2. 纪要的种类

根据不同的划分标准，可以有不同分法。

（1）按会议内容分，可分为专题纪要和综合纪要。

（2）按会议性质分，可分为工作会议纪要、代表会议纪要、座谈会议纪要、联席会议纪要、办公会议纪要、汇报会议纪要、科研学术会议纪要、技术鉴定会议纪要等。

（3）按功能作用分，可分为通报型会议纪要、决议型会议纪要。

（二）会议纪要的内容、结构和写法

1. 标题

一般由"会议名称+文种"构成，如"全国语言文字工作会议纪要"；也有由"会议的

主要内容+会议纪要"构成的，如"电力设施保护与绿化建设矛盾协调会议纪要"；也可以由"发文机关+内容+文种"构成。纪要也可以采用双行标题的形式，正题揭示主旨，副题说明纪要的内容以及文种。

2. 正文

纪要不写主送机关，而是以抄送的形式给参加会议的机关和需要知道会议情况的机关。因此，标题之下是正文。正文由会议概况、会议的精神和议定事项组成。

（1）会议概况。介绍会议的基本情况：会议召开的目的、时间、地点，以及主持人、参加人员、议题、会议的规模、成果（结果）等。这部分内容要简明扼要。

（2）会议的精神和议定事项。包括会议的主要精神、会议决定的事项、解决的问题、讨论的意见、提出的措施与办法、希望与要求等。具体内容则根据会议的具体情况而定。

3. 署名和成文日期

纪要一般不署名，不需要加盖公章。日期可以在标题之下，也可在正文之后。

（三）会议纪要与会议记录的不同

（1）从文体方面看，纪要是正式的公文，而会议记录只是记录会议的原始材料。

（2）从内容上看，纪要有选择性、提要性，不需一一记录；而会议记录则是根据会议的概况以及会议的进程，依次逐一进行实录。

（3）从形成的过程和时间方面看，会议记录是与会议同步产生的；而纪要则要在会议结束后，通过选择归纳、加工提炼之后才能形成。

（4）从作用上看，纪要对涉及的相关部门的工作具有指导、指挥作用，而会议记录只是作为凭证和资料保存。

[附] 会议记录的常见格式如表 2-2 所示。

表 2-2 会议记录的常见格式

××××会议记录					
会议时间		会议地点		记录人	
出席与列席 会议的人员					
缺席人员					
会议主持人				审阅	
会议记录					
主要议题： 会议报告（讲话）： 会议讨论（发言、表决、决定、决议）：					
签　字	主持人：			记录人：	

（四）写作纪要的注意事项（写作要求）

（1）要集中。会议中各种书面材料都有，有来自上级机关的政策性文件和报告，也会有来自下级单位的汇报材料以及来自其他单位的交流资料；会议中各种观点也会有所呈现，但纪要并不都需要，只有那些与会议的中心议题密切相关的材料，能集中反映会议精神的观点才是需要写进纪要中去的。

（2）要抓要点。会议的议题是有所侧重的，有重讨论的，有重研究的，也有重交流的，"纪要"就是抓住这个重点，反映这个重点。

（3）要忠实于会议内容。写作者可以对会议的材料和与会者的发言进行提炼和概括，也可根据中心适当地删减，但决不允许凭空捏造和篡改。

（4）要善于归纳。材料和观点的分散，需要写作者从中概括出最本质的意见和观点，并加以分类整理和理论概括。

（5）要有条理。会议按进程是有序地进行的，有讨论，有研究，有发言，有决定，纪要要使内容明确，就必须有轻重和层次，就必须有条理地说明，方能体现"纪要"。

（五）会议纪要写作实例及其分析

例文 21

建设工程监理统计会议纪要

2011 年 12 月 15 日，住房和城乡建设部建筑市场监管司在北京召开建设工程监理统计会议。各省、自治区住房和城乡建设厅、直辖市建委（建交委）、总后基建营房部工程局负责工程监理统计工作的同志及部分工程监理企业代表参加了会议。会议全面总结了 2010 年工程监理统计工作情况，分析当前工程监理统计工作中存在的问题，部署了 2011 年工程监理统计工作，会议取得较好效果。现将会议有关情况纪要如下。

会议认为，自去年全国建设工程监理会议召开以来，各地住房城乡建设行政主管部门和工程监理企业深入贯彻落实会议精神，提高对工程监理统计工作重要性认识，加强领导，扎实工作，较好完成 2010 年工程监理统计工作，全国工程监理企业总体上报完成率为 96%，其中内蒙古、辽宁、黑龙江、江苏、福建、江西、山东、湖北、广西、海南、贵州、甘肃、青海上报完成率 100%，数据准确率较高，统计工作质量整体呈现稳步上升的趋势。

工程监理统计制度实施五年来，统计数据全面地反映了工程监理行业发展状况，为全面系统分析工程监理行业发展状况奠定了基础，为政府主管部门加强市场监管、制定政策提供可靠依据，也为广大工程监理企业了解市场状况、调整经营策略提供了客观数据，对促进工程监理行业科学发展发挥了积极作用。

会议通报了 2010 年工程监理统计基本情况。2010 年全国共有 6 106 个工程监理企业参加统计，其中综合资质企业 57 个，甲级资质企业 2 148 个，乙级资质企业 2 272 个，丙级资质企业 1 605 个，事务所资质企业 24 个；工程监理企业从业人员 68 万人，其中专业技术人员 60 万人，注册执业人员为 14 万人；工程监理企业全年实现营业收入 1 196 亿元，与上年相比增长 40%，其中工程监理收入 528 亿元，与上年相比增长 31%，这是自 2005 年工程监理统计制度建立以来，工程监理收入年增幅首次超过 30%；有 1 个企业工程监理收入突破 3

亿元，8 个企业工程监理收入超过 2 亿元，55 个企业工程监理收入超过 1 亿元，工程监理收入过亿元的企业个数与上年相比，增长 83%。

会议指出，2010 年工程监理行业发展呈现五个特点，一是工程监理行业规模不断扩大，整体效益趋于好转；二是工程监理从业人数平稳增长，人员结构基本稳定；三是大型工程监理企业持续发展壮大，企业实力增强；四是资质构成比例向高等级聚集，产业集中度继续提升；五是工程监理专业间盈利能力差距明显，房屋建筑工程领域竞争激烈。

会议强调，2011 年工程监理统计工作要以服务工程监理行业发展和市场监管为中心，以继续提高统计数据质量为重点，以信息化为支撑，进一步完善工程监理统计制度，增强工程监理统计人员力量，促进工程监理统计工作迈上新台阶。会议经过讨论，形成以下意见。

一、认真做好 2011 年工程监理统计的部署工作。各地要严格按照《关于报送 2011 年建设工程监理统计报表的通知》（建办市函〔2011〕581 号）要求，认真组织，周密安排，严格落实各项工作要求。各工程监理企业应在 2012 年 2 月底前，按照属地管理原则，将数据报送地市级住房城乡建设行政主管部门，地市级住房城乡建设行政主管部门于 3 月 10 日前报送省级主管部门，3 月底前省级主管部门将审核完毕的数据报送我司。

二、确保统计数据的准确性和真实性。工程监理统计报表制度是国家统计制度的重要组成部分，按《中华人民共和国统计法》规定，统计对象有义务真实、准确、完整、及时地提供统计调查所需的资料，不得提供不真实或者不完整的统计资料，不得迟报、拒报统计资料。各级住房和城乡建设行政主管部门要严格把关，认真核实汇总数据，强化责任，认真落实，对本区域的工程监理统计工作负责。

三、继续开展数据分析工作，充分发挥统计作用。今年我们组织专家对工程监理统计数据进行了专题研究，形成《2010 年工程监理统计分析报告》，并以建设工作简报的形式印发全国各地，收到很好效果。2011 年我司将在工程监理统计数据汇总的基础上，继续开展数据分析工作，为工程监理行业的未来发展提供决策支持。

【例文分析】

这是一则通报型会议纪要，也是专题纪要。

标题由"会议名称+纪要"构成。正文的前言部分概述会议的基本情况，总领全文。主体部分通过提炼，抓住要领从几个方面分述会议的内容和主要精神。正文主体结构安排中，采用了会议纪要中最常使用的领叙词（"会议认为""会议通报""会议指出""会议强调"等）作为每一项内容的起始，这也是会议纪要概括式结构写作中较多使用的一种结构方式。这种结构使内容高度集中、中心突出。

常用的领叙词有"会议认为（讨论、听取）""会议通报（汇报）""会议提出（建议、决定、确定）""会议强调（提出、要求、希望、号召）"等。也可以在谓语动词前加修饰限定语，对程度、范围进行限定，如"会议一致（普遍）认为""会议着重强调"。在使用领叙词时，也要注意对上级和对下级行文时的语气上的区别。

例文22

青海省公路工程实施阶段控制工程造价会议纪要

2003 年 4 月 1 日，王廷栋副厅长主持，在省交通厅召开了我省公路工程实施阶段控制工程造价专题会议，臧恩穆巡视员，厅公路处、规划处、财务处及厅办公室、各建设、设计、养护、质监等单位负责人及有关专家参加了会议，会上省交通建设工程造价管理站针对我省公路工程造价在实施阶段进行有效控制提出的措施和建议做了详细介绍，与会代表和专家就公路工程实施阶段如何有效控制造价进行了广泛讨论，并提出了建设性意见，经会议研究决定采取以下措施。

一、有关费用取费

1. 冬季施工增加费按照部颁编制办法的二分之一计取。

2. 高原施工增加费2 500米以下不计取，2 500米以上降低一档按下表执行。

高原地区施工增加费费率表

单位:%

工程类别	海拔高度/m					
	2 501～3 000	3 001～3 500	3 501～4 000	4 001～4 500	4 501～5 000	5 000以上
人工土方	6	11	17	33	39	55
机械土方汽车运土	5	10	15	20	28	39
人工石方	5	10	16	31	37	52
机械石方	5	10	15	29	35	49
高级路面	1	2	3	6	8	11
其他路面	2	3	4	7	9	12
构造物 I	2	4	6	12	14	19
构造物 II	2	4	6	11	13	18
技术复杂大桥	3	5	7	14	17	24
隧道	3	5	7	13	15	21
钢桥上部	2	3	4	5	16	8

3. 取消自采材料中的辅助生产现场经费15%。

二、有关定额套用

1. 土方、石方开挖及运输当中尽量采用机械施工并采用大吨位（8吨以上）的运输机械。

2. 编制实施概算时，路基零星工程仍按实有项目计列。

3. 自采材料的料场单价计算当中，片石按70%的开采，30%的捡清，降低片石及碎石单价。

三、有关材料价格

1. 自采材料尽量采用当地料场调查的供应价格，当自行开采时，取消辅助生产现场经费15%。

2. 自采材料运费计算时，不再采用自办运输，均采用社会运输，降低材料的预算价格。

四、有关机械使用费

将原来机械使用费当中的第一类不变费用提高20%改为提高10%。

五、有关施工用电

尽量采用当地电网的供电价格。

六、有关人工工资

二级及以下等级公路仍采用实施工资标准。

七、有关工程实施

工程实施当中有些项目的价格计算，应直接采用已实施过的项目单价，如热熔标线、反光道钉、标志牌、防撞护栏、波纹管、土工布等，并不断积累实施当中已经成熟的项目单价，以便在今后实施中直接采用。

八、有关工程设计

设计单位在料场的调查布置上，既要从环保的角度考虑，也要从经济的角度考虑，并对材料的储量和成品率进行详细准确的核实。造价编制时要分别做出施工图预算和概算，概算装订在上报部的设计文件中，预算另装册。造价管理站审查的同时也要审查施工图预算和概算。

九、有关招标方面

招标过程中做标段预算，招标文件中的有关内容、工程量清单按预算编制所要求的内容编写。

十、有关补充定额测定

造价管理站应结合我省实际，进一步加强对新材料、新工艺、新技术等进行补充定额的测定。

本纪要从 2003 年 4 月 1 日起执行。

（本例文转自中国教育门户网考试大纲）

【例文分析】

这是一则专题纪要，也是一则决议型会议纪要，是对会议决议加以整理后拟写的纪要。

会议的中心议题是如何控制工程造价，会议经讨论、研究，达成了共识，因此会议侧重于对形成的决议内容进行明确说明，十项内容由总到分地对控制工程造价作出了明确的规定，有条理、层次清晰的说明，使执行此规定的有关部门和单位能针对情况一一执行。

例文23

整顿城市市场秩序会议记录

时间：××××年××月××日上午　　　　地点：管委会会议室

主持人：×××（管委会主任）

出席者：×××（管委会副主任）、×××（管委会副主任）、×××（市建委副主任）、×××（市工商局副局长）、×××（市建委城建科科长）及建委、工商局有关科室宣传人员。街道居委会负责人列席者：管委会全体干部

记录：×××（管委会办公室秘书）

一、讨论议题

1. 如何整顿城市市场秩序。

2. 如何制止违章建筑、维护市容市貌。

二、会议发言

（一）杨主任报告城市现状：我区过去在开发区党委领导下，各职能单位同心协力、齐抓共管在创建文明卫生城市方面取得了一定成绩，相应的城市市场秩序有一定进步，市容街道也较可观。可近几个月来，市场秩序倒退了，街道上小商贩逐渐多起来，水果摊、菜担、小百货满街乱摆……一些建筑施工单位沿街违章搭棚，乱堆放材料，搬运泥土撒落大街……这些情况严重地破坏了市容市貌，使大街变得又乱又脏；社会各界反应很强烈。因此今天请大家来研究：如何整顿市场秩序？如何治理违章建筑、违章作业，维护市容……

（二）讨论发言（按发言顺序记录）：

×××：个体商贩不按规定到指定市场经营，管理不得力、处理不坚决，我们有责任。这件事我们坚决抓落实：重新宣传市场有关规定，坐商归店、小贩归市、农民卖蔬菜副食到专门的农贸市场……工商局全面出动抓，也希望街道居委会配合，具体行动方案我们再考虑。

×××（工商局市管科科长）：市场是到了非整不可的地步了。我们的方针、办法都有了，过去实行过，都是行之有效的，现在的问题是要有人抓，敢于抓落到实处……只要大家齐心协力问题是能够解决的。

×××（居委会主任）：整顿市场纪律我们居委会也有责任。我们一定发动群众配合好，制止乱摆摊、乱叫卖的现象。

×××（建委副主任）：去年上半年创建文明卫生城市时，市上出了个7号文件，其中规定施工单位不能乱摆战场。工棚、工场不得临街设置，更不准侵占人行道。沿街面施工要有安全防护措施……今年有的施工单位不顾市上文件，在人行道上搭工棚、堆器材。这些违章作业严重地影响了街道整齐、美观，也影响了行人安全。基建取出的泥土，拖斗车装得过多，外运时沿街散落，到处有泥沙，破坏了街道整洁。希望管委会召集施工单位开一次会，重申市府7号文件，要求他们限期改正。否则按文件规定惩处。态度要明确、坚决。

×××：对犯规者一是教育，二是对应。"不教而杀谓之虐"，我们先宣传教育，如果施工单位仍我行我素不执行，那时按文件对应处理，他们也就无话可说。

×××：城市管理我们都有文件、有办法，现在是贵在执行，职能部门是主力军，着重抓，其他部门配合抓。居委会把居民特别是"执勤老人"（退休职工）都发动起来，按7号文件办事，我们市区就会文明、清洁，面貌改观……

三、会议决定

与会人员经过充分讨论、协商，一致决定如下。

1. 由工商局牵头，居委会和其他部门配合，第一周宣传、第二周行动，监督实施，做到坐商归店，摊贩归点，农贸归市，彻底改变市场紊乱状况。

2. 由管委会牵头，城建委等单位配合对全区建筑工地进行一次检查。然后召开一次施工单位会议，对违章建筑、违章工场限期改正。一个月内改变面貌。过时不改者，坚决照章处理。

散会。

主持人（签名）　　　　　　　　　　　　　　　　　记录人（签名）

（本例文引自应届生求职网，并稍作修改）

【例文分析】

这是一则会议记录。注意了格式内容齐全，对内容记录如实准确，要点不漏。

思考与练习

一、选择题

1. 国家住建部与各省、直辖市、自治区住建厅之间属于（　　）。

  A. 业务上下级关系   B. 行政隶属关系

  C. 不相隶属关系   D. 平行关系

2. 公文中兼用的基本表达方式是（　　）。

  A. 议论、描写、说明   B. 议论、抒情、说明

  C. 议论、叙述、说明   D. 叙述、抒情、说明

3. 公文行文时要考虑文种的选择，以下不属于文种选用依据的一项是（　　）。

  A. 行文方向   B. 发文机关的权限

  C. 行文的目的   D. 公文的主题

4. 商洽性文件的主要文种是（　　）。

  A. 请示   B. 通知   C. 函   D. 通报

5. 《××学校关于向××市土地局申请划拨建设新校区用地的请示》，该标题主要的错误是（　　）。

  A. 违反报告不得夹带请示的规定   B. 违反应协商同意后再发文的规定

  C. 错误使用文种，应使用函   D. 错误使用文种，应使用报告

6. 公文的主题是公文制发者所要表达的（　　）。

  A. 政策和法规的观念   B. 重视本单位利益的观念

  C. 意图或主张   D. 通报有关事件的细节

7. 公文的内容必须充分体现出有关（　　）的基本精神。

  A. 体现实效   B. 服务人民   C. 政策法规   D. 上传下达

8. 公文的作者以（　　）可以制发公文。

  A. 法人代表的名义   B. 国家公民的名义

  C. 机关的名义或其代表人的名义   D. 其他社会组织与个人结合的名义

9. 以下标题符合通报的撰写要求的是（　　）。

  A.《关于打击盗掘和走私文物活动的通报》

  B.《关于 2009 年度注册建筑师报名考试的通报》

  C.《关于打击假冒伪劣商品的通报》

  D.《关于部分地区违规占用耕地情况的通报》

10. 向非同一组织系统的任何机关发送的文件属于（　　）。

  A. 上行文   B. 平行文   C. 下行文   D. 越级行文

11. 不相隶属的机关请求批准，应当用（　　）。

  A. 通报   B. 请示   C. 函   D. 报告

12. 在下行文中提出执行要求时，要使受文者不折不扣地执行应使用的词语是（　　）。

  A."参照执行"   B."遵照执行"   C."依照执行"   D."按照执行"

13. 下列"请示"的结束语中使用得体的一句是（　　）。

A. 以上事项，请尽快批准

B. 以上所请，如有不同意，请来函商量

C. 所请事关重大，不可延误，务必于本月 10 日前答复

D. 以上所请，妥否？请批复

14. 特殊情况越级向上行文，应抄送给（　　）。

    A. 直属上级机关　　　　　　　　B. 直属下级机关

    C. 系统内的所有同级机关　　　　D. 有业务联系的机关

15. 一般应标识签发负责人姓名的文件是（　　）。

    A. 上行文　　　　B. 平行文　　　　C. 下行文　　　　D. 越级行文

16. 主送机关是（　　）。

    A. 有隶属关系的上级机关　　　　B. 受理公文的机关

    C. 收文机关　　　　　　　　　　D. 需要了解公文内容的机关

17. 向国内外宣布重要事项或法定事项时使用（　　）。

    A. 公告　　　　B. 通告　　　　C. 通报　　　　D. 通知

18. 党政机关公文不可以联合行文的情况是（　　）。

    A. 同级政府　　　　　　　　　　B. 不同级政府

    C. 同级政府的各部门　　　　　　D. 政府与同级党委

二、判断题

1. 通常一份公文只有一个主送机关，目的是防止多头主送。（　　）

2. 公文的制发必须符合客观实际，反映客观事物的本来面貌，不能只报喜不报忧。（　　）

3. 为提高办事效率，不必每一份文件都经过领导签发。（　　）

4. 通知具有多种功能，既能上传，又可以平送和下达。（　　）

5. 通报用于反映新情况、新问题，行文强调及时、快捷。（　　）

6. 在答复询问报告中，可以同时汇报本机关的最近其他工作进程情况。（　　）

7. 工作报告应在工作开始之前写，以求得上级领导的指导。（　　）

8. 为减少发文，在向上级机关呈送的报告中，可酌情附带请示问题。（　　）

9. 让上级了解情况时使用报告，让下级了解情况时用通知或通报。（　　）

10. 请示的内容必须是超越本机关职权范围之内的事。（　　）

11. 向一切有审批权的机关请求批准时均应写请示。（　　）

12. 材料是公文写作的基础，在明确行文目的之后，要进行调查研究。（　　）

13. 请示在未获批准之前不能抄送给下级机关。（　　）

14. 向上级机关及时汇报工作是下级机关必须遵守的一项工作制度。（　　）

15. 公告和通告作为告知性公文，适合所有的党政机关、企事业单位和社会团体。（　　）

16. 为使上行文能得到及时的处理，应在文中多标注几个主送机关。（　　）

17. 综合性总结报告是总结一个机关在一定时期内的实践经验。（　　）

18. 公文中涉及的数字均应用阿拉伯数字表示。（　　）

19. 公文是人人都要阅读的，因此文字表达要求不必很精练，但一定要通俗。　（　　）

20. 主送机关必须是受文机关中级别层次高的机关，抄送机关则必须是其中级别层次低的机关。　（　　）

三、修改错误

（一）分析公文标题中的错误之处，并进行修改

1. 国家医药管理局关于进一步治理整顿医药市场意见

2. 兰州市人民政府关于转发《甘肃省人民政府关于加快畜牧养殖业发展的通知的通知》

3. 河北省建工集团第二分公司关于农民工问题的请示

4. 南宁市公安局关于衡阳路禁行机动车的公告

5. 国务院批转林业部关于各省、自治区、直辖市年森林采伐限额审核意见的报告

6. 广州城市学院关于增设土建附属工程项目的请示报告

7. ××市人民政府关于××公路桥施工期间严重影响我市公路运输情况的报告函

8. 长安市人民医院关于罗森同志任职的通报

9. 滨海市交通基建管理局关于申请审批高等级公路水泥混凝土路面接缝技术研究可行性报告的报告

10. 北宁建工集团关于报送 2014 年下半年工作计划

11. 桂林市第一人民医院关于申请拨付意愿安置房项目工作经费的请示

12. 柳州市柳盛路桥公司关于秀灵路西一里扩建工程禁行 5 吨以上机动车的通报

（二）分析公文行文中语言表达的错误，并进行改错

1. 请与会者于 9 月 1 日前来报道。

2. 目前局势恶劣与严重，已被尔等看见，岂能熟视无睹！

3. 我部门提交的请示已近一星期，为何上级迟迟不予批准？

4. 现特具报告，请批准为盼。

5. 妥否，请批准。

6. 限贵单位 5 日内给予答复，否则法庭上见。

7. 如能批准，不胜感激之至。

8. 此事关系我院的生死存亡，请贵公司放我们一马，日后我院定当效犬马之劳。

（三）指出下面公文行文中格式、内容、语言表达等方面的错误，并进行修改

××建筑设备安装公司安全生产会议通知

各分公司负责人：

为进一步加强公司的安全生产工作，分析公司安全生产状况，总结事故经验，吸取教训，经研究决定召开全公司安全生产工作会议。

1. 会议时间、地点：12 月 5 日在×宾馆召开。

2. 与会人员：各分公司负责人，不得缺席或迟到或早退。

3. 其他事项：会前，请与会人员到公司安排的签到处签名并领取相关资料。

4. 会议内容：报告公司上半年安全生产状况、分析公司安全生产方面存在的问题、总结经验教训、下达下半年安全生产的目标和任务。

请各分公司互相转告，按时到会。

××建筑设备安装集团公司安全生产办公室

2013.4.9

关于请求在秀灵路北社区增设阳光早餐供应店的报告

西乡塘区政府、西乡塘区人大：

根据《××市人民政府关于推动社区"阳光早餐工程"建设的决定》（×府发〔2008〕28号）精神，为了更好地解决秀灵北社区居民早餐难的问题，同时也为周边众多高校学生提供丰富多样的早餐供应，为此我们打算在秀灵北社区的××路、××路、××路兴建便民早餐店（已经规划部门批准），力争在二○一○年三月八日开业，产权归秀灵北社区所有，聘请社区内的下岗职工承包经营。便民早餐店预算建设资金共计一百二十五万，现已筹集资金八十五万元，还有四十万元资金没有着落，为此，要求区政府和人大给予解决。

另外，秀灵北社区公共绿地内群众性健身场所的健身器械因故数量严重不足，难以满足居民健身需求，居民意见很大，故请顺便追加款十五万元用于购置健身器械。

此事关系到社区居民的切身利益，务必批准。

2008 年 5 月 3 日

秀灵路北社区

××商业百货公司关于表扬营业员的通报

各门店：

2013 年×月×日中午 12 时许，我公司××路××门店售表部柜台前来了一位男顾客，提出要买一块价值两万的"雷达表"。营业员李灿将手表拿出，小心地递给顾客。顾客边看边问，五分钟后，又有三位顾客过来看表，李灿又忙于接待其他顾客。但一种强烈的责任感促使他随时盯着买表人的动作、表情。突然他发现那人侧身挡住营业员视线，把表放在耳边佯装听表样，这引起了李灿的高度警惕，他想：为什么要背对营业员？当那人将表交回时，李灿立即检查，发现"RADO"标示有些异样，表面也有两道不易察觉的划纹。他潜意识告诉自己表被换了，于是喊了一声："您稍等一下！"那人听到喊声，却慌忙逃窜。见此情景，李灿也翻身跃出柜台，拼命追赶，一边追一边大声呼喊："小毛贼，哪里逃！"经过 10 分钟的追赶，终于在×公安分局两名便衣警察的协助下，抓住了罪犯，并从罪犯身上的口袋中搜出了被换走的"雷达表"。

李灿机智果断，不顾个人安危，勇于牺牲的精神，保住了公司的财务。为表彰他这种见义勇为的精神行为，公司决定予以公告，并颁发荣誉奖杯和奖金，以资鼓励，同时号召全市人民向李灿学习。

特此通告。

××商业百货公司

2013 年 10 月

××纸业有限公司财务处关于翻建房屋的请示报告

公司董事长：

　　我公司下属的纸品运输处车库于 2013 年开始翻建，面积××平方米，可容纳 5 吨载货车 5 辆，载货汽车 15 辆，到现在，一层顶部扣板已完工。工程进展快，预计××日内将全部完工，交付使用指日可待。请领导耐心等待。由于车库翻新已拆除了司机、装卸工宿舍以及运输处办公室共计××平方米，导致职工无法办公和休息，已严重影响了正常的工作。为缓和公司占地紧张的状况并结合公司的长远规划，故决定改建车库，即在车库上加建一层，作为办公和休息之用，资金由公司支付。以上费用共计××万元，请董事长核拨为谢。

　　妥否，请批示

2014 年春节前夕

关于联系教师进修的函

广西桂林理工大学教务处：

　　首先让我们以学院的名义向贵处表示诚挚的谢意，在过去的岁月，贵校为我校办学提供了极大的帮助，没有你们的帮助，也没有我校今天的办学条件。目前我院又面临一大难题，万般无奈下，只好求助于贵校。

　　事情是这样的：我院自开办××专业以来，由于师资力量差，学生反应较大，为此，学院决定派遣两位青年教师华夏、钟诚前往贵校旁听进修一年。为提高教学质量，方便两位老师的学习，恳请贵处设法在贵校解决两位教师的住宿问题。贵处如能解决他们的问题，我院将以院长名义向贵校领导表示深深的谢意。

　　特此函告

广西南宁市××职业技术学院
2013 年 6 月 15 日

四、根据下面提供的材料写公文

　　住建部、人力资源和社会保障部、中华全国总工会、共青团中央日前联合发文《关于开展全国建筑业职业技能大赛的通知》（建人〔200×〕××号），要求各省、直辖市、自治区举办建筑业职业技能大赛。××住建厅等有关部门在接到通知后，决定于 200×年 7 月举行全省的建筑业职业技能大赛，比赛的工种为砌筑工、钢筋工、精细木工、镶贴工。选手以市为单位参赛，各市各工种选送 1 名参赛选手。参赛人员要求从事上述职业（工种），年满 18 周岁。省建工集团直接选送 3 名参赛选手，其他自治区级施工企业原则上按属地报名。各地于 6 月底将参加砌筑工、钢筋工参赛选手名单报××省建筑业联合会，将参加精细木工、镶贴工参赛选手名单报××省建筑装饰协会。

　　竞赛内容分基础知识和实际操作考核两项，两项成绩按百分制计算。合并计算的总成绩，基础知识考核成绩占 30%，实际操作考核成绩占 70%。钢筋工、砌筑工基础知识考试范围为建设部人事教育司编写的土木建筑职业技能岗位培训教材钢筋工和砌筑工基础知识范围；精细木工、镶贴工基础知识的考试范围为中国建筑装饰协会培训中心组织编写的建筑装饰装修职业技能岗位培训教材木工和镶贴工基础知识范围。

大赛将成立领导小组，以指导大赛的开展；大赛由××省建设工会、××省建设职业技能岗位鉴定总站、××省建筑业联合会、××省建筑装饰协会承办，具体负责大赛的组织工作。各市要负责选拔本地区选手参加全省比赛。

大赛每个工种设一等奖 1 名，二等奖 2 名，三等奖 3 名。各工种第一名将授予"××省五一劳动奖章"。各工种的一等奖、二等奖获得者还将授予"××省技术能手""××省技术状元""××省青年岗位能手"称号（年龄在 35 岁以下）。三等奖获得者授予"××省建设行业技术能手"称号。获奖选手可直接授予技师职业资格，已具有技师资格的，晋升高级技师资格。凡参加省大赛的企业（单位），有 3 名（含 3 名）以上选手获得全省建设行业技术能手称号的，由大赛组委会授予"培养技能人才先进单位"称号。

1. 请根据以上提供的材料以主办方的名义撰写一份将举办全省建筑业技能大赛的通知（其他需要交代的事项可以虚拟）。

2. 受住建厅委托，××建设职业技术学院将承办 200×年全省建设职业技能大赛的钢筋工、精细木工的实际操作的考核。作为组织方需要为钢筋工、精细木工实际操作考核提供比赛所用钢筋〔分别为 18（HRB335）、16（HRB335）、12（HRB335）、12（HPB235）、6（HPB235）〕、木材（水曲柳或美松：宽 820 mm×厚 40 mm×长 700 mm；竹销：宽 25 mm×厚 6 mm×长 8 mm；柳安：宽 120 mm×厚 30 mm×长 350 mm）。因学院没有此类材料，也无专项资金，为此特向建设厅去文申请此专项资金，用于购买竞赛时所需材料。请以××建设职业技术学院的名义向住建厅去文（其他需要交代的事项可以虚拟）。

3. ××建设职业技术学院将承办 200×年全省建设职业技能大赛的钢筋工、精细木工的实际操作的考核。作为组织方需要为钢筋工、精细木工实际操作考核提供相关的设备、工具，学院已有部分设备、工具，但数量不足，于是去文向省建工集团租借部分设备和工具。请以××建设职业技术学院的名义向建工集团去文商洽租借设备和工具的相关事宜（其他细节可以虚拟）。

〔附〕大赛需准备的设备及工具：

（1）大赛组委会需为钢筋工提供操作工作台、钢筋弯曲机、钢筋切断机；

（2）大赛组委会为精细木工（中级）比赛提供操作工作台、操作工作凳、电锯、检测（测评）工具（2 套）、磨刀砖若干块。

4. 全省建筑业职业技能大赛结束后，有关方面决定对大赛的获奖者以及先进单位进行表彰，请拟写这份表扬性通报。

第三章

计 划

本章要点

- 计划、策划书的内容和写法
- 计划的制订原则

教学要求

　　了解计划、策划书的性质和特点，掌握计划、策划书的写作方法；认识计划内容三要素的编写是计划写作是否成功的关键，克服计划重目标和任务、轻方法和措施的毛病；了解计划与策划书的异同点及其紧密联系。

第一节　计 划 概 述

一、计划的概念和性质

　　俗话说"一年之计在于春，一日之计在于晨""凡事预则立，不预则废"，每个人对于自己的未来都有自己的设想、打算、梦想，这实际上就已经涉及了下面将要学习的"计划"这一内容。

　　计划是为将要进行的工作提出预想的目标，并制定出实现这个目标的具体步骤、方法和措施的应用文。

二、计划的特点

（一）指导性

　　计划是以人们对客观规律的认识为基础，通过人的思维加工而制定的。它是实践的反映，反过来又指导着人们的实践。计划从本质上说是一种自我规范性文件，具有很强的行政导向作用。

（二）预见性

　　计划是对工作的超前安排，制订计划总要先回顾过去工作完成的情况，然后根据形势发

75

展变化，对下一段工作所能达到的目标作出科学的分析和预见，从而明确未来努力的方向，激励人们为这一理想的实现而勤奋工作。

（三）可行性

计划以实际工作为基础，其预期的目标经过主观努力是可以实现的。因此，既不能毫无突破、无所前进，又不能脱离实际、好高骛远。计划必须切实可行，这就要求做计划时要实事求是，充分考虑主客观条件。

（四）约束性

计划体现着决策机关的要求和意图，一经通过、下达，就要严格遵照执行。所以计划的约束性又是实现一定的决策目标的保证。

三、计划的种类

计划是一个总的概念。在现实运用中，计划还可以出现各种不同的名称。除一般所说的"××计划"之外，常见的还有规划、纲要、设想、打算、安排、意见、要点、方案等。它们的区别，主要在于内容详略和时限长短等方面的不同。

（一）规划

规划是一种时间跨度长（三年以上），涉及范围广，内容较为概括的计划。如《××市城市建设总体规划》。

（二）纲要

和规划相同，它们都是各级领导机关根据战略方针，为实现总体目标对某个地区或某一事项作出长远部署。不同的是纲要比规划更为原则和概括，一般只对工作方向、目标提出纲领式要求和指导性措施。如《××市 2000 年经济发展纲要》。

（三）设想

设想是一种粗线条的、初步的、预备性的非正式计划。相对来讲，其适用时限较长。如《××市拓展就业安置门路的设想》。

（四）打算

打算也是一种粗线条的、其想法不太成熟的非正式计划。相对于设想，它的内容范围不大且考虑近期要做的。如《××学校争创文明校园的打算》。

（五）安排

安排是短期内要做的，且范围不大、内容单一、布置具体的一类计划。如《××系第×周工作安排》。

（六）意见

意见属粗线条计划，它适用于上级向下级布置工作任务并提供基本的思路、方法，交代政策，提出要求等。如《××公司关于下属企业 19××年扭亏增盈全面提高经济效益的意见》。

（七）要点

要点是将计划的主要内容择要摘编，使之简明突出。它适用于时间相对较短的计划。如《××局 19××年工作要点》。

（八）方案

方案是从目的、要求、方式、方法、进度等都部署具体周密有很强操作性的计划。

方案一般适合专项性工作，其实施往往须经上级批准。如《××市住房分配制度改革实施方案》。

第二节　计划的写作

一、计划的内容

一份计划应该具备三个基本要素，即"做什么"（任务和目标）、"怎么做"（方法和措施）、"什么时候完成"（进度和时间安排）。有些计划还有"怎样进行检查"（检查和督促）这一要素。

（一）任务和目标

指计划当中规定要达到的总体目标和分解出来的具体任务、要求。这就涉及"做什么"的问题。

（二）方法和措施

指为达到规定的目的、完成规定的任务而采取的各种措施和办法。即需要凭借什么条件，依靠哪些力量，采取什么措施，安排哪些部门或人员等。这就涉及"怎么做"和"由谁做"的问题。

（三）进度和时间安排

指组织实施计划所进行的阶段性、程序性安排。具体写明先做什么，后做什么，每个步骤什么时候完成，使工作的开展有条不紊。这就涉及"什么时候完成"的问题。

（四）检查和督促

指对计划执行情况的督促检查、评比、奖惩以及计划修订的说明。没有检查和督促，难以保证计划的认真执行，甚至会使计划流于形式，变成一纸空文。这就涉及"怎样进行检查"的问题。

二、计划的写法

计划无固定的格式，一般可采用分条列项、表格的形式或兼用这两种形式。下面主要介绍分条列项式，即条文式计划的写作。

（一）标题

计划标题一般由四个部分组成：计划的制订单位名称、适用时间、内容性质及计划名称。视计划文本的成熟程度，有可能出现第五个部分，即在标题尾部加括号注明草案、初稿、征求意见稿、送审稿等。如《××市19××年再就业工程实施方案（讨论稿）》。

（二）正文

条文式计划的正文通常包括前言、主体、结语三个部分。

1. 前言

计划通常有一个"前言"段落，主要点明制订计划的指导思想和对基本情况的说明分析。前言文字力求简明，以讲清制订本计划的必要性、执行计划的可行性为要，应力戒套话、空话。

2. 主体

如果说前言回答了"为什么做"的问题，那么主体要回答"做什么""怎么做""何时做"等问题。

任务和目标——这是计划的灵魂。计划就是为了完成一定任务而制订的。首先要明确指出总目标和基本任务，随后应根据实际内容进一步详细、具体地写出任务的数量、质量指标。必要时再将各项指标定质、定量分解，以求让总目标、总任务具体化、明确化。

方法和措施——以什么方法，用什么措施确保完成任务实现目标，这是有关计划可操作性的关键一环，是实现计划的保证。所谓有方法、有措施就是对完成计划须动员哪些力量，创造哪些条件，排除哪些困难，采取哪些手段，通过哪些途径等心中有数。这既需要熟悉实际工作，又需要有预见性，而关键在于有实事求是的精神。唯有这般，制定的措施、办法才是具体的，切实可行的。

进度和时间安排——这是指执行计划的工作程序和时间安排。工作有先后、主次、缓急之分，进程又有一定的阶段性，为此在计划中针对具体情况应事先规划好操作的步骤、各项工作的完成时限及责任人。这样才能职责明确、操作有序，执行无误。

主体是计划的主导部分，计划的三要素都体现于此。这部分切忌空泛、笼统，内容要具体明确，特别是"方法和措施"所占分量比较大，也是人们在写作过程中容易忽略的地方。写作时应给予特别的重视。

3. 结语

可以总结全文，提出希望或写明执行计划时应注意的事项。

（三）落款

在正文右下方署名署时即可。

三、建设工程施工方案的编写

（一）建设工程施工方案的概念

施工方案是单位工程或分部（分项）工程中某施工方法的分析，是对施工实施过程所耗用的劳动力、材料、机械、费用以及工期等在合理组织的条件下，进行技术经济的分析，力求采用新技术，从中选择最优施工方法也即最优方案。对于工程项目中一些施工难点和关键分部、分项工程，经常会编制专门的施工方案。因此施工方案有包含在施工组织设计里和独立编制两种形式。

施工方案侧重实施。实施讲究可操作性，强调通俗易懂，便于局部具体的施工指导。

（二）建设工程施工方案的编制内容

通常来讲，施工方案主要有施工测量方案、土方工程施工方案、钢筋工程施工方案、模板工程施工方案、混凝土工程施工方案等几种。对一分项工程单独编制的施工方案应包括以下主要内容。

（1）编制依据。

（2）分项工程概况和施工条件，说明分项工程的具体情况，选择本方案的优点、因素以及在方案实施前应具备的作业条件。

（3）施工总体安排。包括施工准备、劳动力计划、材料计划、人员安排、施工时间、现场布置及流水段的划分等。

（4）施工方法工艺流程，施工工序，四新（新技术、新材料、新工艺、新设备）项目详细介绍。可以附图附表直观说明，有必要的进行设计计算。

（5）质量标准。阐明主控项目、一般项目和允许偏差项目的具体根据和要求，注明检查工具和检验方法。

（6）质量管理点及控制措施。分析分项工程的重点难点，制定针对性的施工及控制措施及成品保护措施。

（7）安全、文明及环境保护措施。

（8）其他事项。

四、计划制订的原则

（一）从实际出发，统筹兼顾

无论是撰写长期计划还是短期计划，都必须从实际出发；要充分分析客观条件，所撰写的计划既要有前瞻性，又要留有余地，使计划执行者通过一番努力就能够完成。事关全局性计划，还应该把方方面面的问题考虑周全，计划分解到部门，要处理好大计划与小计划之间的关系、整体与局部的关系，做到统筹兼顾。

（二）要突出重点，主次分明

一段时间内要完成的事情很多，先做什么，后做什么，主要做什么，次要做什么，必须有重有轻，有先有后，点面结合，有条不紊，这样才有利于工作的全面开展，达到事半功倍的效果。

（三）目标明确，步骤具体

计划的目标必须明确，才会使撰写者明确努力的方向。步骤和进程具体，才有利于实施和检查。

五、计划写作实例及其分析

例文 1

生产部年度工作计划

为了贯彻落实"安全第一，预防为主，综合治理"的方针，强化安全生产目标管理，结合工厂实际，特制定 2012 年安全生产工作计划，将安全生产工作纳入重要议事日程，警钟长鸣，常抓不懈。

一、指导思想

要以公司对 2012 年安全生产目标管理责任为指导，以工厂安全工作管理制度为标准，以安全工作总方针"安全第一，预防为主"为原则，以车间、班组安全管理为基础，以预防重点单位、重点岗位重大事故为重点，以纠正岗位违章指挥、违章操作和员工劳动保护穿戴为突破口，落实各项规章制度，开创安全工作新局面，实现安全生产根本好转。

二、全年目标

全年实现无死亡、无重伤、无重大生产设备事故，无重大事故隐患，工伤事故发生率低于厂规定指标，综合粉尘浓度合格率达 80% 以上。

三、牢固树立"安全第一"的思想意识

各单位部门要高度重视安全生产工作，把安全生产工作作为重要的工作来抓，认真贯彻"安全第一，预防为主"的方针，进一步增强安全生产意识，出实招、使真劲，把"安全第一"的方针真正落到实处，通过进一步完善安全生产责任制，首先解决领导意识问题，真正把安全生产工作列入重要议事日程，摆到"第一"的位置上，只有从思想上重视安全，责任意识才能到位，才能管到位、抓到位，才能深入落实安全责任，整改事故隐患，严格执行"谁主管，谁负责"和"管生产必须管安全"的原则，力保安全生产。

四、深入开展好安全生产专项整治工作

根据工厂现状，确定出 2012 年安全生产工作的重点单位、重点部位，完善各事故处理应急预案，加大重大隐患的监控和整改力度，认真开展厂级月度安全检查和专项安全检查，车间每周进行一次安全检查，班组坚持班中的三次安全检查，并要求生产科、车间领导及管理人员加强日常安全检查，对查出的事故隐患，要按照"三定四不推"原则，及时组织整改，暂不能整改的，要做好安全防范措施，尤其要突出对煤气炉、锅炉、硫酸罐、液氨罐等重要部位的安全防范，做好专项整治工作，加强对易燃易爆、有毒有害等危险化学品的管理工作，要严格按照《安全生产法》《危险化学品安全管理条例》强化专项整治，加强对岗位现场的安全管理，及时查处违章指挥、违章操作等现象，最大限度降低各类事故的发生，确保工厂生产工作正常进行。

五、继续加强做好员工安全教育培训和宣传工作

工厂采取办班、班前班后会、墙报、简报等形式，对员工进行安全生产教育，提高员工的安全生产知识和操作技能，定期或不定期组织员工学习有关安全生产法规、法律及安全生产知识，做好新员工上岗及调换工种人员的三级安全教育，提高员工安全生产意识和自我保护能力，防止事故的发生，特种作业人员要进行专业培训、考试合格发证，做到 100% 持证上岗。认真贯彻实行《安全生产法》，认真学习公司下发的"典型事故案例"和《钛白粉厂安全生产紧急会议纪要》（飞碟钛生〔2012〕9 号）文。不断规范和强化安全生产宣传工作，深入开展好"安康杯"竞赛活动，充分利用好 6 月份的全国安全生产月活动，通过粘贴安全生产标语、安全专题板报、发放安全宣传小册子、树立典型等开展形式多样的安全生产教育工作，加大宣传力度，达到以月促年的目的。提高员工遵纪守法的自觉性，增强安全意识和自我保护意识；引导车间、班组建立安全文化理念，强化管理，落实责任；将安全生产与保工厂稳定、和谐、发展紧密结合起来，做到安全生产警钟长鸣。

2012 年安全生产工作将继续本着"安全第一，预防为主"的方针，按照"谁主管、谁负责"的原则，进一步分清责任，从维护工厂发展的大局出发，保持钛白人艰苦奋斗、吃苦耐劳的工作作风，严格履行公司的安全生产工作部署，控制指标，积极行动，把安全生产工作抓紧、抓好，为工厂经济发展做大做强作出新的贡献。

××厂生产部

××××年×月×日

【例文分析】

该工作计划结构完整，层次清楚，计划切实可行。先明确指导思想，再定出预期工作目

标，然后紧紧围绕工作目标，三个方面安排工作，每项都制定了工作的具体要求，步骤安排具体合理，可操作性强，便于实施和检查，有很强的现实针对性。

例文 2

<h1 style="text-align:center">大桥河道路工程施工方案</h1>

一、工程概况

（一）场地条件

本工程位于岳阳市经济技术开发区巴陵中路旁，交通方便，施工条件较好，施工前期工作已基本就绪。

（二）施工图设计简况

岳阳市经济技术开发区大桥河道路工程主要分下水道工程、道路工程及人道三部分；其中下水道工程分为下水管工程及砖砌雨水井、检查井工程；道路工程长为 210 m，宽度为 12 m。

二、施工组织管理部署

（一）施工管理目标

为树立企业形象，不负众望，出色完成该道路工程的施工任务，在施工过程中公司推行项目法管理和目标管理，认真制定一套完整有序的质安保证体系，开发新技术，精心组织，精心操作，优质、安全、高速、低耗建成道路工程，具体目标如下。

（1）工程质量目标：确保市优质工程。

（2）施工工期目标：确保 60 天完成全部工程。

（3）安全生产目标：坚决杜绝一切大小安全事故。

（4）文明施工目标：执行现场综合考评标准化管理。

（二）施工准备

一是确定项目部人员的组成；二是机械设备已准备（见主要机具、用具计划）；三是劳动力已准备就绪；四是临时设施及其材料已准备好进场。

准备工作内容如下。

1. 室外准备

（1）组织检查验收定位基线桩，标高控制点，引测各控制点至各分项工程处；

（2）清除现场障碍物，搭设临时工棚，安排生活设施；

（3）布置现场道路及材料堆场；

（4）布置现场水源、电源、交通、排水暂设工程；

（5）材料进场组织；

（6）落实班组任务。

2. 室内准备

（1）熟悉、会审图纸；

（2）编制施工组织设计及施工图预算，并进行交底；

（3）编制进度计划及施工作业计划；

（4）汇总材料、劳动力、机具计划；

（5）落实材料货源、检验、机具调试运转；

（6）对进场施工队伍进行文明、安全、技术教育。

（三）施工组织管理机构设置

公司组建岳阳经济技术开发区大桥河路项目经理部，代表公司具体对工程施工进行总承包全过程管理，项目部组织机构及项目部人员安排见附图（略）。

（四）施工程序

施工准备测量放线土石方工程下水道工程（含砖砌雨水井和检查井）→道路工程→人行道工程→自检→竣工验收。

（五）组织管理

本工程交通便捷，材料组织快，给施工带来了很多方便，我公司将会优质、高速建设好该工程。

工程质量按国家验收规范进行验收，工程质量等级确保优良工程。

施工组织管理安排如下。

（1）本工程道路工程、管道工程材料必须在甲方监控下由公司材料科统一采购调配。本工程施工高峰现场人数为45人。

（2）领导机构。为了确保工程施工质量和建设工期，将内部竞争机制引入现场管理，本工程建立和健全工程技术、质量安全保证体系，实行班组自检、互检，公司专业检查的检查制度。

（3）实行内部责任承包。本工程实行内部承包制，包工期、包质量、包安全、包成本、包文明施工。工程质量一次验收达到优良，竣工技术资料齐全。

（4）坚持"质量第一、信誉第一、服务第一、用户至上"的经营宗旨。严格按施工图纸和操作规程施工，自觉接受建设单位监督，按建设单位要求及时提供有关工程技术资料。

（六）施工检测

（1）结构用主要原材料按规范要求，同建设方、质检单位共同取样、检验鉴定，合格后使用。

（2）砼、砂浆试块的留设按规范要求，同建设方、质检单位共同检验鉴定。且必须先试配，先挂牌计量施工。

（七）生活安排

现场搭设宿舍、食堂、浴室、厕所及热水装置，为施工人员提供生活条件。

（八）施工资金管理

（1）本项目资金由公司统一组织，项目经理部专款专用。

（2）严格执行国家的有关财经法规和公司财务制度。

（3）财务科按月季根据各部门提出的资金计划，统一编制资金使用计划，经项目经理批准后执行。

三、主要施工方法

（一）施工测设

1. 测量准备工作

根据建设方提供的岳阳经济技术开发区在桥河路红线及水准点，经往返测定并签证后作为引测控制网的起始依据，并分别引测到各分部工程处作为分部工程控制网，并做好定位桩。

2. 标高控制

1）标高控制点的建立

根据设计指定的已知标高的水准点，引测至现场内控制桩上，并经复核标准后方可正式使用，并采取可靠的保护措施。

2）注意事项

① 观测时尽量做到前后视线等长，测设水平线最好使用直接调整水准仪高（1.30～1.40），使后视线对准水平线，前视时则直接用经蓝铅笔标出视线标高的水平线。

② 由±0.000 水平线向下或向上量高差时，所用钢尺经过核定，量高差时尺身应竖直和使用规定的拉力，并要进行尺长和温度更正。

（二）土方施工

1. 施工方法

施工前先清除杂物、植被等障碍，整理施工现场，在工程用地范围内的所有草皮、树木、树墩、树根和垃圾予以清除运走。

测量人员按设计图纸定桩测量放样，标定道路坡度。

按划分的区段用反铲挖土机进行开挖，机械开挖时，为减少对土层原状土扰动，底部预留 15 cm 的保护层，只能采用人工清理。

弃土采用 5 t 自卸车运至建设方指定的弃料场或用于场地平整或道路回填。

余土采用人工修整，采用机械打夯，夯填时一定要控制土壤的厚度、含水量及压实遍数，夯填完毕须经质监及建设单位认可方可进行下道工序。

2. 道路土方施工技术措施

（1）表土的清理的边界应在设计基面边线外 30～50 cm。

（2）机械开挖时应留 15 cm 以上的保护层，采用人工削坡。

（3）道路排水：施工前应建立道路排水系统，排走地面水及路内渗水，对未开挖区，原排水系统不要破坏。

（4）保护层开挖及基层人工修整应达到基础面平整坚实，无突起、松动块体、虚土浮碴或弹簧土等缺陷，为做到基面平整坚实，土方开挖前应加密设置道路两边的控制桩。

3. 施工测量复核

土方开挖前应对以前测设的控制桩进行复核，检查无误后并报监理质监批准后，方可动土施工。

（三）砼道路工程

1. 砼材料

1）水泥

水泥采用 425#普通硅酸盐袋装水泥，用汽车从水泥厂运至工地，在运输过程中，采用覆盖方式，防止水淋。

水泥送到工地后，人工卸车，入仓，在装卸过程中损坏包装的水泥另外堆放，用作他用。水泥贮放在干燥、通风、防潮的水泥仓库内，且每一批水泥检查其出厂合格证、品种、标号、厂家出厂日期。

2）砂料

技术要求：砂料质地坚硬、清洁、级配良好，砂的细度模数在2.4～2.8范围内，砂料中无活性材料。其中黏土含量<3%，云母含量<2%。

3）粗骨料

我们将选用坚硬、清洁、级配良好的粗骨料，粒径控制在：最大粒径不超过40毫米。采用二级砼生产，用厚孔筛检验，控制标准，超径<5%，逊径<10%。

4）砼拌和与运输

砼拌和在砼拌和期要求检查拌和设备包括衡器的准确性，机器及叶片的磨损程度；在拌和过程中，严格按设计的配合比配料，出料时要检测其拌和物的均匀性、坍落度及和易性；拌和时采用人力胶轮斗车进料，较近距离采用人力胶轮斗车出料，较远距离采用自卸式小型砼运输车出料。

运输工具在装载砼之前要清理干净，在运输过程中，采用适当方法使砼在运输过程中不发生分离、漏浆、严重脱水及过多降低坍落度等现象，并尽量缩短运输时间，减少转运次数。在卸料时最大自由下落高度不超过2.0 m。砼拌和及运输中做好记录。

5）取样和试验

（1）设施。工地上设置能进行砼及其成分材料试验的试验室，并配齐相应的设备及试验人员。

（2）粗细骨料的取样与试验。在拌和场检查砂子、石子的含水量，砂的细度模数以及骨料所含泥量，超逊径。砂、小石的含水率变化每班检查两次，分别控制在±0.5%、±0.2%之内。

如果气温变化较大，雨后骨料贮料条件发生突变，按每两小时检查一次，砂子的细度模数每天检查一次，如超过±0.2%时，调整砼配合比。骨料所超逊径、含泥量每班检查一次。

（3）水泥的取样和实验。工地现场实验室对每一批水泥进行抽样检查，必要时还会进行化学分析，以200 t作为一个单位，不足200 t也作为一个取样单位，取样从20个不同部位的水泥中等量取样，混合均匀后作为一个样品，样品数量不小于10 kg，检测内容包括：水泥标号、凝结时间、体积安定性、稠度、细度、比重等。并将试验报告报监理人审批。

（4）砼拌和物取样和试验。对砼拌和物，每班至少进行三次检查各种原材料配合比的试验，衡器随时校正。

对砼拌和物的均匀性，每班至少抽样两次检查拌和时间。

砼坍落度的检查，每班在出机口进行四次取样。

6）砼的搅拌及振捣

（1）合理安排好搅拌时间应大于90秒钟，不得提前出料，以免混凝土和易性差导致蜂窝孔洞现象。

（2）砼应严格按施工配合比计量配制，分层浇捣，振捣时间，一般每点振捣时间约为20～30秒，振到砼不再显著下沉，不再现出气泡，砼表面出浆且呈水平状态，模板边角部分填满充实为止。

（3）在不允许留施工缝处，浇捣间断时间不超过砼的初凝时间；在施工缝处继续浇向砼时，应待已浇筑的砼达 $1.2 N./mm^2$ 强度后，清除施工缝表面水泥薄蜡或软弱砼层，经湿润、冲洗干净，再抹水泥浆或与砼成分相同的水泥砂浆一层，然后浇筑砼，细致捣实，使新旧砼结合紧密。

7）砼的养护

砼路面振捣完后 12 ～ 18 h 之内要及时养护，养护时间不小于 14 d。根据砼道路施工的实际情况，在砼路面上盖草袋然后现洒水养护，日浇水次数见下表（略）。

2. 路沿石及彩色人行板安装

（1）选择合格的砌体块石料。

（2）路沿石砌筑和方向的控制方法是在验收合格的砼路基边，加密控制桩，按控制桩纵向（顺道路）每隔 10 m 根据道路的走向沿边线放出路沿石的基线。砌筑面下用砂浆填满。

（3）在铺砂浆之前，石料洒水湿润，使其表面充分吸水，但不留残留积水。砌体的结构尺寸和位置，符合施工详图规定，表面偏差在 20 mm 范围之内，不大于 30 mm；砌缝宽度，立缝 15 ～ 20 mm。砌体在砌筑后 12 ～ 18 h 之内要及时养护，养护时间不小于 14 d，并经常保持外露面的湿润。砌筑时，石块用手锤加工，敲险尖角薄边；面石要求排列紧密，砌体表面要求整体上平顺、整齐。

（4）彩色人行道板施工：彩色人行道板铺砌时，按设计标高及坡比，先冲样筋，然后按样筋带线铺水泥砂浆，然后铺砼块，调平、调整板缝，然后用手锤锤紧，使其平整，安装后 12 ～ 18 h 之内要及时养护，养护时间不小于 14 d。

【例文分析】

施工方案、施工进度计划和施工平面图是建设工程施工组织设计的三项关键内容，而施工方案更是建设工程施工组织设计的核心，施工方案合理与否将直接影响工程的施工效率、质量、工期和技术经济效果。本文采用分条列项的方法，逐层逐条、具体详尽地说明了施工方案的制订依据（工程概况）、施工组织管理部署和主要施工方法三大内容，指导性及可操作性强。本文的另外一个显著特点是大量采用专业术语，科学严谨、表意精确，省却了大量不必要的解释性语句，达到了要言不烦的表达效果。

第三节　策划书（策划案）的写作

一、策划书的含义和种类

策划是指通过创意、谋划和论证，充分考虑现有条件，提出有价值的目标并设计最佳方案的活动。策划书（策划案）即指体现上述思想和过程的应用文体。策划书是为达成一个目标而做的阶段性整体策划，所容纳的内容不仅仅是工作计划，还有达成这个目标所需要组织的资源。如果把策划书的目标分解到各时间内完成就可以叫计划书了。

策划书一般分为活动策划书、项目策划书、营销策划书、公关策划书、广告策划书、网站策划书等。

二、策划与计划的异同及其联系

策划和计划都面向未来、指导未来，都强调前导性和科学性，即策划和计划都是管理的前期阶段，都有着明确的目的，都指导着工作、任务的具体实施。策划和计划都要高度重视方案的可行性和高效性，要充分考虑各类要素和条件。

但策划和计划并不相同，其不同处在于：策划一般在决策之前，是决策的依据和前提。因此，它强调价值、科学和竞争，即首先要创意出有价值的目标和谋划出科学可行的方案，这些目标和方案都应是最优的，应该在竞争中展现自己的优势并获得决策通过。计划一般在决策之后，是决策的细化和实现决策的保证。因此，它强调具体、明确和控制，即重在围绕决策目标和优先方案对工作进行分解、对资源进行细致安排，这些分解和部署都应是明确的，以便在实现过程中进行控制和评估。

策划与计划的联系非常紧密，主要表现在以下几点。

（1）策划是制订计划的重要依据。策划不仅提供了计划制订和实施所应围绕的中心即目标，还提供了目标实现的最优方案，这些都应是计划制订时所必须加以考虑的。

（2）计划是策划实施的重要保证，是策划和实施之间的桥梁。因为策划是事先谋划，所以侧重于目标和较为粗略的实施方案，其通过决策后要进行细化才能组织、控制实施行为；而计划即是策划的细化。

正是因为策划和计划的紧密联系，所以在现实生活中，策划文案和计划文案也并没有明确的分界线。当策划书对具体实施方案制订得比较详细时，一旦获得决策通过往往不用再制订计划书，而直接成为实施的依据。而很多计划都深深地根植了策划的思想，如对背景的分析、目标的解释、方案的评估和论证等。很多策划文案往往以"计划书"为名，而很多计划文案又自称"策划书"。

三、策划书的写法

（一）策划书名称

尽可能具体地写出策划名称，如"×年×月××工会××活动策划书"，置于页面中央，也可以写出正标题后将此作为副标题写在下面。

（二）活动背景

这部分内容应根据策划书的特点在以下项目中选取内容重点阐述：基本情况简介、主要执行对象、近期状况、组织部门、活动开展原因、社会影响，以及相关目的动机。其次应说明问题的环境特征，主要考虑环境的内在优势、弱点、机会及威胁等因素，对其作好全面的分析（SWOT分析），将内容重点放在环境分析的各项因素上，对过去、现在的情况进行详细的描述，并通过对情况的预测制订计划。如环境不明，则应该通过调查研究等方式进行分析加以补充。

（三）活动的目的、意义和目标

活动的目的、意义应用简洁明了的语言将目的要点表述清楚；在陈述目的要点时，该活动的核心构成或策划的独到之处及由此产生的意义（经济效益、社会利益、媒体效应等）都应该明确写出。活动目标要具体化，并需要满足重要性、可行性、时效性。

（四）资源需要

列出所需人力资源、物力资源，包括使用的地方，如教室或使用活动中心都详细列出。可以列为已有资源和需要资源两部分。

（五）活动开展

作为策划的正文部分，表现方式要简洁明了，使人容易理解，但表述方面要力求详尽，写出每一点能设想到的东西，没有遗漏。在此部分中，不仅仅局限于用文字表述，也可适当加入统计图表等；对策划的各工作项目，应按照时间的先后顺序排列，绘制实施时间表有助于方案核查。人员的组织配置、活动对象、相应权责及时间地点也应在这部分加以说明，执行的应变程序也应该在这部分加以考虑。

（六）经费预算

活动的各项费用在根据实际情况进行具体、周密的计算后，用清晰明了的形式列出。

（七）活动中应注意的问题及细节

内外环境的变化，不可避免地会给方案的执行带来一些不确定性因素，因此，当环境变化时是否有应变措施，损失的概率是多少，造成的损失多大，应急措施等也应在策划中加以说明。

（八）活动负责人及主要参与者

注明组织者、参与者、嘉宾姓名、单位（如果是小组策划应注明小组名称、负责人）。

四、策划案实例及其分析

例文 3

旅游活动策划书

一、活动背景

1. 开展原因

秋收季节，正是一年一度出游的好时机。校园里，集体秋游、自费旅游已成了大学生们多彩生活的一部分，同学们也可以通过旅游了解不同地区的风景和气候。

2. 基本情况

长沙南郊公园位于长沙市南郊新开铺，占地36公顷，1965年5月1日建成开园。该园前身是1958年开始筹建的桥头公园，后改作南郊苗圃，经过26年封山育林，形成森林绿化覆盖率为92.57%的森林植物公园，享有"绿色明珠"的美誉，同时有多达65个科目248种树木16 700多株（丛），园内最有特色的植物有活化石银杉，黑松以及粉丹竹是从广州移植过来的，经过了多年的驯化，育树成林，形成了一道天然的植物景观。

南郊公园于1986年5月对外开放，园内亭台楼榭造型各异。1万多平方米的休闲草坪，四季常绿；云海湖戏水，南轩山庄、艺绿居聚餐，数红阁观景，跑马场遛马，烧烤乐园自烧自烤，都能让你远离都市的喧嚣，抛却心中的烦恼，尽情享受大自然的韵味。多功能健身、娱乐场所"趣乐园"，速降、攀岩、铁索桥、浪板、森林攀爬、梅花桩等各种挑战自我、挑战极限的刺激娱乐项目遍布园中。耗资百万的欧式茶楼即将落成，占地3万平方米的大型滑草场也已于2000年10月火爆登场。

3. 路线安排

出发：702路，约1小时，行程11.0千米。

从保险职业学院步行420米至中国保险学院站乘坐702路，21站，在新开铺路口站下车，步行380米至南郊公园。

返程：702 路，约 1 小时，行程 10.9 千米。

从南郊公园步行 360 米至新开铺路口站乘坐 702 路，19 站，在中国保险学院站下车，步行 410 米至保险职业学院。

4. 执行对象

全体公寓自治委成员。

二、活动目的及意义

大学，一个充满青春与活力的激情世界，旅游既丰富了我们的课外生活，又陶冶了我们的情操。

秋天是一年中最美的季节，是学生踏青秋游的好季节。通过踏青秋游活动，让学生亲密接触大自然，欣赏春天美景，拓展学生的视野，进一步感受南郊公园的美丽景色。同时通过组织娱乐活动，进一步培养我们的环保意识、集体意识，加强同学之间的交流和沟通，促进集体的团结协作，增强班级的集体荣誉感，同时也能增进师生之间的相互了解，让彼此的感情得以升华。

三、资源需求

1. 人力资源

参加对象：全体公寓自治委成员（身体不适者可以不参加）；

组织领导：公寓自治委建立的秋游活动领导小组；

成员：全体公寓自治委成员。

2. 物力资源

活动场所：长沙市南郊公园。

四、活动开展

1. 时间

于 2011 年 10 月 16 日上午 8：00 启程；于 2011 年 10 月 16 日下午 6：00 返程。

2. 地点

长沙市南郊公园。

3. 活动单位

全体公寓自治委成员。

4. 其他方面

由于本次活动的人数比较多，自身用品皆由同学们自带。带小零食 1～3 种，不宜太多；有相机的同学，可以自带相机，不过要注意保管好；每人自带一个塑料袋，以便装垃圾，同时自备一块塑料布或者一张报纸，以便休息；身穿舒适的运动鞋，以便赶路。还要准备游戏时的用品。每个同学要记得带上身份证。

5. 活动流程

（1）预定的时间（8：00）提前十分钟在校门口集合，由副班长清点好人数，然后再乘车到达长沙市南郊公园。

（2）预计 9：00 能够到达长沙市南郊公园，由班长收好费用，统一烧烤。

（3）进入南郊公园后由班委和各组组长组织活动、游戏，促进同学之间的感情，放松心情。

（4）各组了解南郊公园，领略南郊公园的美丽景色。

（5）游戏类型（分由上午和下午分开举行）。

① 鲤鱼跳龙门。

道具：两个乒乓球，十个盘子。

参与人员：每组轮流。

游戏规则：抽签，每组组织抽签，两组进行晋级赛，有一个空签直接晋级。

每个人面前的桌上依次摆了五个盘子，要求将乒乓球从第一个盘吹进第二个盘，再从第二个盘吹进第三个盘，每吹进一个盘可积 1 分。分数多者晋级。真心话大冒险让一个组的同学手牵着手举过头顶，形成一个拱门，其他组排成一队，同学根据音乐节奏或小鼓的声音来穿过过道，当音乐或鼓声一停，做拱门的同学放下胳膊被套住的同学开始真心话大冒险。哪个小组被套住的次数少哪个小组获胜。得礼品一份。

② 双人顶气球接力。

道具：气球。

游戏规则：每组派四人，共七组，两人只能用脸部贴着气球从头跑到折返点，交给接力的两人，再跑回起点，中途气球掉下来重来。胜者得礼品一份，每组轮流。

（6）预计 12：00 左右，全班休息、吃午饭、聊天。各小组清查人数，确保每个同学都安全到达。午餐后产生的垃圾一定要自己收好，不能随处乱扔。

（7）午餐后各小组自行组织游玩，交流感情，18：00 在南郊公园门口集合。

（8）18：00 所有同学乘车返校。

五、经费预算

经过初步预算活动费用为 1 000 元。

（1）租借用品：烧烤炉，七个，280 元；铁丝网，7 个，18 元；叉子：51 只，51 元。

（2）需购买的物品：食用油两桶，木炭，油刷，酒精，烧烤汁，小刀，一次性手套，一次性的套装餐具最合适，筷子，杯子，大小不一的盘子，食物（火腿、腊肠、鸡肉），蔬菜（生菜、香菜、胡萝卜、韭菜、土豆），馒头、玉米等主食，水果（橘子、苹果），饮料（十六桶）。

（3）其他需购买的物品：游戏道具（乒乓球 2 个、两元气球若干）10 元、礼品 69 元、车票 204 元；垃圾袋、塑料袋若干，4 元；食费：班费中出 9 成，学生们自己出 1 成。

注：另外从班费里拿出 100 元用来应对临时出现的情况。

六、餐饮安排

（1）租借用品：烧烤炉，六个，每个八人；铁丝网，六个；叉子，48 只。

（2）需购买的物品：食用油两桶，木炭，油刷，酒精，烧烤汁，小刀，一次性手套，一次性的套装餐具最合适，筷子，杯子，大小不一的盘子，食物（火腿、腊肠、鸡肉），蔬菜（生菜、香菜、胡萝卜、韭菜、土豆），馒头、玉米等主食，水果（橘子、苹果），饮料（十六桶）。

（3）烧烤时分小组，每个炉子八人。

（4）注意事项：一定要带上一些报纸之类的东西垫座，烧烤台再干净也还是比较脏的，免得到时候都不知道坐哪儿了。自带纸巾和水。

（5）其他需购买的物品：游戏道具（乒乓球 2 个、气球若干）、礼品、车票，垃圾袋、塑料袋若干。

七、活动中应注意的问题和细节

（1）在活动前加强对学生的安全教育，告诉学生一切行动听从组织者指挥，不准随意离开队伍单独行动。

（2）往返前认真清点人数。每个小组组长负责小组的相关事宜，小组成员要互相记住各自的电话号码，以备需要保持通话；每个同学都要听从班长、组织者和小组长的统一安排，游玩时注意行路安全，切勿过分嬉戏打闹，队伍要有序地行进，同学间做到互相照应。

（3）在购买食品时一定要注意看食品信息，确保食品安全。

（4）审查学生的身体状况，对身体不适或患有疾病的同学劝其不参加此次活动。

（5）文明行事，不得随意破坏公共设施；保护环境，严禁学生攀摘花草树木和乱扔垃圾；自己的垃圾袋一定要扔在指定位置，返回时清理好环境卫生。

（6）带上一些必要的应急物品。还需带上创可贴、晕车药等常用药；女生记得带遮阳伞或者遮阳帽，水须多带。

（7）定点返回，离开时必须集合人员，各组组长一定要清点本组人数，确保大家都安全后坐车返回。

八、安全应急预案

（一）发生车辆交通事故怎么办

（1）要维持好队伍秩序，不要慌乱，互相检查是否有成员受伤。

（2）如果有成员受轻伤，则应及时地予以正当处理（如用创可贴进行伤口包扎等）；如果伤势比较严重，负责人要立即通知就近的医疗卫生单位，请求派出救护车和救护人员。

（3）保护现场，立即报案。事故发生后，应尽一切努力保护现场，并尽快报公安110或交通事故122报警台，请求派员赶赴现场调查处理。

（4）立即联系调动其他车辆，终止本次出游活动，组织成员安全回校。

（二）发现成员食物中毒了怎么办

（1）设法催吐并让食物中毒者多喝水以加速排泄，缓解毒性；

（2）立即将患者送医院抢救，请医生开具诊断证明；

（3）留有中毒食物的样品，以作追究食品销售单位责任的证据。

（三）在旅游活动中，遇到歹徒行凶、诈骗、偷窃、抢劫等怎么办

（1）保护人身及财产安全。负责人及时将同学们转移到安全地点，在保证人身安全的前提下力争追回钱物；如有成员受伤，应立即联系院方组织抢救。

（2）进行安全报警。负责人在保证安全的前提下应立即向当地公安部门报案，并积极协助破案。报案时要实事求是报告事故发生的时间、地点、案情和经过，提供犯罪嫌疑人的特征，受害者的姓名、性别、伤势及损失物品的名称、数量、型号、特征等。

（3）负责人要安定同学们的情绪，维护队伍秩序，提高大家的警惕性。力争使活动按行程计划进行，实在不行，则要组织大家安全返校。

（四）若因路滑，同学摔伤了怎么办

（1）迅速察看摔伤成员的伤势，如果情况轻微，则可用备用的药品加以处理；如果摔伤严重，应及时把受伤同学送往就近医院进行医治，并配有同学予以照顾。

（2）向大家说明情况，要求大家提高警惕性和注意力，谨防路滑，小心摔倒。

（五）如果娱乐过程中发生了火灾怎么办

（1）组织成员有序地就近取水，第一时间内把较小的火源扑灭。

（2）及时报警119或者可以先向农家乐管理人员求助。

（3）倘若火势实在很大，无法进行简单扑灭，负责人则要及时组织成员迅速撤退到安全的地点，清点人数和财务确保人身安全。

（4）若有成员受伤，应视伤势而定，及时做出处理办法，或者进行就地抢救或者送往就近医院。

九、活动负责人及主要参与者

组织者：×××

参加者：全体公寓自治委成员

活动组织、策划人：×××

策划人：×××

【例文分析】

活动目的、可行性分析、活动内容、分工、预算等条理清楚，分类合理；策划的核心即活动内容这一环节，包括宣传、报名、评奖、活动形式、活动流程、注意事项等，说明详细、具体。语言通俗易懂、简明扼要。

思考与练习

一、下面几篇计划的标题不够完整，请选择适当的文种填入空格

1.《××市城市建设十年_____》

2.《××房地产公司一季度工作_____》

3.《××市关于未来房地产业发展方向的_____》

4.《××市房改_____》

5.《××市两个文明建设工作_____》

6.《××市房地产开发_____》

7.《××房管所关于2112年工作_____》

8.《××市人民政府关于房改工作_____》

二、修改下列计划的标题

1.××县国民经济和社会发展五年计划

2.2014年度业余教育事业规划草案

3.××大学2014年招生工作规划

4.××公司关于第一季度销售计划

三、阅读下文，然后回答后面的问题

××商场××年下半年促销规划

为了繁荣商品市场，促进我市经济发展，特制定本商场今年下半年的促销计划如下。

一、按照市商业局下达的商品销售利润指标，国庆期间开展大规模的让利促销活动。

二、在此次促销期间，各部门要通力合作，凡成绩突出者，商场将予以精神和物质奖励。

三、全体商场工作人员必须认真遵守本商场制定的文明服务公约，使顾客满意率达到99%以上。望党、团员起带头作用，全体职工共同努力，确保本计划的完满实现。

××商场

××××年×月×日

根据上述资料，回答以下问题。

1. 计划标题存在什么问题？请改正。

2. 请指出计划的前言缺漏了什么，请对计划前言进行适当修改。

3. 按照这个计划能否圆满实现下半年的促销工作？为什么？

四、阅读下列案例，回答问题

2012年5月，某地一个商场开业庆典，推出了一个策划项目：凡是手持百元人民币号码尾数为"88"的可当200元消费。结果顾客手持"中奖"人民币蜂拥而至，柜台被挤坏，还有人员受伤，主办商家只好提前宣布活动中止。这次活动招致顾客不满，还受到中国人民银行的警告，工商部门也上门干预。

根据上述资料，回答以下问题。

1. 以上策划失败，造成如此局面，错在什么地方？

2. 假如让你策划此开业庆典，说说你的策划思路。

五、拟制计划

根据下列材料拟制一份计划，要求目标任务明确、内容完整、条理清楚，每项活动的时间、地点、负责人落实确定。

某建筑企业开展一次成立三十周年庆典活动，目的是为了展示企业风采，赢得更多客户。庆典活动包括新大厦落成剪彩典礼；客户恳谈会；制作3 000件小礼品赠送客户；文艺演出。

六、拟制工作方案

××厂为了调动职工的积极性，保证完成和超额完成生产任务，决定在全厂内推行××岗位责任制先进经验：要求开好三个会（动员会、经验交流会、总结表彰会），搞好试点工作，组织职工讨论，充分发扬民主，各方面配合，从7月上旬开始，利用1个半月至2个月的时间完成这项任务。

请根据以上情况，为××厂拟订一份工作方案。

第四章

总 结

第四章

本章要点

- 总结的结构和内容
- 总结写作符合要求的关键问题

教学要求

　　本章介绍总结写作的基础理论知识：总结的概念、特点和种类以及总结的结构和内容的构成。通过对以上知识点的学习，要求掌握总结写作的基本要求，并能够根据实际写作部门以及个人工作（或学习或活动）总结。

第一节　总结概述

一、总结的概念和性质

　　总结是单位或个人对过去一段时期内的实践活动（包括工作、学习、科研等）作出系统、全面的回顾、检查、分析、研究，将实践活动中的感性认识上升到理性认识，从中找出规律性的东西，用以指导今后工作的事务性文书。

　　总结是一种常用文体。它通过对实践过程的系统回顾，对其中得失的全面分析，判明得失利弊，将感性认识上升到理性认识，将片段的认识变成有条理的认识，也就是对实践做出本质的概括，以便扬长避短，吸取经验教训，使在今后工作中少走弯路，多出成果。它可以为各级领导和机关提供基层工作的情况和经验，以便加强科学管理和指导；它还可以用于单位表彰先进、树立典型、交流推广先进经验，以指导和推动全面工作的开展；也可以更好地指导个人的实践。

二、总结的特点和种类

（一）总结的特点

1. 目的的指导性

总结反映的是已完成的实践活动，它归纳经验、反思教训，探求今后实践的方法或途径，回顾的是过去，但着眼的是未来，无论是出发点还是最终目的都是为下阶段的实践找到可以依循的方式方法，因此指导实践是进行总结的唯一目的。

2. 内容的自我性

总结是自身实践的产物。它以客观评价自身实践的经验教训为目的，以回顾自身实践情况为基本内容，也以自身实践的事实为表现材料，其所总结出来的理性认识也应该反映自身实践的规律。所以内容的自我性是总结的本质特点。

3. 回顾的理论性

总结应当忠实于自身实践活动，但是，总结不是实践活动的全记录，不能完全照搬实践活动的全过程。它是对实践活动的本质概括，要在回顾实践活动全过程的基础上，进行分析研究，归纳出能够反映事物本质的规律，把感性认识上升到理性认识，这正是总结的价值所在。

（二）总结的种类

从性质、时间、形式等角度可划分出不同类型的总结。

1. 从内容分

有工作总结、思想总结、学习总结、生产总结、科研总结等。

2. 从时间分

有年度总结、季度总结、月份总结、阶段总结。

3. 从范围分

有国家总结、地区总结、单位总结、部门总结、个人总结等。

4. 从性质分

有综合总结、专题总结等。

比较常见的分类方法是根据性质、内容将总结分为综合总结和专题总结两种。综合总结又称全面总结，它是对某一时期各项工作的全面回顾和检查，进而总结经验与教训，如本章例文1。专题总结是对某项工作或某方面问题进行专项的总结，尤以总结推广成功经验为多见，如本章例文2、例文3。

总结也有各种别称，如自查性质的评估及汇报、回顾、小结等，都具总结的性质。

第二节　总结的写作

一、总结的内容和结构

总结一般由标题、正文、落款三部分组成。

（一）标题

总结的标题大体上有以下两类构成形式。

1. 公文式标题

公文式标题由单位名称、时间、事由（内容）、文种组成，如《××集团公司2006年度思想政治工作总结》；也可省略单位名称或时间，如《××省住建厅关于职工教育工作总结》。这类标题常见于全面性工作总结中。

2. 非公文式标题（或称文章式标题）

文章式标题的写法比较灵活，可以是单行标题，也可以采用双行标题的形式。

单行标题：概括出总结的核心内容即可，标题中出现或不出现"总结"一词均可，如"人才培养工作总结"；也可以采用这样的标题："推动人才交流，培植人才资源"。

双行标题：一般由正题和副题组成，正题揭示总结的主题，副题说明总结的时间、单位、事由（内容）和文种。如"批评重评更有效——2008学年班主任工作总结""增强体质，全面贯彻执行教育方针——开展多种形式的体育活动工作总结"。专题总结大多采用这类标题。

（二）正文

总结正文的结构一般由前言、主体和结尾三部分组成。

1. 前言

正文的开头，一般简明扼要地概述基本情况，交代背景，点明主旨或说明成绩。总结开头应力求简明扼要，高度概括，主要是为主体内容的展开做必要的铺垫。

2. 主体

这是总结的核心部分，其内容包括做法和体会、成绩和问题、经验和教训等。这一部分要求在全面回顾工作情况的基础上，深刻、透彻地分析取得成绩的原因、条件、做法，以及存在问题的根源和教训，揭示工作中带有规律性的东西。回顾要全面，分析要透彻。

这部分内容一般采用纵式结构的写法，即按时间顺序或工作进程来写。

（1）成绩和经验。对工作中所取得的主要成绩和经验进行具体阐述。经验是通过具体事实概括出来的，写经验时，不但要写有什么经验，还要用实例对经验作必要的恰到好处的说明。既要有观点，又要有材料，观点统率材料，材料说明观点。

（2）问题和教训。总结以肯定成绩和经验为主，但对存在的问题和应吸取的教训也要实事求是地指出。这样才能更好地推动下一阶段的工作。

不同类型的总结，内容有所侧重，全面性总结其主体包括上面的两个层次。对于一般的工作总结或专题经验总结，"问题和教训"这一部分可少写或不写。而成绩和经验的写法一般采用横式结构，以经验为轴心去组织材料，把成绩或经验归纳出几个并列的观点，按照其内在的逻辑关系来安排内容和层次。

此外，也有的总结采用纵横式结合的方法，或纵式结构为主、横式结构为辅的结构方式，或是横式结构为主、纵式结构为辅的方式结构全文。

3. 结尾

可以概述全文，可以说明好经验带来的效果，也可以提出今后努力的方向或改进意见。例如，"通过上述工作，促使支部书记和班子整体作用的发挥。不少村支部书记提出'任职一届、致富一方'，也出现了一批'舍小家，顾大家'的支部书记先进典型。"这部分内容可长可短，但必须起到明确方向、鼓舞斗志、增强信心的积极作用。

（三）落款

由署名和日期构成。如果标题中已有署名，这里可不再署名。

二、撰写总结时应注意的事项（写作要求）

（一）首先要有实事求是的态度

总结中常出现两种倾向：一种是好大喜功，搞浮夸，只讲成绩，不谈问题；另一种是将总结写成了"检讨书"，把工作说得一无是处。这两种都不是实事求是的态度。总结的特点之一"回顾的理论性"，正是反映在如实地、一分为二地分析、评价自己的工作，对成绩，不夸大；对问题，不轻描淡写。

（二）总结要写得有理论价值

一方面，要抓主要矛盾，无论谈成绩或谈存在的问题，都不要面面俱到。另一方面，对主要矛盾要进行深入细致的分析，谈成绩要写清怎么做的，为什么这样做，效果如何，经验是什么；谈存在的问题，要写清是什么问题，为什么会出现这种问题，其性质是什么，教训是什么。这样的总结，才能对前一段的工作有所反思，并由感性认识上升到理性认识。

（三）总结要抓住中心，突出重点

把中心集中在几个主要的问题上，把主要问题说透彻，不必要面面俱到。而这个重点往往是实际工作中的重点或者是具有普遍指导意义和具有肯定价值的东西。

（四）要掌握工作的全过程并详细地占有材料

写总结必须尽可能地了解生产实践活动以及与工作相关的全部情况和整个过程，单位的各种计划、反映情况的单位简报、各种通知、会议纪要、各种表格数据统计等，都将对总结的写作有着非常大的影响。因此，材料主要为三类材料，一是背景材料、二是典型材料、三是数据材料。

（五）注重材料的选择和使用

写总结，材料是必不可少的。实际的总结写作中，材料的运用是十分讲究的，首先是从材料中提炼出观点，然后是选择最有力的材料去说明观点，观点与材料的统一，使总结的内容既重点突出，又观点鲜明。材料的使用注意点面的结合，使其既有较为系统的全面回顾与分析，又有典型事例或突出经验的详细介绍和剖析。

（六）语言表达做到叙述与议论结合

总结中叙述的是典型人物、事例、经验，而对人物、事例、经验的评价则要用议论，议论是对叙述的综合分析和提高，叙和议的关系根本上来说就是观点与材料的关系，叙述中有议论，议论中有叙述，以达到总结的表达效果。

三、总结实例及其分析

例文 1

××建筑工程公司二〇〇四年度上半年工作总结

二〇〇四年上半年，我公司在董事会的正确领导下，在各个职能部门的支持下，解放思想，转变观念，与时俱进，围绕"外树形象拓市场，内抓管理提素质，改革机制注活力，降本增效求发展"的方针，进一步深化公司内部改革，积极开拓市场，超额完成了年初制订的各项生产经营目标任务。截至7月底，公司上半年已有建筑面积（包括上年接转）351 509平方米，与去年同期相比，增加6.9%，其中尚未包括A市河景花园9#楼的23 797平方米，B市未开工的30 000平方米，C市新北区罗溪镇拆迁住宅的40 000平方米，竣工面积达115 733平方米，与去年同期相比，增加92.3%；竣工产值10 045万元，与去年同期相比，增加83.3%。上半年公司荣获××市建筑业"先进施工企业"、××市建筑业"质量管理先进单位"等称号；工程质量创××市"金龙杯"奖1项；创××市文明工地4项。

回顾上半年，我们认真做好了如下几点工作。

一、拓宽了建筑市场

在市场经济条件下，建筑企业要生存发展，根本出路就在于开拓市场和占领市场。近年来，建筑市场竞争更加激烈，各施工企业间的相互压价、让利愈演愈烈，这种无序和自相残杀的竞争使公司的生产经营形势面临严峻考验。公司领导及生产部、业务部的人员面对这种形势，审时度势，及时洞察市场发展方向，积极寻找形势变化及发展给公司带来的机遇，他们在确保本地规模建筑的前提下，努力争取A市、B市、C市的规模建筑，公司主要领导亲自跑市场、谈业务，市场任务的承接取得了可喜的成绩，A市中医院综合病房大楼、B市司马坊步行街、B市天和星城商住楼、C市河景花园9#楼、C市新北区罗溪镇拆迁房等都是建筑面积在15 000平方米以上的规模建筑，由此，全公司的生产呈现出一派勃勃生机。

二、强化了多元经营

多元化经营是建筑企业调整经营思路，做大做强的必由之路，公司领导一直倡导此种方式，强调以房屋建筑施工为主的同时，业务范围也拓宽到市政工程、铝塑门窗、建筑装潢、装饰设计、钢结构等方面。2004年上半年公司更是出了大手笔，4月18日，由公司控股投资成立的××市城兴置业有限公司首届股东大会在樱花大酒店隆重召开。这标志着在多元化经营上又迈出了坚实的一步。

三、加强了安全生产

安全生产历来是企业的重中之重，公司各个项目部在安全部的领导下，均能本着"以人为本"的观念抓好安全生产，全面落实安全生产责任制，特别是在"体育馆事件"发生后，在签订的安全生产责任书中，能将安全生产目标任务层层落实，明确项目经理、工地负责人、安全员在安全生产中的责任。对于新招的职工能在三天之内按公司要求进行三级安全教育，能积极组织学习上级和安全生产文件，每天在开工之前进行安全教育、安全交底后再上岗，并做好交底记录。公司安全部也下达了《关于加强施工现场安全防护和创建文明工地工作的若干规定》《重大安全事故应急救援预案的通知》《在全公司开展安全月活动和迎接建设系统大检查的通知》等一系列文件，强调了生产服从安全，生产必须安全的准则。

四、改革了职工工资

多少年来，公司职工的工资一直未能加以调整，职工月发工资较低，再加上参加社会劳动保险的职工要扣除本人应交的保险费，职工每月拿到手的工资就更少，根本不能应付日常生活的开支，职工的反应很大。为调动全公司广大职工的劳动积极性，经公司董事会研究决定，以改制为契机，对职工工资进行改革，一方面提高职工工资的现有水平，另一方面按月足额发放职工工资。目前职工月工资比上年度提高约3%。这一做法也得到广大职工一致认可。

五、缓解了职工后顾之忧

为了公司稳步、健康发展，逐步解决职工养老的后顾之忧，公司于2002年和2003年分两批为公司干部职工参加了社会养老保险。根据××市政府第40号文件精神，结合我公司的实际，公司又于今年6月20日前为部分职工参加了第三批职工养老保险，缓解了这部分职工的后顾之忧。今后，公司的社会养老保险工作将继续下去，争取让更多职工解除后顾之忧，使他们能够全身心地投入工作。

六、推进了贯标工作

目前，许多业主明确要求，参加工程建设的建筑施工企业，必须通过一系列的贯标认证。在许多地区和城市，也把贯标认证作为到本地区投标的必备条件。同时，推行贯标认证，不但可以提高产品质量，获得业主信任，顺应与国际惯例接轨的需要，而且对扩大市场占有率，提高企业的经济效益和社会效益具有明显的作用。因此，公司也把贯标认证提上了日程，而且是ISO 9001质量认证体系、ISO 14000环境管理体系、GB/T 28001职业安全健康体系三个体系同时进行。公司成立了贯标工作领导小组和工作小组，利用多种形式开展宣传，讲清系列标准的原理，讲清贯标的目的、意义、方法和步骤，使大家认识到贯标工作是企业发展的长久之计，从而更好地规范工作行为。公司专门负责贯标工作的技术质检部印制了大量的关于三个体系的介绍，详细介绍了贯标认证的基本知识和专业术语，人手一册，保证了贯标工作的顺利开展。

七、开展了部门调研

公司于今年6月30日起用了大半个月的时间对各项目部（承包体）的生产、经营、管理状况进行了调研。这次活动基本上达到了初定的目的，各项目部（承包体）也能找出自身目前在生产、经营、管理等方面存在的缺陷，并开始了积极的整改，各项目部大都统一了思想，提高了认识，更加注重项目部管理班子建设，更加团结一致，各项管理工作正走向正规化、规范化、制度化。

回顾上半年工作所取得的成绩，我们有如下深刻体会。

第一，必须坚持在市场竞争中谋生存，求发展。在当前市场经济条件下，公司生存和发展的唯一出路就是把自己定位在市场，在参与市场竞争过程中，不是被动地应付市场，而是要研究市场、了解市场、熟悉市场，占领市场，在提高工程质量和搞好服务上下工夫，在增强竞争能力和市场诚信度上下工夫，正确分析自己的长处和不足，扬长避短、趋利避害，讲究策略，与"狼"共舞，只有这样，才能在"夹缝"中求得生存和发展，争得更多的市场份额。

第二，必须坚持深化公司内部改革。由于长期受集体体制的影响，公司内部还存在着政令不畅，职责不明，人浮于事的问题，而这些矛盾的解决，单一的思想教育工作往往效果不能持续，而公司在多管齐下的工作方针指导下，通过推进内部劳动、人事、分配制度的改革，较好地调动员工的积极性，又通过完善定员定薪，实行定岗定员、竞争上岗、末位淘汰、减员增效等方法增强了企业的竞争力。这使我们坚信只有靠进一步深化改革才能从根本上加以转变工作作风。

第三，必须坚持以市场为导向，调整结构，发展多元经营。在市场经济条件下，企业一业为主，多种经营是一条求得生存发展的必经之路，针对公司现状，公司及时进行调整，着力抓好多元化经营，优化产业结构工作，通过寻求新的经济增长点，以适应市场变化，适时调整产品结构。这一做法，使公司发展迈上了新台阶。由此也让我们悟到了只有通过寻求新经济增长点的建立，企业才有旺盛的生命力。

第四，必须坚持以生产经营为中心，发挥党政工协调一致的整体合力。实践证明，企业的一切工作都要以生产经营为中心，党政工做到思想同心，目标同向，工作同步，紧密配合，协调一致，企业才能在市场竞争中不断发展。

在总结上半年所取得的成绩的同时，我们也必须清醒地看到公司存在的问题和不足，需要认真予以解决：一是资金运作困难，严重制约公司生产经营的正常开展。当前，市场上工程没有一项不要垫资，工程量越大资金垫付也越大，竣工工程与我们的决算不同步进行，同时工程又被结算环节多送审时间长所牵制，再加上银行贷款紧缩，公司目前的压力非常大，资金缺口达二三千万元，因此要求我们各项目部要加大收款的力度，加速公司的资金周转，确保公司得以快速运转和健康发展。二是管理体制、机制还落后于要求，我们的管理体制、机制与市场经济发展的要求相比相差甚远，与其他同行业相比，有着明显的差距和不合理性。去年公司改制后，虽然在一些机构设置和运作机制上进行了一些改革，也取得了一定的效果，但仍需提高，新的激励机制尚未成熟，不能有效地激发广大职工的积极性，使整体素质提高不快。三是缺乏具有较高素质的管理人才，面对市场竞争和科技进步的压力，公司的管理层中能懂施工、会经营、善管理、能开拓市场、具有高素质的管理人员存在断档现象，并且职工队伍年龄已明显老化。所以在引进人才，用好人才，留住人才等方面是一个长期的重要课题。四是安全生产仍未得到足够的重视，主要表现在：工程的主体施工阶段安全防护不能及时跟上；塔吊不能完全执行"十不吊"的要求；有些工人尚未有戴安全帽的习惯，特别是在零星小工程施工时对安全生产重视不够；在装饰阶段，特别是多工种交叉施工时，有的工人随意从高空将建筑垃圾抛出；工地上临时用电时而出现的乱接乱拉现象；配套工种有时不服从现场管理，班前安全交底不到位；外包工种难以服从统一管理，安全意识不强。五是少数项目部管理混乱，成本及费用支出过高，怨天尤人的思想比较严重，经营思路不明确，内部团结欠佳，自由散漫思想抬头，管理民主得不到落实，对项目部的稳定与发展缺乏信心。

针对以上问题和不足，我们需要采取以下措施。

1. 采取有力措施，加强资金催收。继续做好对公司债权、债务的清理，采取一切可以采取的办法，加大对工程款的催收工作，在加大催收力度上，要调动各种因素、力量来做好催收，拓宽催收工作的思路和手段，并对各项目经理和原经办人要落实责任。对新建工程，各项目部要切实负起责任，防止新的工程拖欠款的发生。

2. 推进配套改革，强化竞争机制。按照公司的部署，完成分配制度的改革，实行定岗、定员、定薪，充分调动干部职工的积极性，同时，公司内部要进一步强化管理职能，按市场经济要求进一步科学合理地进行机构设置。

3. 实行科技进步，加大人才引进。建筑企业之间的竞争归根结底是人才的竞争、技术的竞争，重视技术、重视人才是我们公司领导的共识。公司要在注重企业壮大的同时，把人才培养放在优先发展的地位，除了自身培养和鼓励职工自学等外，还要根据企业的发展规划，有计划地招收大中专毕业生，做到长流水、不断线，保证企业新陈代谢和发展的需要。同时，在引进人才后，要在用好人才和留住人才方面下大力气。

4. 加强项目经理培训，明确职责分工。目前公司项目经理由于种种原因，理论水平不是很高，视野不够开阔，管理经验不足，管理方法还有待改进，少数项目部只着眼于本地工程，外地工程不是太肯接，要通过教育培训解放他们的思想，提高项目经理的理论水平和项目管理能力，同时，整套班子要形成分工明确，职责分明，相互学习、相互制约的机制，要增强团队意识，发扬团队精神，团结务实，开拓创新，努力把项目部管理好、建设好，提升项目部在市场中的竞争力。

总之，我们要通过这次半年工作总结，找出工作中目前存在的问题，同时对新情况、新问题进行调查研究，不断探索新途径、总结新方法，以便有针对性地指导和部署下半年的工作，从而最终圆满甚至超额完成年初提出来的 2004 年各项经济技术指标，确保公司向做大做强的目标迈进！

2004 年 8 月 27 日

【例文分析】

这是一篇全面性工作总结。

标题由单位名称、时间、内容及文种四项构成，为全面性工作总结的通用标题。

正文部分内容按全面性工作总结的规范写法由五个部分构成："概述情况—所做工作以及取得的成绩—经验总结（体会）—存在问题—今后的打算"。内容安排的重点在第二部分和第三部分。写法与党政公文中带总结性质的报告相似，这也是用于汇报的全面性工作总结中最常见的写法，让听取汇报的人对公司的整体情况有一个较为全面的了解。

全文结构清晰，条理清楚，如说明工作和成绩的七个方面，标项撮要，让读者（或听者）一目了然，而工作和成绩又并非凭空，事实是其必不可少的支撑，这也使成绩的可信程度加强。尤其值得注意的是总结的"经验教训"这一部分，在任何类型的总结中都是必不可少的，没有这部分内容，就不成其为有价值的总结。写作者用四个"必须"强化从实践中获得的体会，也使实践达到了一定的理论高度，为下阶段工作，提供了一个较好的借鉴。

例文 2

履行职责　科学应对
北京出入境检验检疫局

自今年全球暴发甲型 H1N1 流感疫情以来，北京检验检疫局认真贯彻落实党中央、国务院的重要指示，按照国家质检总局和北京市委、市政府的统一部署，积极主动地采取有效防控措施，创造性开展工作，确保了北京口岸疫情防控任务的落实，取得了良好成效。自 4 月 25 日至 7 月 15 日，北京口岸共检疫入境交通工具 9 306 架次/车次，检疫入境人员 1 505 273 人次。经北京局口岸检疫，现场排查 8 386 人，累计转送定点医院或饭店 1 409 人次，其中 83 名旅客被确诊为甲型 H1N1 流感，占北京市输入型确诊病例人数的 43.7%。我们的主要做法如下。

一、抓好六项保障确保扎实高效

1. 抓好组织保障，确保指挥机制高效运转。北京出入境检验检疫局第一时间成立了由局长挂帅的疫情防控应急领导小组，紧急启动"口岸突发公共卫生事件应急预案"，迅速制订防控工作方案；建立了领导带班、工作会商、24小时值守、请示报告等多项管理制度。北京局抽调3位党组成员、两位副巡视员常驻首都国际机场，分兵把守，现场办公，遇事及时协商，当场解决问题，大大提高了工作效率。

2. 抓好人员保障，确保防控工作顺利开展。全面组织动员，充分发挥共产党员和共青团员的先锋模范作用，扎实有效地做好口岸疫情防控工作。自国家质检总局4月30日确定恢复填写旅客健康申明卡后，北京局迅速组织动员，两天就组织抽调120人支援机场口岸一线，后又陆续聘用了约170人，进一步增强疫情防控力量；同时在国家质检总局和北京市教委的大力支持下，先后有12名年轻干部、18名小语种翻译人员以及90名在校大学生志愿者充实到首都机场口岸。人员的及时补充保证了防控工作顺利开展，既保证了严密监管，又保证了通关速度。

3. 抓好措施保障，确保口岸疫情有效防控。北京局根据疫情防控要求，结合口岸工作现场实际条件，制定了行之有效的防控措施，建立起全方位、多层面的疫情防控体系。全面加强对入境旅客的体温监测和检疫排查工作，及时将有染疫嫌疑的旅客转运至指定医院；通过对健康申明卡的核查分析和整理上报，及时发现染疫嫌疑人员，并协助市卫生局及兄弟检验检疫局实现信息追溯；协调机场当局，对提前申报载有疑似症状旅客的航班，指定远机位停靠；全面加强对运输工具、货物及携带物的检疫监管，以及对口岸公共场所的卫生监管。同时，不断调整优化流程，合理配置资源，提供人性化服务，确保口岸疫情有效防控。

4. 抓好物资保障，确保防控措施有效实施。北京局及时为首都机场和北京西站口岸配备了49台红外测温仪、336把手持式红外测温仪、132个耳蜗式红外测温仪和20个口腔电子测温仪，进一步加强对入境旅客的体温监测；配备高速扫描仪、DVD刻录机等设备，及时做好入境旅客信息上报工作；在入境通道安装摄像头，实现对入境人员在入境通道的全程视频监控，并进行24小时录像，为口岸监控与后续追踪提供了有力的数据支持。

5. 抓好宣传保障，确保各项防控政策有效落实。通过发放宣传资料、播放宣传片、制作提示牌、机上广播等有效途径，北京局对入境旅客加强政策宣传，争取旅客的理解与支持，确保各项防控政策有效落实。

6. 抓好协作保障，确保联防联控机制发挥效能。北京局作为入境监测组牵头单位，加强与卫生、旅游、公安、边防、海关等相关部门的沟通合作，积极构建全新的联防联控工作模式。特别是重点加强与市卫生局的密切配合，做好人员转送和信息采集工作。与相关单位共同努力，妥善处置了多起突发事件，切实保证了联防联控有效落实。

二、积累经验毫不松懈

1. 前瞻性地开展工作。此次疫情防控不同于以往的口岸疫情防控和重大国际活动保障工作，"非典"疫情防控并未在口岸形成大规模人流、物流的压力，奥运等重大国际活动的保障则更多地要求高效便捷。而此次甲型H1N1流感疫情则是全球范围传播，由于北京首都国际机场是世界十大最繁忙机场之一，人流、物流的压力非常巨大，既要严密监管又要快速通关的要求，给北京局的疫情防控工作带来前所未有的压力与挑战。北京局从疫情防控之初就立足于建立长效机制，强调边实践、边改进，边提高、边总结，及时将防控工作的政策调整、流程优化、人力资源配置、案例数据分析，以及物资消耗情况等相关资料全部收集整理，为今后应对类似的突发公共卫生事件积累成熟经验。

2. 创新性地开展工作。在此次疫情防控工作中，北京局实行"一把手"亲临现场，靠前指挥；率先提出对重点航班实施100%登机检疫；对来自疫情流行国家和地区的航班指定远机位停靠；率先加强对入境健康申明卡重点核查，确保健康申明卡信息的准确；率先在旅检通道设置除中英文以外的6种语言的健康申明卡填写范本；率先以电子文本的方式向疾控中心传送健康申明卡，建立了快速合作机制等。这一个又一个的"率先"都是北京局勇于创新、善于创新的成果，对做好防控工作发挥了重要作用，特别是高效准确的信息传递，为有效落实北京市联防联控奠定了坚实的基础，得到各级领导的充分肯定。同时，北京局在防控工作中注重实干加巧干，在工作方法、监管模式、实现途径等方面，从细小的环节寻求创新突破。例如，借鉴兄弟局的先进经验，结合北京局工作现场实际情况，多次调整入境通道布局，不断完善工作流程，提高工作效率和通关速度。

3. 细致性地开展工作。在防控工作中，北京局始终坚持科学严谨的态度，按照打造精品的标准和要求，结合准军事化管理和文明单位创建活动，不断加强口岸基础建设。通过不断查找薄弱环节，提出改进建议，通过落实责任制，保证了工作质量，全面提升科学管理水平。

北京局的疫情防控工作取得阶段性成果，各级领导的高度重视和大力支持，是他们做好疫情防控工作的强大动力；局党组的坚强领导和率先垂范，全局干部职工的团结协作和无私奉献，是做好疫情防控工作的根本保证；与北京市相关部门密切配合，联防联控，则是做好此次疫情防控工作的重要保证。此次防控工作锻炼考验了干部队伍。面对严峻的考验，北京局做到了招之即来，来之能战，战之能胜，防控疫情的素质提高了，经验丰富了，实战水平和实战能力大大增强。

目前，甲型H1N1流感疫情形势依然严峻，防控工作任务艰巨，责任重大，北京局将在质检总局和北京市委、市政府的领导下，虚心学习兄弟局的经验，发扬"团结奋进，开拓创新，求真务实，无私奉献"的北京检验检疫精神，继续做好疫情防控各项工作。同时，充分发挥检验检疫职能，积极推动"质量和安全年"各项工作的有效落实，为促进首都经济平稳较快发展作出更大贡献，以优异的工作业绩向祖国60华诞献礼！

2009 年 7 月 21 日

（本例文选自中国质量新闻网，稍作改动）

【例文分析】

这是一篇介绍经验的专题性总结。

标题概括总结的主旨，这也是工作经验所在。

正文前言部分用简洁的文字概述了全局工作的背景以及工作的成绩（荣誉）。这是介绍经验类总结的通常写法。主体部分是重点，介绍实际工作中的具体做法，这是取得成绩的原因，即经验介绍。谈做法，既是体现工作的内容（"抓好六项保障措施"、"通过开展三方面工作，积累经验"），也是展示取得成绩的法宝（"扎实高效"、"毫不松懈"），一句话，就是能"科学应对"。这也是介绍经验总结的常规写法，作为先进单位，你的成绩也许是有目共睹的，但听众或读者的关注点是你为何能取得如此大的成绩，你们是如何做的。

例文 3

工程监理工作总结

京中联环建设监理有限责任公司受金马文华园房地产开发有限公司的委托，对北京金马文华园 A 区 2#楼工程实施监理工作。项目监理部于 2002 年 9 月 1 日开始对北京金马文华园 A 区 2#楼工程进行施工阶段监理，经建设单位、设计单位、施工单位、监理单位的共同努力下，北京金马文华园 A 区 2#楼工程的建筑工程达到基本竣工条件。

一、工程基本情况

（一）工程概况

1. 项目特征

工程基本情况如下表所示。

工程基本情况表

工程名称	工程地址	结构类型	层数		建筑面积 /m²	基础埋深 /m	总高度 /m
			地下	地上			
北京金马文华园 A 区 2#楼工程	北京市朝阳区百子湾 16 号	剪力墙结构	2	14、18、20	28 309	−7.80～ −7.90	65.5
工程质量	合 格						
说 明	总工期为 13 个月（包括地基处理）						

2. 地质概况

本工程依据北京市勘察设计院提供的《北京金马文华园 A 区 2#楼工程岩土工程地质勘察报告》采用人工复合地基，复合地基的承载力标准值 fsp，k＝400 kPa，地下水对混凝土无侵蚀性。

3. 建筑特点

该楼为住宅楼，±0.000 标高为 36.900 m，室内外高差为 0.9 m，建筑物高度分别为丁单元 44.9 m，戊单元 56.1 m，丙单元 65.5 m。层高分别为：地下库房 3.3 m，自行车库 3.3 m，首层 3.1 m，标准层 2.8 m，电梯机房 4.3 m，水箱间 3.65 m。

4. 结构特点

结构形式为全现浇剪力墙，抗震设防烈度为八度，抗震等级为二级。

二、工程建设单位

建设单位：新松集团北京金马文华园房地产开发有限公司。

勘察单位：北京市勘察设计院。

设计单位：北京中建建筑设计院第八所。

监理单位：北京中联环建设监理有限责任公司。

施工单位：北京建工集团一建第六项目部。

劳务分包队：安徽省六安市一建劳务有限责任公司。

防水工程分包单位：河南省防腐企业集团有限公司。

塑钢门窗：北京建工茵莱玻璃钢制品有限公司。

三、监理组织机构、人员及仪器设备

1. 项目监理部组织机构及人员

项目监理部组织机构及人员如下图所示。

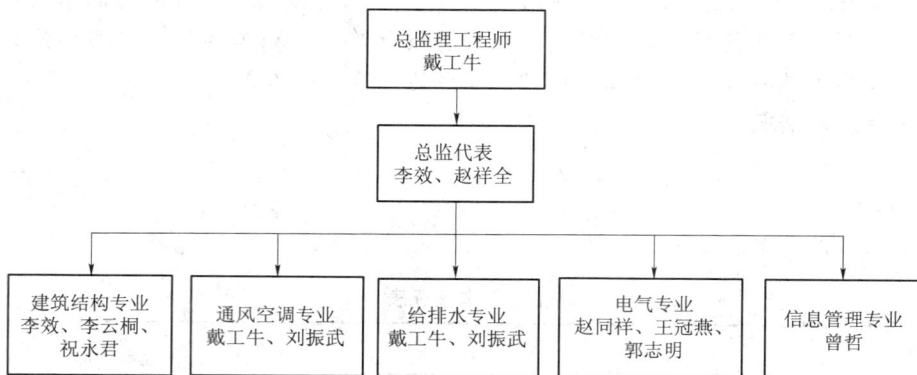

项目监理部组织机构及人员

2. 主要检测设备和工具配备

主要检测设备和工具配备如下表所示。

主要检测设备和工具配备

序号	名称及规格	数量
1	钢卷尺（3 米）	4 个
2	千分尺	1 把
3	线坠	1 个
4	组合工具	1 套
5	砼回弹仪	1 台
6	计算机	1 台
7	打印机	1 台
8	照相机	1 部

四、工程进度及质量控制情况

（1）工程进度在建设单位的全力支持下，各参施单位的齐心努力下，克服"非典"等不利因素的影响，基本实现预定工期目标。

（2）本工程按设计内容完成，没有遗留的质量缺陷或甩项目工程。在施工中发现问题及时与设计单位办理了设计变更洽商记录。

（3）基础分部 31 项分项工程，其中 30 项为优良，优良率为 96.8%，施工单位自评为优良，监理验收合格；主体结构为剪力墙结构及二次隔墙、结构洞、保温结构等在施工过程

中按工序进行巡检、抽检和工序验收检查，总体质量情况较好，其中：钢筋工程、模板工程和混凝土工程三个主要的分项工程全部达到优良，在主体施工的全过程中共查验分项工程231项（不包括模板116项预验），其中优良项数208项，优良率90%，施工单位自评评定等级为优良，监理验收合格。其他分部工程的质量验收均为合格。

（4）施工单位的竣工技术档案和施工管理资料、试验及主要建筑材料配件和设备试报告已按有关规定整理齐全，符合要求。

（5）工程的室内空气环境检测合格；电梯检测验收合格、消防检测验收合格；规划验收符合要求；各种使用功能试验全部完成并合格。

（6）在施工单位组织了自查、自检及施工单位上级质量部门验收的基础上，先后经过了监理组织的工程预验收、建设单位组织的有质量监督站参加监督的四方验收，在验收中严格按照规定及程序进行，工程达到合格标准。

五、监理合同履行及工作成效

在施工中项目监理部严格按照监理合同、施工合同、设计图纸及国家和有关法律、法规、标准及规范要求执行，认真履行监理职责和义务，为更好地履行合同针对本工程特点编制了监理规划，为更好地控制工程质量还编制了监理旁站计划对工程的重点部位及关键环节进行旁站，如在地基处理的施工过程中，专业工程监理工程师跟踪旁站，对CFG桩施工全过程进行监理，对进场原材料进行审查签认；对CFG桩的长度、数量、混凝土搅拌质量进行严格的控制。并按规定对CFG桩进行静载检测和低应变动力检测，静载检测结果：503、89、165号三根单桩竖向静载试验在最大试验荷载860 kN时，沉降量均小于40 mm且未出现明显陡降段，依据《建筑桩基技术规范》（JGJ 94-94）中的有关规定，本工程CFG桩单桩竖向极限承载力不小于860 kN，满足设计要求；低应变动力检测结果：本次共抽检基桩57根（抽测数量为总桩数的10%），其中，优质桩55根（占抽测总数的96%）、良好桩2根（占抽测总数的4%）。桩身质量及完整性好，总体上达到优良桩水平，桩身强度达到设计标准，均为合格可用桩。在施工中监理以预控为主在每个分部及分项施工前严格审查施工方案，在材料进场时严格把关，坚持按规定进行取样送检；在施工中对工程实施24小时监督，抽查、巡视及旁站相结合，使工程质量始终处于受控状态。在建设单位的大力支持下该工程顺利竣工并交付使用。

六、施工中发生过的质量事故、问题、原因分析和处理结果

在施工全过程中没有发生质量事故，作为一般性的质量问题（包括常见质量通病）在施工过程中有发生，这些问题通过自查、自检进行整改处理，达到合格后进行下道工序施工。

七、对工程质量的综合评估意见

该工程承包合同规定的质量等级为：优良。施工单位的质量目标定位：确保优良。在投入上是以确保优良的目标进行安排的。

监理单位对分项、分部、单位工程的验收情况，认为该工程达到了施工合同约定的工程质量标准，单位工程预验收合格。四方验收合格，质量监督站予以备案。

（本例文转自论文先生网）

【例文分析】

这是一篇专业工作总结。是施工阶段监理工作结束后，监理单位应向建设单位提交的管理资料。监理工作总结由总监理工程师组织编写并审批。

标题按一般写法"监理工作总结"，也可在最前面加上所监理的具体工程名称。

正文前言概述了监理工作的具体对象、监理开始的时间以及工作完成情况，主体部分的内容比较齐全，几乎囊括了监理工作总结所应有的内容：工程概况、监理组织结构、监理人员和投入的监理设施、监理合同履行情况、监理工作成效、施工过程中出现的问题以及处理意见和建议。

每一部分的说明都做到了简明扼要，如对工程概况的说明则将工程所在地理位置、建筑面积、层数层高、基础深埋、工期、地质概况、结构类型、建筑特点等都用非常简明的文字说明。

专业术语的运用增强了总结的专业性，表格与文字结合的方法使说明更为简洁明了。

思考与练习

一、判断题

1. 撰写总结的目的，主要是为了探寻规律性的认识，以指导今后的工作。 （　　）
2. 写工作总结时应该如实反映情况，就是把做过的事都写在总结里。 （　　）
3. 工作总结在叙述时，可根据不同的内容使用不同的人称。 （　　）
4. 写总结既不能浮夸，也不能将其写成"检讨书"，应本着实事求是的态度。 （　　）
5. 工作总结的写作不需要把感性认识上升到理性认识。 （　　）
6. 能否找出带有规律性的认识，是衡量一篇总结质量好坏的标准。 （　　）
7. 总结既要报喜（汇报成绩），也要报忧（指出不足）。 （　　）
8. 写总结一定要按照完成工作的时间先后顺序来写。 （　　）
9. 总结是对前一段计划实施情况的总体得失的回顾。 （　　）
10. 总结的自我性决定了总结对他人的实践不具备指导性价值。 （　　）

二、选择题

1. 总结通常采用（　　）写作。

　　A. 第一人称　　　　B. 第二人称　　　　C. 第三人称

2. 下列各条中属于工作总结前言部分的项目的是（　　）。

　　A. 简述主观条件，交代客观背景　　　B. 今后的工作目标和打算

　　C. 叙述事实过程　　　　　　　　　　D. 介绍办法及措施

3. 总结主体部分需要重点写好的内容是（　　）。

　　A. 上级要求　　　B. 基本情况　　　C. 成绩与经验

　　D. 存在问题与教训　　　E. 今后努力方向

4. 《××省卫生系统 1999 年工作总结》属于（　　）。

　　A. 公文式标题　　　B. 文章式标题　　　C. 双标题　　　　D. 单标题

5. 总结的文章式标题，可以是（　　　）。

　　A. 概括主要内容　　B. 概括基本观点　　C. 时限和内容　　D. 单位名称

三、思考题

1. 简述总结与计划的区别及联系。

2. 简述总结与公文报告的区别。

3. 简述总结与调查报告的区别。

四、实训演练

1. 写计划或总结时，经常要用数据。请在下面空格中填上恰当的数字。

（1）某公司七月份利润由 1 万元增加到 1.5 万元，增加_____%。

（2）×商品由 40 元降为 10 元，降低了_____%。

（3）原计划生产 1 万件产品，超额 5%，实际生产了_____件产品。

2. 阅读与析评。

阅读下面这篇总结，按文后要求回答问题。

放手发展多种经营 努力增加农民收入

近年来，武昌县委、县政府在稳定发展粮棉油生产的同时，把突出发展多种经营作为增加农民收入的突破口，充分利用现有土地资源，依托近城优势，建设具有地方特色的城郊经济，显示出"服务城市，富裕农村"的战略效应。2003 年，全县人均纯收入达到 1 107 元，比上年增加 310 元，增长 38.9%，成为全省农村人均纯收入增幅最高的县。我县的主要做法是：

（一）积极引导，鼓励发展。（略）

（二）因地制宜，发扬优势。（略）

（三）综合利用，立体种养。全县广泛运用食物链、生物链和产业链的理论，在种、养、加工方面创造出多种立体开发模式。根据植物相生、伴生、互生与序生规律，在林果基地间作套种粮、油、药、茶、瓜等，实行以短养长，取得最佳效果。全县 2003 年多种经营间作套种 13 万亩，亩平均收入 500 元，有的高达 1 000 元。全县推广用农副产品加工的下脚料喂猪养禽，用畜禽粪便养鱼，最后用塘泥肥田，综合利用，极大地促进了畜牧业的发展。2003 年全县生猪出栏达到 35.5 万头，家禽出笼 741 万只，鲜蛋产量 1.93 万吨，分别比上年增长 11%、40.3% 和 14.8%。

（四）大力发展乡镇企业和个体、私营经济。（略）

武昌县人民政府

二〇〇四年元月

（1）本文标题属_____式标题，其作用是_____。

（2）开头采用了（　　）等方式。

　　A. 概述情况　　B. 概括结论　　C. 概说内容

　　D. 做出设问　　E. 运用比较　　F. 展开评说

（3）全文采用了（　　）结构形式。

    A. 横式　　　　　　B. 纵式　　　　　　C. 纵横式

（4）主体部分主要写了（　　）。

    A. 做法、成绩与经验　　　　　　B. 问题与教训

    C. 设想与努力方向　　　　　　D. 以上三个方面

（5）本文主旨是＿＿＿＿＿＿＿＿＿＿＿＿＿。

（6）本文安排材料主要采用了（　　）的方法。

    A. 先亮观点，后举材料　　　　　　B. 先举材料，后亮观点

    C. 边举材料，边亮观点　　　　　　D. 既摆事实，又讲道理

3. 下文是一份总结的经验总结部分，请根据后文的内容提示，概括每一段的中心，并填在每段前面的横线上。

通过 1985 年的工作实践，我们的主要经验是：

一、＿＿＿＿＿＿＿＿＿＿＿＿。党中央关于经济体制改革的决定英明正确。哪项工作进行了改革，哪项工作的效果就十分明显。1985 年我们抓施工企业改革，进一步完善百元产值工资含量和实行简政放权，企业活力大大增加，全面超额完成任务，创历史最高水平；房产信托公司适应改革形式发展，集资办企业搞得十分活跃，很有生气，实践证明，要发展房地产业必须锐意改革，改革越彻底，效果越好。

二、＿＿＿＿＿＿＿＿＿＿＿＿。1985 年市政府关于改善城市人民生活十项工作的决定涉及我局的有五项，都是需要花大力气才能完成的。我们把这五件事列为全局工作重点，集中力量优先保证，统筹兼顾。上半年改造零星"三级跳坑"住宅和整修×条街道，几乎抽出房管站×％的力量；下半年修建古文化街，领导现场办公，局机关抽调力量协助基层，终于如期完成了任务；换房工作不光集中了××余人的骨干队伍，而且动员了各方面力量。总之，在完成上述重点工作中，全局各单位，各部门大开绿灯，通力合作，党政工团一齐上阵，这是一条重要经验。

三、＿＿＿＿＿＿＿＿＿＿＿＿。在任务繁重的情况下，各级领导在确保重要工作的同时，十分注意基础性工作，注重提高队伍素质，这样就越战越强。1985 年我们精神文明和物质文明同步建设。企整复验、工业普查、职工文化技术补课以及举办各种类型的培训班，提高了房管队伍素质，把房管队伍建设不断提高到新的水平。

四、＿＿＿＿＿＿＿＿＿＿＿＿。1985 年我们十分重视调研和制定管理办法，针对房地产改革出现的新情况、新问题，组织各职能部门深入实际，深入基层，选定××个调研课题，写出了一些有数据、有观点、有价值的调查报告，拟订了相应的管理办法，并组织召开了房地产经济体制研讨会，促使了房地产业在活而不乱中兴旺发达。

五、写作训练

1. 就某一门专业课程的学习情况写作一份学期（月）总结（小结）。

2. 对本学期进行的某项实习（或活动）进行总结。

3. 对一学期的各门课程的学习情况做一个总结。

4. 作为学生会（或班级、社团）干部，请对你任期内的工作做一个总结。

第五章

调查报告

- 调查报告的结构和内容
- 调查的方法
- 撰写调查报告应注意的问题

教学要求

本章介绍调查报告的基础理论知识：调查报告的概念、特点和种类，以及调查报告的结构和内容的构成。通过对以上知识点的学习，要求掌握调查的基本方法，掌握对材料的分析选择的方法，并能在此基础上撰写情况调查报告、问题（事故）调查报告。

第一节　调查报告概述

一、调查报告的概念和性质

调查报告是对客观事物进行调查研究，根据调查的成果写成的反映客观实际，揭示事物本质和规律的书面报告。调查报告不同于公文中的报告，不直接具有行政效力，但调查报告可以涉及日常工作、社会生活等诸多方面，可以帮助各级领导机关了解、熟悉下级情况，为制定正确的方针、政策提供依据；也可树立典型，指导和改进工作；也便于单位全面认识事物，解决问题，推动工作；还可以揭露问题，克服弊端，因此，在政府机关、企事业单位履行职责时经常使用。

二、调查报告的特点

（一）针对性

这是调查报告行文的目的所在，它总是针对某个问题而写，或搞清情况、或解决问题、或说明事情。

（二）真实性

这是调查报告的基础，行文的价值就体现在它是客观实际的真实写照，不虚构、不带倾向性，否则就背离了事实，也就失去了存在的价值，更谈不上指导工作。

（三）典型性

指调查报告所选择的对象以及所运用的材料具有代表性。它只针对现实中具有典型或关键性问题；调查报告所运用的材料，也强调典型，达到揭示事物的本质和规律的目的。

（四）规律性

这是调查报告的核心，通过调查，寻找其中的本质和规律，才能称得上科学结论，通过反映这个本质规律，才体现出调查报告的指导意义和功能。

（五）时代性

指调查所显示的问题应是新事物、新情况、新问题、新课题，否则将失去其对现实及时指导的意义。

三、调查报告的种类

调查报告因可以反映社会生活的各个领域，因此根据调查的目的和内容的不同，调查报告可以分为以下几种。

（一）情况调查报告

主要为有关部门和人员提供决策、制订计划、处理和研究问题提供依据，反映的是某单位、行业或某方面的基本情况、发展状态，如本章例文1。

（二）经验调查报告

主要是为了介绍先进经验，为推动全局的工作提供借鉴，反映的是社会实践中的典型经验，如本章的例文2。

（三）问题调查报告

主要是为了揭露问题、剖析问题和提出解决问题的意见，为解决疑难问题或防止指导的片面出谋划策，如本章的例文3。

（四）研究探讨调查报告

主要是对某些科学问题进行调查研究，提出符合客观规律的理论和观点。

第二节　调查报告的写作

一、调查报告的内容、结构和写法

调查报告的结构包括标题、正文、落款三部分。

（一）标题

调查报告的标题的形式较为灵活，可以是单标题，也可采用双标题的形式。

单行标题一般直接写明调查对象和内容，如《湖南农民运动考察报告》。如本章的例文2，题目说明了调查的对象和文种。也有采用公文式标题的，如本章的例文1；也有采用提问式标题的，如《市建四公司是怎样实行经济责任制的?》。

双行标题则是采用正题与副题结合的方式，一般是正题鲜明揭示主题，副题则指明调查对象、内容、范围，如《住宅必须商品化——××市住房体制改革情况调查》。

（二）正文

调查报告的正文一般包括前言、主体、结尾三部分。

1. 前言

简要说明调查的原因、时间、地点、对象、范围、经过及调查采用的方法；调查对象的基本情况、背景、结论等。不必面面俱到，但要有重点，常见的三种写法如下。

（1）交代式。简单介绍被调查对象的基本情况，或调查事件的形成和变化过程或说明在什么范围就什么问题作了调查，并概括说明调查报告的主要内容。

（2）议论式。开篇即议论，直接点明所要调查问题的重要性，引起人们的重视。

（3）提问式。提问开篇，再作叙述，以吸引读者。

2. 主体

这部分是调查报告的重点，着力写清调查对象的具体情况，即事情发生、发展经过、具体做法、因果关系。这是对所调查事实的分析、认识及总结出的规律性的东西的部分。为了使这部分内容条理清楚，常采用列纲目的方法，即用小标题或序列号标项撮要的方法。常见的结构形式有三种：横式结构、纵式结构、综合式结构。

（1）横式结构。即按内在联系，归纳成几个问题（也可用小标题），这种结构一般适用于内容宽泛，时间跨度较长，头绪多的调查报告，在典型经验性质的调查报告中比较多见。

（2）纵式结构。即按调查的先后顺序或按事情发生、发展、变化过程的顺序来安排材料。在调查报告中表现为按时间先后（按事情的起因→发展→结局顺序叙述和议论）或层递式（即事理的发展）。前者适合一般情况的调查报告，后者适合一般综合分析性质的调查报告。

（3）综合式结构。即前两种方法兼用，互相穿插。

3. 结尾

结束语部分，写法多样，也可不写。常见的方法如下：

（1）归纳、总结主要观点，深化主题；

（2）展望发展或努力方向，激励人们进一步探索；

（3）提出建议，供领导参考；

（4）写出不足，待今后解决；

（5）补充说明正文没有涉及、但值得重视的问题。

（三）落款

包括署名和成文时间，一般标注于正文之后，也可置于标题下方。

二、调查报告写作应注意的事项（写作要求）

调查报告的写作是"调查"和"报告"的结合体，是一个多环节的联合，要写好调查报告，必须重视以下环节。

（一）系统、周密地调查

深入、周密的调查，是搜集丰富材料的前提，有了丰富的真实的材料，才能从中引出观点，才能寻找出规律，最终获得科学的结论，因此在调查过程中必须注重以下几方面工作。

1. 做好调查前的准备工作

（1）明确调查的目的、意义、要求。

（2）了解调查课题或对象的基本情况。

（3）掌握有关方针、政策，了解相关的法律、法规。

（4）拟订调查计划，即指自身活动安排，包括目的、时间、调查对象、力量组织、方式、方法等；要拟订出一个较详细的调查计划，具体到调查的地点、单位、时间、对象、调查重点、步骤和方法等，做到心中有数。

（5）拟写调查提纲（主要是设计好向调查对象了解的具体问题）。

2. 要运用科学的调查方法

科学的调查方法，将有助于调研工作的顺利进行。调查的方法是多样的，一般较为常见的方法有以下几种。

（1）按调查的广度范围分：普遍调查（针对所有对象，资料全，误差小，但耗费大）、典型调查（个案调查，选典型，深入细致，但客观性受限）、抽样调查（总体中抽样本，能兼前两者之长）。

（2）按调查的形式分：询问法（即采用问卷、访问、召开调查会的方式）、观察法（即采用实地观察、参观、列席会议、阅读文献的方式）、实验法（即用实践来证明的方式）。

（二）客观深入地分析

在调查获得大量材料之后，须对材料做进一步的加工整理，这实质上是一个"去伪存真，去粗取精"的过程，要对材料进行分类、比较，进行分析、综合，探求出本质、规律（得出结论），最终找到解决问题的方案。

（三）正确、完善地表达

有了丰富的材料，也寻找到了事实的本来面目，如何通过语言文字完美地呈现出来也是十分关键的一个环节，因此，在写作过程中，要注意做到用事实说话，让材料与观点统一。在写法上，对结构进行恰当安排以及表达方式的选择显得非常重要。建议写作时先列写作提纲，确定好以下几方面内容：

（1）确立主题（结论）；

（2）暂拟标题；

（3）安排层次结构；

（4）确定各部分如何叙述、说明、议论。

三、调查报告与总结的区别

调查报告和总结在写作上有许多相通之处，特别是介绍典型经验的调查报告和专题性的工作总结，无论从反映的内容或表达的形式上来看，都非常接近。这两种文体的相同点反映在：它们都是紧密配合形势，宣传党的任务，有较高的政策性；抓住点上材料，推动面上工作，有较广的指导性；运用事实说话，揭示事物本质，有较强的针对性。但作为不同的文种，二者之间存在一定的差异，主要表现在以下几方面。

（一）写作目的有别

调查报告的写作目的是从全局出发，通过对事实的分析研究，为上级领导制定方针政策提供依据，以指导"面"上的工作。总结则主要是通过回顾和检查，吸取经验教训，在以后的工作中，发扬成绩，纠正错误，提高管理能力和水平。

（二）取材范围有别

调查报告反映的面较广，推广经验，反映情况，研究揭露问题均可，写作涉及的对象既可以是本单位或本地区的情况和问题，也可以是其他单位或地区的情况或问题，而总结往往是本单位的情况或问题，或某项工作的具体经验。材料的来源、观点的形成，都不能脱离总结者自身的实践活动。

（三）反映内容有别

调查报告往往比较集中地说明一个问题或一项事情，内容或者是阐述成绩或者是揭露矛盾，一般不是既全面写成绩，又详细写问题。而总结一般要考虑全过程，既要有基本情况的回顾，又要写取得的成绩、经验、存在的问题和教训。

（四）写作重点有别

调查报告侧重于用具有典型意义的事实材料介绍经验，反映情况，揭露问题，以解决现实中存在的问题。而总结侧重于通过具体事例，找出成绩和不足，分析其中的原因，提出改进的建议和说明今后的安排。

（五）人称使用有别

调查报告通常是调查组或记者来采写别单位的，常用第三人称。而总结通常是本单位自己动笔撰写的，常常用第一人称。

（六）表达手法有别

调查报告和总结都强调用事实说话，但调查报告更侧重于通过具体的事实的报道表述观点，观点寓于事实的阐述之中，述为重。而总结则更多地强调叙议，在概括叙述的基础上着重于分析议论。

四、调查报告写作实例及其分析

例文❶

关于全市房地产业发展情况的调查报告
山东诸城市人大常委会教文委

根据工作计划安排，最近，我们在分管主任带领下，对我市房地产业发展情况进行了调查。调查组听取了建设、房管、国土、规划、城管、市政、城改办等部门的工作汇报，与10多个开发企业和物业管理公司负责人进行了座谈，走访了部分人大代表和群众。现将调查情况报告如下。

一、基本情况

近年来，我市经济持续快速发展，城镇居民生活水平日益提高，住房消费日渐成为市民消费热点，房地产开发得到了长足发展。特别是市委作出发展楼宇经济、加快旧城改造的重大决策以来，市政府及各级各部门不断强化组织领导，加强协调调度，狠抓责任落实，我市楼宇经济和旧城改造工作进展顺利，房地产业发展势头良好。截止到目前，全市共规划高层楼宇396栋，已开工建设216栋，完成主体封顶138栋，建筑面积近200万平方米；启动城中村改造23处，拆迁土地面积3 678.9亩，开工建设安置楼89栋，建筑面积35万平方米，完成安置楼封顶52栋，在改善市民居住条件、提升城市品位、拉动经济增长等方面发挥了重要作用。

一是开发总量不断增加。随着旧城改造和社区中心村建设步伐的进一步加快，房地产业在国民经济中的地位更加突出，规模更加扩大，房地产市场呈现需求活跃旺盛态势。目前，我市房地产开发企业已达到63家，其中，本地企业46家，外地企业17家。今年全市房地产业、乡镇驻地及社区中心村建房计划施工面积达到573万平方米，1—5月份，已施工总面积达249.11万平方米。

二是经济效益持续增长。2008年，全市完成建筑业总产值73.4亿元，完成房地产开发投资23亿元，同比分别增长32%、154%；建筑建材房地产业上缴税收3.77亿元，同比增长81%。今年1—5月份，全市完成房地产开发投资14.3亿元，占规模以上固定资产投资的比重为16.3%，实现税收6 800余万元，推动了相关产业的发展，扩大了就业，促进了经济快速增长。

三是发展环境明显优化。目前，住宅与房地产行业已成为国民经济新的增长点和国家政策扶持的重点，国家、省及潍坊市委、市政府相继出台了一系列促进房地产业发展的优惠政策，加大对房地产业的支持力度，为房地产业发展提供了政策保障。各相关部门积极发挥职能作用，加强协作，密切配合，根据项目特点，进一步简化供地、拆迁、报建、交易等办事程序，不断改进服务质量，促进了我市房地产业持续健康发展。

二、存在问题

调查发现，我市房地产业在发展过程中还存在一些不容忽视的问题和不足，主要表现在以下几方面。

（一）市场秩序有待整治。有的开发企业在建项目未经许可就向社会公开出售；有的建设项目手续不全，未按规划施工建设；有的随意发布虚假信息，违规销售、延期交房、忽视建筑质量；有的批准预售之后，收取了购房户的预售款挪作他用不能按期交房；有的中介服务机构收费项目不公开，违规收费、欺骗消费者问题时有发生。

（二）开发企业整体素质有待提高。房地产开发企业是资金、技术密集型企业，而我市现有的63家开发企业中，二级以上资质的仅有三家，其余都是三、四级企业，大多规模较小，竞争力较差，整体水平偏低，缺少品牌化、规模化、集团化的开发企业，抵御风险、应对经济冲击的实力较弱。

（三）物业管理有待加强。相当一部分的物业管理企业是房地产公司衍生出来的，开发公司和物业公司的关系呈现出"父子关系"或"兄弟关系"，这种自建自管的管理体制难以形成合理的市场机制和价格机制，管理水平难以提高。另外，单体楼的物业如何管理是一个亟待解决的问题。

三、几点建议

当前，无论从国家宏观调控形势和我市经济社会自身发展实际看，都必须整合区域资源，积聚发展要素，加快房地产业发展。

一是加大监管力度，规范市场秩序。要加强资质管理和注册资金管理，把好"入门关"；加强房地产开发项目的审批管理，把好"发证关"；加强房地产交易的动态管理，把好"交易关"。尤其要加强商品房预销售管理，加快商品房预售合同网上备案登记步伐，运用科技手段进行规范管理，防止个别开发商特别是外地开发商挪用和携带购房预售款外逃现象。继续加大房地产市场整治力度，从严查处房地产开发、销售中存在的改变容积率、合同欺诈、面积缩水、虚假广告以及房地产中介和物业服务中的各种违法违规行为，维护居民的合法权益。按照房地产开发的有关规定和要求，完善管理制度，规范开发行为，清理清查那些资质不全，业绩不佳，注重短期行为，忽视住宅质量，群众意见较大的开发企业，确保房地产市场依法规范运行。

二是强化精品意识，提高建设质量。要适应市场需求变化，实施精品带动战略，按照高起点规划、高标准建设的原则，引导和督促开发企业创建精品住宅，打造名牌小区，提高建设品位。对小区和楼宇规划要加强审查和指导，既不要一个模式，也不要照搬外地模式。尤其是加强楼体外观的规划设计，尽量打造与周边建筑相协调、与周边环境相适应的建筑群。同时，要注重"生态楼宇"建设，开发中讲求文化底蕴、科技含量、绿色生态，尽可能地为消费者提供舒适、健康、优美、洁净、安全、方便、环保的商品房。

三是加强物业管理，保障业主权益。切实加强对物业管理工作的宏观调控与具体领导，制定科学有效的管理措施和办法，理顺物业管理体制，建立科学高效的运行机制，引导物业管理工作向法制化、制度化、规范化发展。加强物业管理企业的资质管理，建立和完善物业前期介入、住宅维修基金及定期检查考评等制度，规范物业管理行为，创造公开、公平、公正的物业管理市场竞争环境。建立联动协调沟通机制，明确物业管理企业与各相关职能部门、街道之间的职责、权力和利益，理顺相互之间的关系，并发挥好业主委员会的桥梁作用，切实解决实际问题，化解社会矛盾。督促物业管理企业不断强化自身建设，努力提高服务质量和管理水平。

四是增强企业素质，提高开发水平。引导企业树立现代房地产经营理念，通过重组、兼并、控股、引外靠优等方式，创建能与外地企业集团抗衡并对中小企业起带动作用的"航母"型企业，提高企业整体水平，增强生存与发展能力。大力开发人才资源，培养和造就一批具有创新意识和创业精神，懂规划、会管理、能营销、善于驾驭市场的房地产专家、职业经理和中介人才，促进我市房地产业快速健康发展。

2009 年 6 月
（本例文引自山东诸城市人大常委会网站）

【例文分析】

这是一篇反映情况的调查报告。

标题采用公文式标题，概括了调查范围（全市）和调查内容（房地产发展情况）。

正文包括两大部分。第一部分为前言，概述调查的依据、时间、调查的内容、调查范围，然后用承启语"现将调查情况报告如下"引出主体部分。主体部分分为三个层次，采取分条列项的方法将内容呈现出来：全市房地产发展的总体情况——存在的主要问题——未来发展四点可行的建议。该文没有另写结尾。从结构层次上来说，正文将调查材料按内容采用"情况—成绩—问题—建议"这种层递式框架来安排结构。这是部门、单位用于写作反映情况的调查报告时最常用的结构形式。

从内容上来说，既实事求是地反映房地产发展的整体情况、发展中突出的成绩，又不掩盖发展中存在的问题，并且对下阶段的工作开展提出了合理建议。这不仅可给有关的房地产企业提供指导，同时也可为相关的职能部门制定政策、措施提供依据。

全文运用翔实的数据材料、有点有面的典型材料来反映情况、分析问题，体现出源于调查、研究基础上所支撑的文字的真实性和说服力。

例文 2

昆明市建设领域建筑劳务用工情况调查报告

根据省建设厅《关于做好建设领域建筑劳务用工调研工作》的函的要求，昆明市对建筑施工企业和劳务分包企业用工现状、受国际金融危机影响和存在的问题等进行了调查。有关情况如下。

一、昆明市劳务企业及用工现状

1. 昆明市建筑业企业共 1 553 家，含总承包企业 471 家，专业承包企业 980 家，劳务分包企业 102 家。2008 年建筑业总产值 600 亿元，拥有建筑业从业人员 35 万人。2009 年 3 月，昆明市建设局建管处抽查建筑总承包一级企业 4 家、专业承包企业 15 家，劳务分包企业 50 家，共计 69 家建筑企业，对 200 名农民工进行了问卷调查。根据 19 家建筑业总承包和专业承包企业、50 家劳务分包企业反映，需要劳务分包企业 8 家，农民工从业人数共 12 948 人，还需要增加农民工共 3 450 人。昆明现在的 102 家劳务分包企业发展较好的企业有 20 家，占 19.6%；发展一般的有 40 家，占 39.2%。2006 年 6 月 1 日，昆明市建设局出台了《关于建立和完善劳务分包制度、加快劳务分包企业发展的意见》，对发展劳务分包企业提出了有关扶持意见，由于其他配套政策未到位，致使劳务企业的发展一直较缓慢。

2. 农民工组成及年龄结构情况。从被抽查的 200 名农民工中，地域来源主要集中在四川、贵州及云南省昭通等地。年龄结构情况：在 35 周岁以下的有 105 人，占 52.6%；36～50 周岁的有 78 人，占 39.3%；51 周岁以上的有 16 人，占 8.1%。如下图所示。

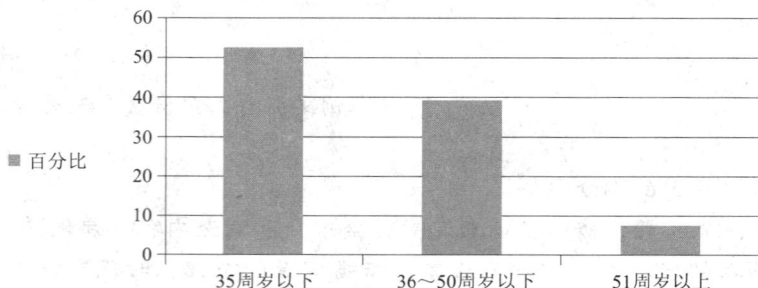

农民工年龄结构情况图示

3. 受教育文化层次。文化程度属小学文化的有 36 人，占 18.1%；初中文化的有 108 人，占 54%；高中、中专文化程度的有 56 人，占 27.9%，总体文化程度偏低。如下图所示。

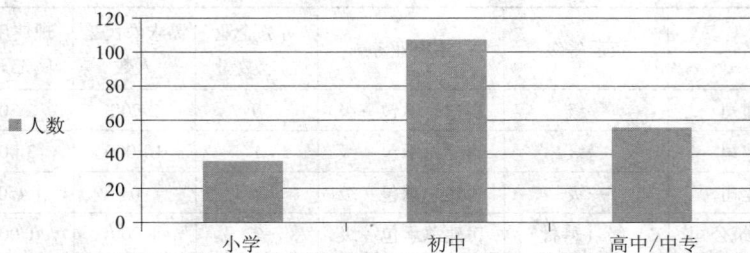

农民工受教育层次情况图示

4. 工作生活情况。调查中，农民工自己认为现在的生活比前几年好一点或好了许多的占75.3%，对今后生活有一定信心的占80.6%；农民工近5年增加过工资的占79.4%，平均每年增加工资的占36.8%；对目前的生活环境表示"很满意"的占12.7%，"比较满意"的占33.9%，"一般"的占37.2%，"不满意"的占18.2%；对自身地位表示"很满意"的占10.1%，"比较满意"的占24.2%，"一般"的占46.9%，"不满意"的占18.8%。如下图如示。

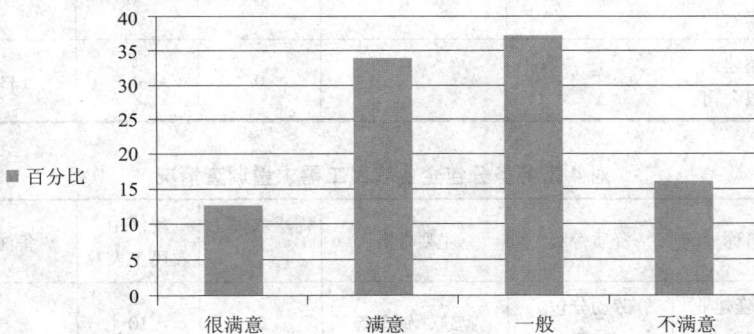

农民工对生活环境满意度图示

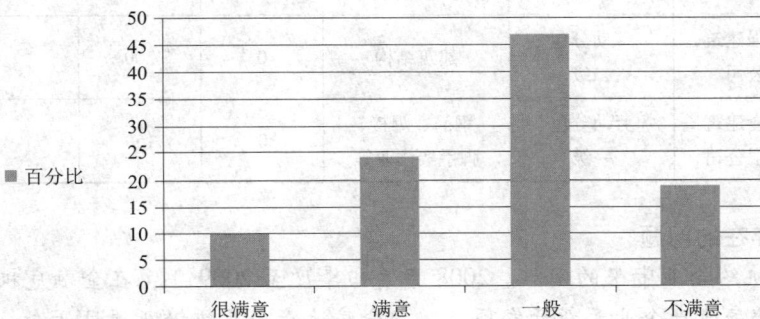

农民工对自身社会地位满意度图示

5. 昆明市对4家总承包企业、4家专业承包企业、4家劳务分包企业调查情况如下表所示。

对 4 家总承包一级建筑企业农民工需求量调查情况

序号	企业名称	资质等级	主要业务	劳务企业需求数量	需求农民工人数	现使用农民工人数	备注
1	市一建司	一级	房建总承包一级	0	2 200	2 300	
2	市二建司	一级	房建总承包一级	1	10 000	3 000	
3	市三建司	一级	房建总承包一级	0	0	450	
4	金戈马建筑公司	一级（待批）	房建总承包一级	2	1 000	1 000	

对 4 家专业承包建筑企业农民工需求量调查情况

序号	企业名称	资质等级	主要业务	劳务企业需求数量	需求农民工人数	现使用农民工人数	备注
1	云南大地市政工程公司	二级	市政专业承包	0	37	37	
2	昆明市自来水设备制造安装公司	二级	供水安装二级	1	28	28	
3	云南深华港建筑工程有限公司	三级		0	50	50	
4	昆明诚益建筑工程有限公司	三级		0	0	133	

对 4 家劳务分包企业农民工需求量调查情况

序号	企业名称	资质等级	主要业务	需求农民工人数	现使用农民工人数	备注
1	昆明晟运隆建业劳务分包有限公司	劳动分包一级	砌筑、钢盘等	20	10	
2	昆明汇立建筑劳务有限责任公司	劳动分包一级	砌筑、浇灌、抹灰、模板等	0	200	
3	云南聚强建筑有限公司	劳动分包二级	建筑结构	0	200	
4	云南华隆建筑配套有限公司	劳动分包一级	钢筋、焊接、脚手架作业等	0	150	

二、反映存在的问题

1. 金融危机给企业带来的困难。2008 年第四季度至 2009 年，在金融危机影响下，房屋销售下降，多数房地产企业无新开发项目，部分房地产企业暂停新项目开发。因工程建设项目的相应减少，使得建筑施工企业和劳务分包企业面临的竞争越来越激烈；由于资金紧张，建设方缩减开支，项目建设资金不到位，导致工期延长及支付农民工工资困难，企业压力增大；工程尾款回收难度增大，垫付农民工工资较多，形成周转困难；随着新《劳动法》的实施，企业用工成本增加，农民工工资浮动较大；开发商拖欠工程款，导致部分建筑公司拖欠材料款及农民工工资；随着建设工程项目的减少，在工程项目不饱和的情况下，农民工的使用数量需求将会萎缩。

2. 劳务企业及农民工方面。由于建筑总承包企业长期形成的用工习惯，造成总包企业直接将工程分包给"包工头"的做法普遍，并且未上税。因此，给劳务分包企业带来了不良竞争，致使企业无项目可做，生死困难，更无能力吸纳农民工。此外，农民工普遍存在文化程度偏低，队伍组织涣散，受教育程度低，缺乏必要的职业技能培训，整体素质不高，接受新知识能力较慢，具备专业技能的人员较少，技术单一，能同时具有多项技能的较少；安全意识普遍较低，劳务企业需要用很长时间的培训才能上岗，大多数农民工不能够适应市场经济和企业发展的需要，这在一定程度上也成为农村剩余劳动力向建筑业有效输出的"瓶颈"问题，从而也阻止了建筑劳务分包企业的发展。

3. 希望政府给予帮助和解决的问题。为企业提供更多的机会，积极引导企业发展，扩大内需，增大投资，化解金融危机带来的不利因素；希望国家和政府在加大基础建设和扩大内需的时候，进一步规范建筑行业，在政策方面扶持企业，调动企业积极性，创造有利于企业发展的氛围，避免不良竞争，用法规和行业标准来指导其健康发展；加大建筑劳动密集型企业的扶持力度，维护企业的利益，在用工等方面给企业一定的灵活自主性；请政府帮助建筑业企业拓宽融资渠道，从政策上帮助企业解决贷款困难等有关问题；由于银根抽紧，使中小企业融资更加困难，造成一些建筑企业自身参与投资的项目或需要垫资的项目进展遇阻；希望政府帮助追收拖欠的工程款，在政府性投资项目方面尽量不要拖欠工程款。

三、下一步工作建议

劳务分包企业成立是为了健全和规范建筑劳务市场，加强对企业用工行为的监督管理。有利于预防建设领域拖欠民工工资，规范建筑市场秩序，保障农民工的权益。建议如下。

1. 完善建筑劳务分包企业的配套法律法规，使得劳务企业在交易时有章可循，行业主管部门在执法监督时有法可依；积极做好总承包企业和专业承包企业的用工宣传、引导，建立健全劳务分包配套管理机制，规范合同关系，加强政府的监管力度。

2. 在工程招标过程中，要求投标的施工单位与劳务分包企业共同参与投标，鼓励长期进行合作。

3. 对劳务企业的税收按劳务类的征收，显得税率过高，同时存在重复纳税的问题。现在一些工程的总承包方的利润为10%，造成总承包企业使用"包工头"来避免重复纳税的情况，建议进一步完善。

面对这次全球性金融风暴，对整个建筑业企业来说，进行了一次洗牌，让强大的企业更加强大，让不合格的小企业重新面临选择与淘汰；让市场选择，让没有实力的企业消除，让建筑企业真正做大做强。对于大型企业，通过对金融危机的应对，对建筑行业的发展可以起到促进作用。对于中小型企业，他们有信心在危机中使得自身的抗受能力与综合素质得以提高，在考验中变强，从而不断发展壮大。

2009 年 3 月 17 日
（例文引自昆明市住房与城乡建设局信息网）

【例文分析】

这是一篇关于建设领域建筑劳务用工情况调查分析报告。本例文与例文 1 一样也是反映情况的调查报告，但调查的方法两者有较大的不同，调查内容的呈现上也不尽相同。

从内容上看，调查报告的结论是在对昆明市建设领域建筑劳务用工的状况、农民工组成及年龄结构情况、农民工受教育文化层次、工作生活情况进行了详细的调查的基础上，进行分析，继而得出的。事实依据（主要是抽样调查和问卷调查所获得的数据）是通过图表的形式呈现，使事实直观而一目了然，同时通过直观的对比分析，得出结论。"反映存在的问题"和"下一步的工作建议"部分也是基于前面事实基础上的分析和建议。

从结构上来看，正文包括两大部分，第一部分为前言，写法与例文 1 类似。主体部分分为 3 个层次，采取的仍然是标项撮要的方法呈现调查的内容：一、劳务用工的现状；二、存在的问题；三、下一步工作建议。结构上按层递式（"情况—问题—建议"）来安排。

值得关注的是其调查方法：抽样调查和问卷调查。抽样的企业为总数的 4.4%，同时考虑了企业的规模、资质、业务范围以及劳务承包的方式的差异，避免调查的结论的片面性。问卷调查则主要依据事先周密的问卷内容的设置以及试卷回收的情况。

例文 3

南京 "10·25" 重大伤亡事故调查报告

2000 年 10 月 25 日上午 10 时 10 分，南京三建（集团）有限公司（以下简称南京三建）承建的南京电视台演播中心裙楼工地发生一起重大职工因工伤亡事故。大演播厅舞台在浇筑顶部混凝土施工中，因模板支撑系统失稳，大演播厅舞台屋盖坍塌，造成正在现场施工的民工和电视台工作人员 6 人死亡，35 人受伤（其中重伤 11 人），直接经济损失 70.781 5 万元。

事故发生后，省委书记回良玉、省长季允石十分重视，季省长批示："全力救治受伤人员，抓紧清理现场，尽快抢出所有被压人员，并及时组织事故调查处理"。省委常委、市委书记王武龙，副省长陈必亭，市长工宏民以及省政府副秘书长韩庆华、省安委会副主任仇中文、李晓布等，立即赶到事发现场指挥抢救、并迅速成立了现场抢救指挥中心。国家建设部建筑管理司副司长徐波闻讯后从上海赶到南京事故现场。

根据省、市领导的指示精神，受省安委会委托（附件一），南京市政府立即成立了以副市长吴永明为组长，市政府副秘书长王鹤兴，市劳动局、市总工会、市公安局、市建委、市建工局主要领导为副组长，由市政府各职能部门人员参加的南京市 "10·25" 重大事故调查组（附件二）；成立了市建委副主任徐学军为组长，由东南大学和省建筑科学研究院等有关大专院校、科研机构专家组成的事故技术鉴定组（附件三）；南京市质量技术监督局负责对支架钢管及扣件的质量状况进行调查和检测分析（附件四）；公安机关迅速成立了专案组，对 "10·25" 工程重大安全事故立案侦查。

一、事故经过

南京电视台演播中心工程位于南京市白下区龙蟠中路，由南京电视台投资兴建，东南大学建筑设计院设计，南京工苑建设监理公司对工程进行监理（总监理工程师韩长福、副总监理工程师卞长杨）（附件五）。该工程在南京市招标办公室进行公开招投标，南京三建于 2000 年 1 月 13 日中标，于 2000 年 3 月 31 日与南京电视台签订了施工合同（附件六），并由南京三建上海分公司组建了项目经理部，由上海分公司经理史桃定任项目经理，成海军任项目副经理。

南京电视台演播中心工程地下两层、地面十八层，建筑面积 34 000 平方米，采用现浇框架剪力墙结构体系。工程开工日期为 2000 年 4 月 1 日，计划竣工日期为 2001 年 7 月 31 日。工地总人数约 250 人，民工主要来自南通、安徽、南京等地。

演播中心工程大演播厅总高 38 米（其中地下 8.70 米，地上 29.30 米）。面积为 624 平方米。7 月份开始搭设模板支撑系统支架，支架钢管、扣件等总吨位约 290 吨，钢管和扣件分别由甲方、市建工局材料供应处、铁心桥银泽物资公司提供或租用。原计划 9 月底前完成屋面混凝土浇筑，预计 10 月 25 日下午 4 时完成混凝土浇筑。

在大演播厅舞台支撑系统支架搭设前，项目部按搭设顶部模板支撑系统的施工方法，完成了三个演播厅、门厅和观众厅的施工（都没有施工方案）。

2000 年 1 月，南京三建上海分公司由项目工程师茅笑凯编制了"上部结构施工组织设计"，并于 1 月 30 日经项目副经理成海军和分公司副主任工程师赵阳苗批准实施。

7 月 22 日开始搭设大演播厅舞台顶部模板支撑系统，由于工程需要和材料供应等方面的问题，支架搭设施工时断时续。搭设时没有施工方案，没有图纸，没有进行技术交底。由项目部副经理成海军决定支架三维尺寸按常规（即前五个厅的支架尺寸）进行搭设，由项目部施工员丁粉扣在现场指挥搭设。搭设开始约 15 天后，上海分公司副主任工程师赵阳苗将"模板工程施工方案"交给丁粉扣。丁粉扣看到施工方案后，向成海军作了汇报，成海军答复还按以前的规格搭架子，到最后再加固（附件七、八）。

模板支撑系统支架由南京三建劳务公司组织进场的朱占民工程队进行搭设（朱占民是南京标牌厂职工，以个人名义挂靠在南京三建江浦劳务基地，6 月份进入施工工地从事脚手架的搭设，事故发生时朱占民工队共 17 名民工，其中 5 人无特种作业人员操作证），地上 25 米至 29 米最上边一段由木工工长孙荣华负责指挥木工搭设。10 月 15 日完成搭设，支架总面积约 624 平方米，高度 38 米。搭设支架的全过程中，没有办理自检、互检、交接检、专职检的手续，搭设完毕后未按规定进行整体验收（附件九、十一）。

10 月 17 日开始进行支撑系统模板安装，10 月 24 日完成。23 日木工工长孙荣华向项目部副经理成海军反映水平杆加固没有到位，成海军即安排架子工加固支架，25 日浇筑混凝土时仍有 6 名架子工在加固支架。

10 月 25 日 6 时 55 分开始浇筑混凝土，项目部资料质量员姜平 8 时多才补填混凝土浇捣令（附件十），并送工苑监理公司总监韩长福签字，韩长福将日期签为 24 日（附件十三）。浇筑现场由项目部混凝土工长邢锦海负责指挥。南京三建混凝土分公司负责为本工程供应混凝土，为 B 区屋面浇筑 C40 混凝土，坍落度 16～18 cm，用两台混凝土泵同时向上输送（输送高度约 40 米，泵管长度约 60 米×2）。浇筑时，现场有混凝土工工长 1 人，木工 8 人，架子工 8 人，钢筋工 2 人，混凝土工 20 人，以及南京电视台 3 名工作人员（为拍摄现场资料）等。自 10 月 25 日 6 时 55 分开始至 10 时 10 分，输送机械设备一直运行正常。到事故发生止，输送至屋面混凝土约 139 立方米，重约 342 吨，占原计划输送屋面混凝土总量的 51%。

10 时 10 分，当浇筑混凝土由北向南单向推进，浇至主次梁交叉点区域时，该区域的 1 平方米理论钢管支撑杆数为 6 根，由于缺少水平连系杆，实际为 3 根立杆受力，又由于梁底模下木枋呈纵向布置在支架水平钢管上，使梁下中间立杆的受荷过大，个别立杆受荷最大达4吨多，综合立杆底部无扫地杆，步高大的达2.6米，立杆存在初弯曲等因素，以及输送混凝土管有冲击和振动等影响，使节点区域的中间单立杆首先失稳并随之带动相邻立杆失稳，出现大厅内模板支架系统整体倒塌。屋顶模板上正在浇筑混凝土的工人纷纷随塌落的支架和模板坠落，部分工人被塌落的支架、楼板和混凝土浆掩埋（附件十四、十五、十六）。

事故发生后，南京三建电视台项目经理部向有关部门紧急报告事故情况。闻讯赶到的领导，指挥公安民警、武警战士和现场工人实施了紧急抢险工作，采用了各种先进的手段，将伤者立即送往空军454医院进行救治。

二、事故的原因分析

（一）事故的直接原因

1. 支架搭设不合理，特别是水平连系杆严重不够，三维尺寸过大以及底部未设扫地杆，从而主次梁交叉区域单杆受荷过大，引起立杆局部失稳。

2. 梁底模的木枋放置方向不妥，导致大梁的主要荷载传至梁底中央排立杆，且该排立杆的水平连系杆不够，承载力不足，因而加剧了局部失稳。

3. 屋盖下模板支架与周围结构固定与连系不足，加大了顶部晃动。

（二）事故的间接原因

1. 施工组织管理混乱，安全管理失去有效控制，模板支架搭设无图纸，无专项施工技术交底，施工中无自检、互检等手续，搭设完成后没有组织验收；搭设开始时无施工方案，有施工方案后未按要求进行搭设，支架搭设严重脱离原设计方案要求，致使支架承载力和稳定性不足，空间强度和刚度不足等是造成这起事故的主要原因。

2. 施工现场技术管理混乱，对大型或复杂重要的混凝土结构工程的模板施工未按程序进行，支架搭设开始后送交工地的施工方案中有关模板支架设计方案过于简单，缺乏必要的细部构造大样图和相关的详细说明，且无计算书；支架施工方案传递无记录，导致现场支架搭设时无规范可循，是造成这起事故的技术上的重要原因。

3. 工苑监理公司驻工地总监理工程师无监理资质，工程监理组没有对支架搭设过程严格把关，在没有对模板支撑系统的施工方案审查认可的情况下即同意施工，没有监督对模板支撑系统的验收，就签发了浇捣令，工作严重失职，导致工人在存在重大事故隐患的模板支撑系统上进行混凝土浇筑施工，是造成这起事故的重要原因。

4. 在上部浇筑屋盖混凝土情况下，民工在模板支撑下部进行支架加固是造成事故伤亡人员扩大的原因之一。

5. 南京三建及上海分公司领导安全生产意识淡薄，个别领导不深入基层，对各项规章制度执行情况监督管理不力，对重点部位的施工技术管理不严，有法有规不依。施工现场用工管理混乱，部分特种作业人员无证上岗作业，对民工未认真进行三级安全教育。

6. 施工现场支架钢管和扣件在采购、租赁过程中质量管理把关不严，部分钢管和扣件不符合质量标准。

7. 建筑管理部门对该建筑工程执法监督和检查指导不力；建设管理部门对监理公司的监督管理不到位。

综合以上原因，调查组认为这起事故是施工过程中的重大责任事故。

三、对事故的责任分析和对责任者的处理意见

1. 南京三建上海分公司项目部副经理成海军具体负责大演播厅舞台工程，在未见到施工方案的情况下，决定按常规搭设顶部模板支架，在知道支架三维尺寸与施工方案不符时，不与工程技术人员商量，擅自决定继续按原尺寸施工，盲目自信，对事故的发生应负主要责任，建议司法机关追究其刑事责任。

2. 工苑监理公司驻工地总监韩长福，违反"南京市项目监理实施程序"第三条第二款中的规定没有对施工方案进行审查认可，没有监督对模板支撑系统的验收，对施工方的违规行为没有下达停工令，无监理工程师资格证书上岗，对事故的发生应负主要责任，建议司法机关追究其刑事责任。

3. 南京三建上海分公司南京电视台项目部项目施工员丁粉扣，在未见到施工方案的情况下，违章指挥民工搭设支架，对事故的发生应负重要责任，建议司法机关追究其刑事责任。

4. 朱占民违反国家关于特种作业人员必须持证上岗的规定，私招乱雇部分无上岗证的民工搭设支架，对事故的发生应负直接责任，建议司法机关追究其刑事责任。

5. 南京三建上海分公司经理兼项目部经理史桃定负责上海分公司和电视台演播中心工程的全面工作，对分公司和该工程项目的安全生产负总责，对工程的模板支撑系统重视不够，未组织有关工程技术人员对施工方案进行认真的审查，对施工现场用工混乱等管理不力，对这起事故的发生应负直接领导责任，建议给予史桃定行政撤职处分。

6. 工苑监理公司总经理张玉信违反建设部"监理工程师资格考试和注册试行办法"（第18号令）的规定，严重不负责任，委派没有监理工程师资格证书的韩长福担任电视台演播中心工程项目总监理工程师；对驻工地监理组监管不力，工作严重失职，应负有监理方的领导责任。建议有关部门按行业管理的规定对工苑监理公司给予在南京地区停止承接任务一年的处罚和相应的经济处罚。

7. 南京三建总工程师郎积成负责三建公司的技术质量全面工作，并在公司领导内部分工负责电视台演播中心工程（附件十二），深入工地解决具体的施工和技术问题不够，对大型或复杂重要的混凝土工程施工缺乏技术管理，监督管理不力，对事故的发生应负主要领导责任，建议给予郎积成行政记大过处分。

8. 南京三建安技处处长李志云负责三建公司的安全生产具体工作，对施工现场安全监督检查不力，安全管理不到位，对事故的发生应负安全管理上的直接责任，建议给予李志云行政记大过处分。

9. 南京三建上海分公司副总工程师赵阳茁负责上海分公司技术和质量工作，对模板支撑系统的施工方案的审查不严，缺少计算说明书；构造示意图和具体操作步骤，未按正常手续对施工方案进行交接，对事故的发生应负技术上的直接领导责任，建议给予赵阳茁行政记过处分。

10. 项目经理部项目工程师茅笑凯负责工程项目的具体技术工作，未按规定认真编制模板工程施工方案，施工方案中未对"施工组织设计"进行细化，未按规定组织模板支架的验收工作，对事故的发生应负技术上的重要责任，建议给予茅笑凯行政记过处分。

11. 南京三建副总经理万家勤负责三建公司的施工生产和安全工作，深入基层不够，对现场施工混乱、违反施工程序缺乏管理，对事故的发生应负领导责任，建议给予万家勤行政

记过处分。

12. 南京三建总经理刘维平负责三建公司的全面工作，对三建公司的安全生产负总责，对施工管理和技术管理力度不够，对事故的发生应负领导责任，建议给予刘维平行政警告处分。

四、整改措施

为认真吸取这起重大伤亡事故的深刻教训，确保南京市建筑施工安全生产，针对这起事故暴露出的问题，提出如下整改措施。

1. 事故发生后，南京市政府向南京市各区县政府、市府各委办局、市各直属单位通报了事故情况，要求进一步学习江总书记等中央领导同志关于安全生产工作的一系列重要指示，按照"三个代表"的要求，以对党和人民高度负责的态度，切实提高对安全生产工作重要性的认识，克服官僚主义，力戒形式主义，真正把安全生产工作作为大事抓紧抓好，迅速采取有效措施，坚决杜绝各类重大事故的发生。

2. 南京市政府市长办公会上市政府主要领导对市建工局、市建委作出了严肃批评，责成市建工局、市建委作出深刻检查，并决定"10·25"事故批复结案后，立即召开全市大会。市政府领导将在会议上通报"10·25"事故情况和公布对责任者的处理意见，对全市建筑行业的安全生产工作提出具体明确的要求。

3. 南京市建设、建筑主管部门认真吸取"10·25"重大伤亡事故的教训，举一反三，按国家行业管理的各项法律、法规的要求，端正思想，提高认识，采取有力措施，堵塞管理漏洞，切实加强技术管理工作，进一步健全完善各项规章制度，认真落实安全生产责任制，针对薄弱环节和存在的问题，强化行业管理。

4. 加强用工管理的力度，坚决制止私招乱雇现象。新工人进场，必须进行严格的三级安全教育，特别对特种作业人员持证上岗情况，一定要严格履行必要的验证手续；对特殊、复杂的、技术含量高的工程，技术部门要严格审查、把关，健全检查、验收制度，提高防范事故的能力，确保建筑业的安全生产。

5. 加强对监理单位的管理工作，严格规范建设监理市场，严禁无证监理，禁止将监理业务转包或分包。监理人员必须持证上岗，对施工过程中的每个环节，特别对技术性强、工艺复杂的项目一定要监理到位，并有签字验收制度。

6. 建筑施工企业在购买和使用建筑用材、设备时，均须要有产品质保书，签订购、租合同时要明确产品质量责任，必要时应委托有资质的单位进行检验。

附件：（略）

（本例文引自中国安全生产网）

【例文分析】

这是一篇揭露问题的调查报告。

标题为调查报告常见标题，概括调查的对象和内容。

正文分前言和主体两部分。前言概述事故发生的时间、地点、伤亡的人数、直接经济损失的初步估计，以及事故发生后有关领导和部门对事故的关注。

主体部分为四个层次，依次是"事情的经过"——"事故的原因"——"处理意见"——"整改建议"，采用的是层递式推进内容。

　　报告是全面了解情况后客观分析的结果，只有调查工作的细致、全面，才有对事故发生过程的清楚了解，才能查找事故的真正原因，才能根据事故的性质分清责任、妥善处理。这样写出来的调查报告才是有根有据，合情合理的。

思考与练习

一、选择题

1. 《把思想政治工作落实在业务上——首都钢铁公司的调查》属于（　　　）。

　　A. 反映情况的调查报告　　　　　　　B. 揭露问题的调查报告

　　C. 介绍经验的调查报告　　　　　　　D. 科学研究性的调查报告

2. 《低通胀条件下的居民储蓄心态——浙江省丽水地区第四次储蓄问卷综述》属于（　　　）。

　　A. 典型经验的调查报告　　　　　　　B. 揭露问题的调查报告

　　C. 反映情况的调查报告　　　　　　　D. 考察历史事实的调查报告

3. 调查报告采用的叙述人称是（　　　）。

　　A. 第一人称　　　　B. 第二人称　　　　C. 第三人称

4. 在下列文种中，重在叙述、说明的是（　　　）。

　　A. 调查报告　　　　B. 计划　　　　C. 总结　　　　　D. 通讯

5. 典型调查法指（　　　）。

　　A. 从总体中抽出部分样本进行调查　　B. 从总体中选出有代表性的对象进行调查

　　C. 针对总体进行全面调查　　　　　　D. 深入现场进行实地观察

6. 在被调查的事物范围中抽取部分进行调查，称为（　　　）。

　　A. 普遍调查　　　　B. 典型调查　　　　C. 抽样调查　　　　D. 实地观察

二、分析题

1. 以下是调查报告的开头部分，指出它们属于哪种开头形式？写了什么内容？

（1）教育是一个国家持续发展的关键。在中国这样一个发展中国家尤其应加大对教育的投入和投资。我国是农业大国，农村人口占据 8.8 亿人，相应的农村教育更应加强。为更好地了解教育的现状，我在假期通过走访和询问，对广东地区的农村教育情况进行了调查，发现农村教育出现如教育经费不足和学校负债严重等问题。这些问题不仅影响农村孩子接受教育，而且使农民对新知识的吸收以及民主与法制的贯彻实行造成障碍。这些问题将带来农村教育的危机。

　　　　　　　　　　　　　　　　　——选自《关于农村教育问题的调查报告》

（2）说××市××市政公司是钱塘江畔升起的新星，是恰如其分的，一家原为四级企业资质，年工作量仅数百万元的小公司，从 1992 年起一年登上一个台阶，三年迈出三大步，企业资质从四级升为二级；年施工量从数百万元上升至数千万元，直到去年的 1.5 亿元；工程优良率从百分之十几上升到 46%……这样的业绩，如此的辉煌，在强手如林的市场竞争中立于不败之地，他们的经验是靠改革起家，靠改革腾飞！

——选自《一年登上一台阶 三年迈出三大步》

2. 以下是一份事故调查报告，阅读后请根据要求回答问题。

××市××商住综合楼工程"8.6"重大围墙坍塌事故调查报告

2006年8月6日2时40分，××市××商住综合楼工地，施工人员在清理工地围墙外的碎石过程中，围墙忽然倒塌，造成3人死亡，直接经济损失63.5万元。

事故发生后，省政府领导非常重视，××副省长和××副省长分别作出重要批示，要求迅速查明事故原因，总结经验教训，同时做好遇难者善后工作。当日，省、市有关部门同志相继赶到事故现场，成立了由省安全生产监督治理局、建设厅、监察厅、总工会和××市有关部门组成的省市联合事故调查处理领导小组。领导小组下设事故责任调查组、技术鉴定组、综合协调组和善后处理组等四个小组。通过现场勘察、技术鉴定和调查取证，查清了事故原因，明确了事故责任，确认这是一起重大围墙坍塌生产安全责任事故，现将事故调查情况报告如下。

一、工程概况

××市××商住综合楼工程位于××市经九街和纬九路交汇处，该工程于2006年3月15日开工建设，计划当年10月中旬竣工，总建筑面积2.47万平方米，十八层框架结构（含地下一层）。建设单位是××伟业房地产开发有限公司；工程施工单位是×省七建建筑工程有限责任公司；工程监理单位是××市科信工程监理有限公司。

二、事故发生及救援经过

2006年8月6日2时40分，×省七建建筑工程有限责任公司4名施工人员，在××市××商住综合楼工地清理堆放在工地围墙外侧的碎石过程中，围墙忽然倒塌，将3名施工人员砸伤，伤者被送到医院后，经抢救无效，相继死亡。

事故发生后，××市沈宏宇副市长和王洪恩副市长率领××市有关部门同志及时赶到事故现场，省安全监管局副局长杨宝田第一时间赶到事故现场，对事故调查处理和善后安抚工作提出了明确要求。××伟业房地产开发有限公司和×省七建建筑工程有限责任公司按照省市联合事故调查组的要求，积极组织善后处理和家属安抚工作。截至8月13日，遇难者尸体已经火化，依据国家有关规定，对遇难者家属分别给予经济赔偿，事故善后处理工作顺利结束。

三、事故类别和性质

根据现场勘察和调查取证，认定这是一起重大围墙坍塌生产安全责任事故。

四、事故发生的原因

（一）_____原因

施工现场用来围挡的围墙因无砖垛、端头无稳定构造，倒塌前墙体已有倾斜，围墙内堆放的碎石对围墙产生向外的侧推力，并且外侧碎石在用铲车清除过程中，对围墙地基产生了一定程度的扰动，是造成这起重大坍塌事故发生的_____原因。

（二）_____原因

1. ×市××工程项目经理部，违反有关规章制度，在工地围墙下堆放碎石，拒不执行公司和有关部门提出的隐患整改要求，导致围墙倒塌事故隐患长期存在。在围墙倾斜的情况下，强令工人违章冒险作业清理碎石。××项目经理部没有按照有关规定对所有从业人员进行安全教育培训。

2. ××省七建建筑工程有限责任公司，安全生产意识淡薄，安全生产责任制不落实，在××工地围墙已经倾斜的情况下，没有认真监督其整改，及时跟踪问效，事故隐患整改工作不力。

3. ××市建设行政主管部门对××工程存在的事故隐患以及围墙外长期堆放碎石等问题，监督治理不到位。

五、对事故相关责任人的处理建议

1. 杨××，×省七建建筑工程有限责任公司××项目部项目经理。作为本项目安全生产的第一责任人，未认真履行安全生产治理职责，在围墙倾斜的情况下，未能组织人员进行加固处理，致使工人冒险作业，对事故的发生负有主要责任。建议移交司法机关处理。

2. 孙××，×省七建建筑工程有限责任公司××项目部工长。在组织施工过程中对围墙存在的安全隐患未能予以重视，对事故发生负有主要治理责任。建议由发证部门吊销其工长岗位证书。

3. 张××，×省七建建筑工程有限责任公司××项目部安全员。对施工现场围墙存在的安全隐患监督整改不力，未能真正履行安全员的监督职责，对事故发生负有治理责任。建议由发证部门吊销其安全员岗位证书和安全生产考核证书。

4. 张×，×省七建建筑工程有限责任公司安全科科长。对施工现场监督检查不到位，对工人安全教育培训检查不到位，建议给予行政记大过处分。

5. 赵××，×省七建建筑工程有限责任公司副经理。作为公司分管安全和生产的主要领导，在对××项目安全检查过程中发现的问题监督整改不力，对事故发生负有领导责任。建议给予行政记过处分。

6. 孙××，×省七建建筑工程有限责任公司总经理。负责本企业的全面工作，是企业安全生产的主要负责人，对在外地施工的企业监督治理不力，对事故发生负有主要领导责任。建议给予行政记过处分。

7. 陈××，×省七建建筑工程有限责任公司董事长、法人代表，是公司安全生产第一责任人，对事故发生负有重要领导责任，建议由省安全监管部门依法给予10万元罚款。

8. 唐××，×省七建建筑工程有限责任公司工会主席，在事故发生后，通过欺骗手段补签了检查记录，干扰事故调查工作的顺利进行，建议给予行政记大过处分。

9. 李××，×市萨尔图区规划建设局建工办主任。负责建设工程的施工安全，施工许可证、企业资质的审查和文明施工等工作。对××工程在未取得施工许可证的情况下先行施工，对该工地安全隐患和文明施工等方面问题，跟踪问效不够，监管不到位，建议给予行政记大过处分。

10. 于×，×市萨尔图区规划建设局建工办科员。对××工程在未取得施工许可证的情况下先行施工，对该工地安全隐患和文明施工等方面问题，未及时提出整改意见，工作不认真，监管不到位，建议给予行政记过处分。

11. 赵××，×市萨尔图区规划建设局副局长。负责建设施工安全及文明施工等工作，对××工程存在的安全隐患和文明施工等问题未及时整改，负有领导责任，建议给予行政警告处分。

六、事故教训及防范措施

这起事故暴露出施工单位安全意识淡薄，法制观念不强，施工现场治理混乱等安全生产问题。为吸取事故教训，防止类似事故发生，提出以下建议。

（一）×省七建建筑工程有限责任公司要认真贯彻执行有关安全生产的法律法规、作业标准和操作规程，不折不扣地落实各项安全生产责任制，进一步建立和完善各项安全生产规章制度，加强施工现场安全治理，加强对临时设施的安全治理，及时发现存在的问题和隐患，认真进行整改，确保施工安全。切实加强安全宣传教育和培训工作，增强从业人员安全防护和自我保护意识，自觉抵制违章指挥、违章作业行为，防止重特大事故的发生。

（二）加强对在建工程施工安全的监督检查。×市建设行政主管部门和城市治理部门要加强对在建工程的监督检查，尤其是对临时围挡设施的检查，对存在的安全隐患要采取有效措施，限期整改，对不具备安全生产条件的在建工程，该停的停、该关的关，决不姑息迁就。对违章占用机动车道的工程要进行严格清理，彻底解决在建工程违章占道问题。

×市××工程"8.6"重大围墙坍塌事故省市联合事故调查处理领导小组

二〇〇六年八月十日

（1）本文标题属_____式标题，概括的是_____。

（2）前言采用了（　　　）等方式。

　　A. 交代式　　　　　B. 议论式　　　　　C. 提问式

（3）前言部分的内容涉及_____

（4）全文采用了（　　　）结构形式。

　　A. 横式　　　　　　B. 纵式　　　　　　C. 纵横式

（5）工程概况部分的内容主要写了：_____。

（6）调查报告中为何要涉及事故发生后领导的关注以及救援的经过？不写可以吗？

（7）"事故原因分析"部分，作者按_____顺序分析造成事故的原因。

（8）"对相关责任人的处理建议"部分按_____顺序列出。

（9）整改建议部分主要针对_____和_____两方面提出整改建议。

（10）如果本调查报告是由施工方撰写的，"对事故相关责任人的处理建议"这部分内容的安排，会有何不同？

三、写作训练

1. 根据以下所给的材料，组织一篇调查报告，600 字以上。

副业收入高　种田负担重　影响种田户积极性
沔阳县四万多亩农田无人耕种
县领导机关正在着手解决这个问题

本报讯　湖北省沔阳县实行联产承包责任制以后，农业生产得到迅速发展。但去冬今春，各地相继出现一些农民退田的情况。据不完全统计，全县有 4 万多亩农田无人耕种。这个情况现在已经引起县领导机关的重视，正在积极着手解决。

据调查，不愿承包农田的农民有几种情况。一是工副业专业户、重点户，他们收入比农业户高，全县去年新增包田 2.1 万亩，占田面积 27.8%。二是"半边户"，即干属、工属户。这些户有的缺劳力无力耕种，有的改行经营别的去了，共退出责任田 5 000 亩，占田面积 10.3%。三是过去迁往湖区的农户。由于耕种条件差，部分搬迁，约退田 4 000 亩，占 8.2%。

农民退田还有一个原因是农田承包户负担过重，各级摊派负担过重。如县、社搞水利的亦工亦农人员的报酬由群众摊；管理区编外的林业员、广播员等的工资负担由群众摊；还有养路费、集资办学费等，都由农民负担。据统计，全县去年这类摊派款达 230 多万元，平均每户 10 元以上。同时，各项提留数额大。全县去年提取公粮、水电费、公积金、公益金等合计 3 659 万元，平均每户 160 元。非生产性开支大。全县大队、生产队干部 45 000 人，每队平均 10 个，一年补贴额达 510 万元；大队"几员"的工资也往下摊，全县达 444 万元；还有各种临时误工补贴，以及招待费开支。全县非生产性开支粗略统计为 1.378 万元，每户平均 60 元以上。这三项合计为 5 268 万元，每户平均 300 元，还不包括额外的劳务负担。农民因为有些东西买也难、卖也难，种田的积极性也受到挫伤。比如，去年秋收以后，农民卖粮排长队，许多农民挑出去又挑回来；农民生产需要的化肥、柴油等非常紧缺，到处搞高价。加上粮棉生产周期长，受大自然制约性强，不如工、副业生产保险。经营工副业的纯收入比经营农田生产的社员高 2 倍多。群众说："种田人不如手艺人，手艺人不如做生意的人。"

2. 2002 年 1 月我们在连云港市幸福路小学（城市学校）和伊芦小学（农村学校），对二、四、六年级，采用随机抽样的方法，每校各抽取 3 个班（共 6 个班）的 323 名学生（其中男生 184 人，女生 139 人），用"儿童社交焦虑量表"中的 10 个条目进行问卷调查。量表的条目涉及社交焦虑所伴发的情感、认识及行为。条目实行三级评分制（a. 不是这样；b. 有时是这样；c. 一直是这样），量表的得分从 0 分（可能性最低）到 20 分（可能性最高）。

调查共回收问卷 323 份，其中有效问卷 303 份，有效率为 94%。请根据表 5-1～表 5-3 中的调查结果写一篇调查分析报告（600 字左右）。

表 5-1　小学生社交焦虑基本状况

焦虑状况	分值/分	人数/人	百分比/%
基本无焦虑	4 以下	92	30.5
轻度焦虑	5～9	162	53.6
中度焦虑	10～14	46	15.2
重度焦虑	15～20	2	0.7

表 5-2　不同年级小学生社交焦虑状况比较

年　级	平均分
二	7.25
四	5.28
六	6.20

表5-3　城市和农村小学生社交焦虑状况比较

学校	平均分
幸福路小学	5.94
伊芦小学	6.55

（注：分值越高焦虑度越重）

3. 就自己熟悉的、有意义的题材，拟写出调查提纲，经调查研究后，写一篇调查报告。

（1）当前大学生消费情况的调查（可支配的金额、实际支出金额、支出的项目、家庭状况、男女差异）。

（2）对学院开设的选修课满意度的调查（课程、内容、老师、教学方式和方法等）。

（3）对大学生择业意向的调查（目标、行业、职位、薪水、兴趣、就业地、就业前景等）。

（4）关于大学生勤工俭学情况的调查（目的、人数、从事的行业、岗位、态度、薪酬、与家庭经济状况的关系等）。

（5）大学生课外阅读情况调查（阅读目的、时间、范围、人数、阅读方式等）。

第六章

述 职 报 告

本章要点

- 述职报告的内容和写法
- 述职报告的写作原则

教学要求

了解述职报告的概念、作用、特点与种类，述职报告与总结的异同点；掌握述职报告的写作方法和写作技巧，克服将述职报告与总结的写作混为一谈的毛病。

第一节　述职报告概述

一、述职报告的概念、性质和作用

（一）述职报告的概念和性质

述职报告是各类职员向所在组织、人事部门、上级机关和职工群众，如实陈述本人在一定时期内履行岗位职责情况并接受审查和监督的一种事务文书。《孟子·梁惠王上》说："诸侯朝天子曰述职。述职者，述所职也。无非事者。"可见，所谓述职就是陈述职守，报告职责范围内的工作，而不涉及与本职无关的事项。

（二）述职报告的作用

当前，述职报告已成为经常写作的应用文，它是考察各类职员履行职责情况以及是否称职的一种手段。随着我国干部人事制度改革的进一步深化和公务员制度的实行，作为民主考核干部程序中的一个重要环节，领导干部的述职越来越显出其重要的意义。述职报告作为述职的文本，其作用主要体现在以下几个方面。

1. 撰写述职报告是完善干部管理制度的一项重要措施

在岗位职责明确的前提下，要求担任一定职务的领导干部定期撰写述职报告，便于干部管理部门对领导干部的理论水平、道德品质、文化修养、业务能力进行全面细致的考察，以便根据干部自身的发展趋势，有计划有目的地进行选拔、培养、使用干部，减少或避免使用干部中的主观性和盲目性。

2. 述职报告是广大群众评议干部的依据

领导干部在某个岗位上工作一段时间之后，通过述职报告的形式向广大群众汇报履行岗位职责的情况，让群众进行审查和评议，这是领导干部接受群众监督、倾听群众意见的有效方式，有助于密切干部群众的关系，克服官僚主义作风。

3. 撰写述职报告有利于干部的自我提高

领导干部在某个岗位上工作一段时间之后，需要通过述职的方式对自己前一段的工作实践进行回顾，总结以前的工作经验，汲取以前的失败教训，强化自己的职责观念。这对于更好地探索本职工作的规律，促进领导干部自我认识、自我学习、自我提高有着重要的作用。

二、述职报告的特点和种类

（一）述职报告的特点

1. 个人性

述职报告对自身所负责的组织或者部门在某一阶段的工作进行全面的回顾，按照法规在一定时间（立法会议或者上级开会期间和工作任期之后）进行，要从工作实践中去总结成绩和经验，找出不足与教训，从而对过去的工作作出正确的结论。与一般报告不一样的是，述职报告特别强调个人性。个人对工作负有职责。自己亲身经历或者督查的材料必须真实。这就要在写作上更多地采用叙述的表达方式。还要据实议事，运用画龙点睛式的议论，提出主题，写明层义。讲究摆事实，讲道理；事实是主要的，议论是必要的。在写法上，以叙述说明为主。叙述不是详述，是概述；说明要平实准确，不能旁征博引。

2. 规律性

述职报告要写事实，但不是把已经发生过的事实简单地罗列在一起。它必须对搜集来的事实、数据、材料等进行认真的归类、整理、分析、研究。通过这一过程，从中找出某种带有普遍性的规律，得出公正的评价议论，即主题和层义以及众多小观点（包括了经验和规律的思想认识）。议论不是逻辑论证式，而是论断式，因为自身情况就是事实论据。如果不能把感性的事实上升到理性的规律性的高度，就不可能作为未来行动的向导。当然，述职报告中规律性的认识，是从实际出发的认识，实践理性很强，也就不需要很高的思辨性。不管怎样，述职报告是否具有理论性、规律性是衡量一篇述职报告好坏的重要标志。述职报告的目的在于总结经验教训，使未来的工作能在前期工作的基础上有所进步，有所提高，因此述职报告对以后的工作具有很强的借鉴作用。任何一项工作都不可能凭空而来，总是具有一定的继承性与创新性。而继承性，就是要继承以前工作中的一些好的方面，去掉不好的方面，然后加以创新，工作才会有进步，完全抛离过去的工作创新是不可能的。策略性也是规律性的一个方面。策略即今后的工作计划，是述职报告的重点内容。

3. 通俗性

面对会议听众，要尽可能让个性不同、情况各异的与会代表全部听懂，这就决定了述职报告必须具有通俗性。对于与会者来说，内容应当是通俗易懂的。即使是专业性、学术性很强的内容，也要尽可能明晰准确，以与会者理解为标准。形式是通俗的，结构是格式化的，语言则是口语化的。不同于一般的科学文章，更不同于一般的公文，最明显的一点是语言的口语化。一般的科学文章，主要诉诸人们的视觉，要让读者理解，语言就要概括精练，甚至讲究专业性。而一般公文，语言更是规范的，有的格式用语甚至是特定的，最重视的是准确、明晰、简练和书面化。相反，述职报告的语言则由其本身的性质所决定，必须口语化。由于述职报告是声入心通的人和人之间的传播活动，需要更加适应人们的接受心理，拉近讲话者和听众的心理距离，这就特别讲究语言的大众化、口语化。

（二）述职报告的种类

述职报告可分为年度述职报告、阶段述职报告、任期述职报告等类型。

三、述职报告与总结的异同

述职报告和总结既有联系，又有区别。

（一）述职报告与总结的相同点

述职报告与总结的相同之处是，它们都可以谈经验、教训，都要求事实材料和观点紧密结合，从某种程度上说，个人述职报告可以借鉴总结的某些写作方法。

（二）述职报告与总结的不同点

述职报告与总结的不同之处在于以下四点。

（1）目的作用不同。述职报告和个人工作总结行文的目的和作用是不一样的。述职报告是群众评议，组织、人事部门考核述职干部的重要文字依据，不仅有利于述职者进一步明确职责，总结经验、吸取教训、提高素质、改进工作，还有利于增强民主监督的良好风气。而个人工作总结则是为了总结出带有规律性的理性认识，借以指导今后的工作，同时，也有助于针对性地克服工作中存在的问题，不断提高自身的工作能力。

（2）要回答的问题不同。总结要回答的是做了什么工作，取得了哪些成绩，有什么不足，有何经验、教训等。述职报告要回答的则是什么职责，履行职责的能力如何，是怎样履行职责的，称职与否等。

（3）写作重点不同。总结的重点在于全面归纳工作情况，体现工作实绩。述职报告则必须以履行职责方面的情况为重点，突出表现德、才、能、绩，表现履行职责的能力。

（4）结束语不同。应用文的结构一般有固定的模式，它崇尚程式化的结构，循规蹈矩而不别出心裁。述职报告与个人工作总结在结构上大致相同，只是在结尾部分有所区别。述职报告结束时一般在指出存在的问题后，阐述自己的态度，欢迎大家对自己的述职报告进行评议，常用"以上报告请批评指正""述职至此，谢谢大家""专此报告，请审阅"等字样。而个人总结结束时即在指出存在问题后，还要写上下一步的工作打算、努力方向及解决问题的措施。

第二节　述职报告的写作

一、述职报告的结构和内容

述职报告一般由标题、抬头（称谓）、正文组成。

（一）标题

述职报告的标题，常见的写法有以下三种。

（1）文种式标题。可简单标明"述职报告"。

（2）公文式标题。姓名+时限+事由+文种名称，如《××19××至19××试聘期述职报告》《20××年至20××年任商业局长职务的述职报告》。

（3）文章式标题。用正题，或正副题配合，如《××年个人述职报告》《思想政治工作要结合经济工作一起抓——××造纸厂厂长王××的述职报告》。

（二）抬头（称谓）

述职报告多数情况下要当众宣读，所以应选择好恰当的称呼，一般写"领导、同志们"。

（三）正文

述职报告的正文一般要有开头、主体、结尾三个部分。

1. 述职报告的开头

述职报告的开头要以简洁的文字，说明所担负的具体职责，表明自己对本职责的认识，并阐明任职的指导思想和工作目标，还要概述所取得的成绩。

2. 述职报告的主体

主体，是述职报告的中心内容，是述职报告的关键部分，一定要精心构思，写出特色。其内容上主要写实绩、做法、经验、体会或教训、问题，要强调写好以下几个方面：

（1）对党和国家的路线方针政策、法纪和指示的贯彻执行情况；

（2）对上级交办事项的完成情况；

（3）对分管工作任务完成的情况；

（4）在工作中出了哪些主意，采取了哪些措施，作出哪些决策，解决了哪些实际问题，纠正了哪些偏差，做了哪些实际工作，取得了哪些业绩；

（5）个人的思想作风、职业道德、廉洁从政和关心群众等情况；

（6）写出存在的主要问题，并分析问题产生的原因，提出今后改进的意见和措施。

这部分，要写得具体、充实、有理有据、条理清楚。由于这部分内容涉及面广、量多，所以宜分条列项写出。"条""项"要注意内在逻辑关系。

3. 述职报告的结尾

在述职报告的结尾可简述一下自己对自己的评价，并表明自己的态度，最后以"谢谢大家"的语言结束。

二、述职报告写作技巧

（一）标准要清楚

要围绕岗位职责和工作目标来讲述自己的工作，尤其要体现出个人的作用，不能写成工作总结。

（二）内容要客观

必须实事求是、客观实在、全面准确。讲真话、讲实话、讲心里话，以诚感人。既要讲成绩，又要讲失误；既要讲优点，又要讲不足；既不能夸大成绩，也不能回避问题。只有客观陈述履行职务的情况，才能有助于上级机关和所属单位群众对自身工作作出全面、准确、客观的评价。

（三）重点要突出

抓住带有影响性、全局性的主要工作，对有创造性、开拓性的特色工作重点着笔力求详尽具体，对日常性、一般性、事务性工作表述要尽量简洁，略作介绍即可。

（四）个性要鲜明

不同的岗位，有着不同的职责要求，即使是相同的岗位也由于述职者个人的个性差异，其工作方法、工作业绩也不相同。因此述职报告要突出个性特点，展示述职者个人风格和魄力，切忌千人一面。

（五）态度要诚恳

述职，是向机关和群众汇报工作。写作述职报告之前，应对自己进行认真的、全面的反思，并虚心听取群众的意见，弄清群众的不满和要求，对群众意见较大的问题尤其要如实阐述，以坦诚的胸怀，赢得群众的谅解和支持。接受群众的监督，而不是作报告，这个特定的角色必须明确，也是写好"述职报告"的前提。

（六）语言要庄重

行文语言要朴实，评价要中肯，措词要严谨，语气要谦恭，尽量以陈述为主，也可写一些工作的感想和启示，但不得描写、抒情，更不能使用夸张的语言。

三、述职报告写作实例及其分析

例文 1

工程公司经理的述职报告

各位领导、职工代表同志们：

首先，感谢××总经理、××书记及班子成员一年来对我工作的关心指导，感谢各位领导及职工同志们对我工作的支持帮助。

2004 年，根据公司领导班子分工，我主要负责哈密区域及路桥公司的生产、安全管理工作和薪酬考核工作。一年来，我紧密团结在公司党政周围，动员和带领干部职工，团结一心，积极进取，在所负责区域的各位领导和职工同志们的共同努力下，共完成大小工程 150 项，完成乙方收入 11 223 万元，占全公司乙方收入的 47%。质量管理方面，取得了分项工程一次合格率 99.6%，焊接一次合格率 92.8%的好成绩。安全管理方面，工业生产事故及交通、火灾事故均在指挥部下达的控制指标之内。增收节支方面，为公司节省增加利润 227 万余元。薪酬及津贴考核发放××万元，效益考核发放效益工资××万元，与去年同比增加××万元。结合一年来的工作，我从以下三个方面向各位领导及职工代表同志们述职如下，请审议。

一、加强学习，提高思想认识

一年来，我始终把指挥部"两会"精神作为贯穿全年工作的行动指南，结合公司党委开展的"三学一转变"（学政策、学理论、学业务，转变工作作风）主题活动，采取党委中心组集中学、业余时间自己学的方式，主要对十六大报告和十六届四中全会精神进行了系统的学习，并撰写了心得体会。通过学习我有以下几点体会和认识。

1. 发展是硬道理。要坚持把发展作为第一要务，不发展困难就克服不了，矛盾就解决不了，油建只有实现了真正意义上的做优做强安装、发展壮大管道、巩固提升建筑筑路，才能使油建真正走出困境，步入良性发展轨道。

2. 工作要有热情，要有创新。对工作有热情才有好的精神状态，才有克服困难的勇气，才能激发灵感，提供创新的动力。

3. 团结就是力量。作为企业，必须要有一个团结务实的领导班子，急生存所急、想发展所想，顾大局，识大体，一心一意谋发展，才能形成合力，带出一支战无不胜的队伍。

4. 要热爱我们的事业，关心我们的职工。要满腔热忱地关心我们的职工群众，尤其是关心他们的生活，只有关心好职工群众，才能唤起职工同志们关心企业、热爱企业的热情。

二、主要工作完成情况

1. 认识明确，把握重点。质量是施工企业的生命线。20××年年初，由于以往年度一些质量问题的暴露和巴喀原稳厂的一起质量事故给我们的质量工作敲响了警钟。为此，及时提出了开展"告别低、老、坏"，追求零缺陷质量管理年活动的建议，得到了公司领导班子成员的一致认可，并制定下发了一系列考核奖惩办法。5月份，针对施工过程中出现焊接一次合格率不足80%的质量问题，当即组织鄯善区域员工召开了质量事故现场分析会，分析原因，吸取教训，提高全员质量意识。6月份又与其他领导一起组织召开了鄯善、哈密区块质量分析总结大会，查找不足，总结经验，制定改进措施，狠抓落实。在公司主管部门及基层领导的共同努力下，公司全体员工质量意识明显提高，至年底，公司焊接一次合格率达到92.8%，较去年有了较大的提高，尤其是20××年的工程质量得到甲方的普遍认可。同时，丘陵污水项目和钻采院办公楼项目被提名参加指挥部20××年优质工程评选。

2. 以人为本，安全第一。我们所从事的行业是高危行业，我本着职工的安全、健康是第一要务的思想进行安全生产的管理工作。首先是加大生产、安全、监督部门的管理工作力度，严格动火、动土措施的落实，加大现场检查的力度。其次是注重关心职工的生活问题，在物业管理站的努力下，职工伙食得到改善，驱寒热汤送到了工地，确保职工精力充沛地进行工作，为安全生产提供体力精力保障。

3. 文明施工树形象。文明施工形象体现着一个企业的基础管理水平，基础工作水平代表着一个企业的管理水平。因此，新年伊始我就把这一工作作为20××年一项重点工作来抓，从项目前期的策划、临设的建设、基础工作的设立及运行中的标示都努力要求按高起点、高标准、高水平运行，通过全体职工的努力，工作有了一定起色，尤其是建筑一、二、三公司的施工现场得到了指挥部与甲方的高度称赞。

4. 加强领导，精细管理。结合指挥部开展的增收节支工作，按照公司领导班子的部署，我会同公司总会计师及相关部门负责人深入基层单位，和机关部门及基层单位领导共同分析生产经营过程中的漏洞和薄弱环节，落实增收节支指标，确保增收节支工作落到实处。并从自身做起，落实增收节支工作，停用哈密电话一部，节约1 200元，建议实行车辆第三责任险，节约保险费17万元；顶着压力，规范理顺油田分公司土建项目的管理，增加管理费40余万元。同时针对施工组织设计多为形势少实用的情况，多次与基层领导及技术人员探讨并组织实施，经过大家的努力，这一情况有了一定的改善。这一工作还有待于我们大家在以后的工作中进一步的细化，以保证我们的每一项工作计划都能有的放矢，不打无准备之仗，无计划之仗，做到言必行、行必果，保证施工工期，树立我们的良好信誉形象。

5. 转变观念，创新求实。作为分管鄯善、哈密生产经营工作的副经理之一，自己以积极的工作态度和高度责任心深入施工现场，认真了解分析施工现场的每一个环节，结合公司项目法施工管理，初步实施了由生产型向经营型转变的施工管理模式。在油公司重点工程项目丘陵 2 500 方污水及吐鲁番卸油台改建工程的组织中，分公司在蓝图还未下来时就组织项目施工人员积极与甲方联系，进行技术交底，提前介入，提早计划，在项目实施过程中，按照施工组织设计方案，狠抓落实，经过与施工单位的共同努力确保了这两项工程的按期投运。效益最大化是企业的最终目标。20××年，油公司压缩成本，其中对成本改造这一块下发了调整费用的文件，费用下浮幅度平均高达30%，对我公司经营工作造成较大冲击。针对这一情况，立即向公司主要领导汇报，并提出了解决方案，经营部门会同各基层施工单位对文件进行详细的了解分析，并对预算情况进行了深入了解掌握，顶着结算压力提出异议上报指挥部，经过指挥部领导和上级有关部门的交涉为公司挽回损失170余万元。

三、严于律己，率先垂范，清正廉洁

作为一名共产党员，我时刻牢记"两个务必"，发扬艰苦奋斗和谦虚谨慎的优良传统，树立正确的权利观、地位观，认认真真做事，清清白白做人。

一是加强学习，树立公正廉洁的干部形象。"公生明、廉生威"。作为一名领导干部，自己能够坚持科学的发展观，树立正确的干群观和政绩观，自觉学习"两个条例"，并按照中纪委提出的"四大纪律""八项要求""三个不得"的要求，严格要求自己，对照领导干部形象标准，进行自我检查，做到公平、公开、公正，始终保持勤政廉洁的作风。

二是严守纪律，洁身自好。在工作中时刻遵循党风廉政建设的各项规章制度。做到了不为他人谋取私利，不以权压人；不接受有业务往来施工单位和个人赠送的高档礼品和有价证券；不利用工作之便为自己的亲属、朋友办违背原则和违反公司制度的事。在对外接待及业务工作往来中，遵循节俭的原则，为公司能省一分钱算一分钱。时刻把公司和职工的利益放在首位。始终把自己置身于法度之内。坚持不越雷池一步。

20××年，是公司加快发展的重要一年。作为公司领导班子成员，自己有责任，也有信心，不断加强学习，提高自身管理水平，围绕公司发展目标，求真务实，积极工作，全力支持配合公司主要领导和班子成员的工作，与公司两级领导班子一道，正视困难，迎接挑战，抓住机遇，使油建真正实现扭亏脱困，步入良性发展的轨道。

谢谢大家！

【例文分析】

这是一份建筑行业公司业务经理的述职报告。先用数据令人信服地概括取得的工作业绩，再从提高思想认识、主要工作完成情况、清正廉洁三个方面分述自己职责范围内各方面的具体表现，并将工作决策、领导带动作为述职重点，展示了作为公司领导人的个人风格和魄力。既有数据说明，又有理论阐述，说明分析到位。结构严谨，层次清晰，语言简洁通俗。

例文 2

社区工作述职报告

尊敬的各位领导、居民代表们：

大家上午好！

我是×××。2010 年 8 月底我通过北京市统一招聘考试来到社区工作，不知不觉已近半年了。在这段期间，我经历了磨砺，从刚来到社区的踌躇满志到如今的踏实进取，我的思想悄然间发生了转变。来到社区我给自己的工作方法定位为"三多一少"即多听多看，多做少说，学习老同志的工作方法，年轻的我需要锻炼，我的工作目标是，谦虚谨慎，甘于奉献的服务者。现在我将半年的工作和思想汇报一下，如有不妥请各位领导、社区代表批评指正，我一定虚心接受。

一、深入了解社区基本情况，学习社区工作方法

在社区党委书记、主任的关怀和其他同事的帮助下，我全面了解了社区的基本情况。利用工作间隙，我电脑录入各住宅楼的爬杆图，了解社区居住群众的情况。遇到社区志愿者时我主动和他们打招呼，介绍自己，希望可以更快地融入这个集体。我利用休息时间，阅读了社区公共礼仪、社区法律知识 500 问、社区党务工作等书籍，并在工作中处处留心，希望有机会能够利用这些知识为群众做点实事，做点好事。

二、努力做好本职工作，不辜负领导的信任

我到社区后先后负责过民政、残联、武装、党建等工作。

1. 民政工作主要有：办理老年证 25 个，老年优待卡 9 个。安装"一按铃" 4 户，申请限价房、经济适用房入户调查 12 户，帮助×××一家申请大病医疗救助，为 9 名困难老人办理了慈善医疗卡等。我与社区老人到蟹岛参加九九重阳节活动。组织社区居民为甘肃灾区捐款。民政工作政策性强，手续相对有些烦琐，遇到不理解的居民我耐心跟他们做解释工作，并分析利弊，我要求自己努力将本职工作做好，做精，做细。

2. 残联工作：为曹德起办理了残疾证。为 98 名残疾人代换了第二代残疾证。参加区残联组织的无障碍行走检查。和残联协管员一起到部分残疾人家中走访。组织残疾人参加东风地区残疾人运动会。组织"经残人员"家属到昌平采摘苹果及集体生日会等活动。

3. 武装工作：每年一度的冬季征兵工作是武装部门的重点工作。宣传"有志青年投身军营"的理念更是重中之重，在正式体检前，我们利用板报、条幅、海报等多种形式，做宣传工作。今年，社区共有 4 名适龄青年上站体检。最终，×××同志通过层层选拔通过各项考核，符合征兵条件，现已在四川武警入伍。

4. 党建工作：12 月初，我接替田家瑞同志担任党委副书记，并兼任第三党支部书记。工作压力增加，任务加重。但是我坚定信念，坚信有组织的正确领导，我一定可以为社区党员服务好。这种压力鞭策着我努力提高自身的工作能力。年底党建工作主要是撰写 2010 年度工作总结及其他文字材料、准备年底"五个好"地区党组织验收、整理老干部档案、年底党员大统等。

5. 其他工作：今年恰逢祖国 60 年华诞，我社区把国庆安保工作作为压倒性的工作展开。我协助有关工作人员进行国庆安保宣传并参加了安保志愿者队伍。在居民接待工作中，

因为我刚来社区不久，对非本职的工作不是很了解，所以主要做的还是上传下达，及时准确地像有关领导汇报、与其他工作人员沟通。做到小事不出社区，大事不出乡的要求。借调乡团委，为东风地区党员服务中心成立做筹备工作。

三、工作感受

1. 坚定信念，做出成绩。刚到社区基层工作，面对陌生的工作环境，我感到担子重，压力大，我保持一个坚定的信念，相信上级组织和本级政府的正确领导。在平凡的工作岗位上作出不平凡的业绩。

2. 认清形势，增强责任感。社区群体较为复杂，我应当认清现状，认清社区的形势，切实加强责任感，在党和政府的正确领导下，在广大群众的支持下，全心全意用知识、青春和热情服务一方水土，造福一方百姓，为社区的和谐发展作出应有的贡献。

3. 不怕苦，不怕难，不怕累。到基层任职，工作环境相对较差，更需要我们大学生社区工作者到基层发挥作用，改变面貌，树立不怕苦的精神，以饱满的热情投入到工作中去。

四、工作中的不足

1. 对许多突发事件，经验不足，需要向老同志多请教，多学习。

2. 需要迅速努力提高业务能力，遇到不懂的问题多请教。对社区居民还要增加耐心，克制年轻人性子急的缺点。

最后，感谢乡政府、社区党委的关怀，感谢社区居民的宽容，感谢同事们的帮助，在今后的工作学习中，在座的都是我的前辈、老师，年轻的我一定努力为大家服好务。

谢谢大家！

【例文分析】

这是一份社区普通干部的述职报告。以加强政治思想理论学习，熟悉社区情况，服从领导安排，做好本职工作等几个方面作为述职报告的重点内容。述职语气平和、低调，表现出谦虚谨慎的工作态度和脚踏实地的工作作风。既有经验分享，又有教训反思。述职有条有理，思想认识深刻到位。

思考与练习

一、判断题

1. 述职报告的写作要求是标准要清楚、内容要客观、重点要突出、个性要鲜明、语言要庄重。　　　　（　　）

2. 述职报告中引用数据用阿拉伯数字标识。　　　　（　　）

3. 一篇题为《尽职尽责，尽心尽力——我的述职报告》的主体部分始终突出"四抓"，即抓硬件建设、软件建设、人才培养、规范管理。这"四抓"把零碎的、分散的、复杂的事实材料进行科学管理，条理清晰。作者在论述时使用的是归纳法和类比法。（　　）

4. 述职报告的落款包括署名和成文时间。　　　　（　　）

5. "下面我从五个方面向领导和同志们述职，请予批评指正。"在文中的作用是承上启下。　　　　（　　）

6. 述职报告与公文中的"报告"尽管是两种不同的文种，但在写作上有一个共同点，就是以陈述为主。 （　　）

7. 述职报告的标题形式有单行标题和双行标题。 （　　）

8. 述职报告就是工作总结。 （　　）

二、问答题

1. 如何理解述职报告具有规律性这一特点？

2. 述职报告与总结的相同点和不同点有哪几个方面？

三、写作实训

将班级同学分成若干小组，每组抽出两位担任班干部的同学执笔，其他同学进行提醒和补充，写作述职报告，然后在班上宣读，民主评议。

第七章

简　报

本章要点

- 简报的格式
- 简报写作与新闻写作的区别
- 简报编写的注意事项

教学要求

本章介绍简报写作的基础理论知识：简报的概念、特点和种类以及简报的标准格式。通过对以上知识点的学习，要求掌握简报格式，并能够根据本单位部门的工作编写简报。

第一节　简报概述

一、简报的概念和性质

简报，顾名思义就是简明报道的意思，是一种机关、团体、企事业单位内部用于沟通信息、交流经验、反映情况、揭示问题、提出意见而编发的文件。除简报名称外，常见的其他名称有"简讯""××动态""××交流""××工作""内部参考"等。

二、简报的特点和种类

（一）简报的特点

1. 简要性

简要，一指内容要集中，篇幅要短小；二指表达要简练。一般一份简报内容单一，一事一报道；字数最好不超千字。

2. 新闻性

简报是一种情况、问题的反映，一方面要求反映的信息要新鲜、要及时；另一方面要求涉及的内容要真实、准确，这点跟新闻非常接近，但简报只对内公开或对内某种程度地公开。

3. 规范性

简报有较为规范的格式，这点跟公文比较接近，但简报不具备公文的某些特定的效力。

（二）简报的种类

根据不同的分类方法，简报可以有不同的种类。

（1）根据时间分，可分为定期简报、不定期简报。

（2）根据内容分，可分为工作简报、生产简报、会议简报、科技简报、教学简报等。

（3）根据用途分，可分为汇报性简报、报道性简报、总结性简报、介绍性简报。

（4）根据范围分，可分为综合简报、专题简报。

第二节　简报的写作

一、简报的结构和写法

简报一般由报头、报核（报身）、报尾构成。

（一）报头

简报首页上端 1/3 处的分隔线（含分隔线）以上的部分，类似于公文的版记部分，一般由以下要素构成。

1. 简报名称

简报名称由制发简报的单位或办公的部门或简报的内容特点的限定词加"简报"二字构成。制发的单位的名称用全称或规范的简称，如"广西建工集团简报""广西建设职业技术学院学工处简报""施工新工法简报"。简报名称要套红、居中印刷，字体稍大。

2. 期数

简报名称下一行正下方标注"第×期"，如"第 5 期"。

3. 编印机关

一般为制发简报的办公部门，标注在期数的下一行偏左的位置。

4. 印发日期

简报印发的时间，标注在与编印机关同一行偏右的位置。

有的简报还可能有简报编号、密级（使用范围和要求）等要素。简报如有编号，标注于简报名称的右上方，密级则标注于简报名称的左上方，并注明保密期限，秘密等级和保密期限之间用"★"隔开，如"机密★3 年"。

（二）报核

简报的主体部分。简报的首页分隔线以下至简报末页第一条分隔线以上的部分，一般由标题、正文构成。有的简报会有目录、按语等要素。

1. 按语

首页分隔线下方，标题之上（如有目录，则在目录之下），代编制机关立言，表明办报单位主张和意图的文字。这些文字，有说明材料来源的、转引目的的、转发范围的，有表明内容倾向性意见的，有表示对所提问题引起讨论研究希望的，等等。可根据需要使用。一般在转引、总结以及重要的报道、汇编简报文章等情形下才配用。形式有以下三种。

（1）说明性按语。介绍说明稿件的来源，作者情况、主体内容或编发原因范围等。

（2）提示性按语。侧重于对简报内容的理解，揭示或帮助读者理解稿件精神。

（3）批示性按语。往往援引领导原话或上级机关的指示，主要表明态度，提出要求。

2. 标题

简报标题是简报内容的概括。标题应确切、简短、醒目而有吸引力。可设单行或多行标题，写法与新闻标题的拟写类似。

3. 正文

简报正文一般由前言、主体、结尾构成。

（1）前言。概括报道的内容，引导读者阅读，类似新闻导语部分。

（2）主体。简报的主要内容，要用足够的、典型的、有说服力的事实将前言部分的内容具体化。为使内容清晰，组织材料时或按时间顺序，或按空间顺序，或按逻辑顺序，或按问题的性质不同分项的顺序。

（3）结尾。或对主体内容进行归纳概括，或提出希望以及今后的打算，或省略。

（三）报尾

简报末页下 1/3 处第一条分隔线（含分隔线）以下，第二条分隔线（含分隔线）以上部分。左边标注发送对象、范围，右边标注印份。

二、简报格式

（一）简报用纸要求

可参考公文用纸要求，A4 型纸，其成品尺寸为 210 毫米×297 毫米。

（二）简报格式模板及标准简报样本

简报格式模板如图 7-1 所示。

密级★保密期限		编号
××简报（套红居中）		
第×期		
编印单位		编印日期
编者按	标题	
	正文	
报：		
送：		
发：		共印×份

图 7-1 简报格式模板

标准简报样本如图 7-2 所示。

财务整改工作简报

第 16 期

湖北省国资委财务整改
工作领导小组办公室

2010 年 5 月 6 日

编者按：制订周密的财务整改方案是确保财务整改工作有序开展的前提。为了推动各出资企业财务整改工作扎实进行，现将《湖北省工程咨询公司财务整改工作方案》转发给你们，供学习借鉴。同时，请各企业将本单位开展财务整改工作好的做法、有力举措及时上报省国资委财务整改工作领导小组办公室（财务监督处），以便各企业相互学习，促进财务整改工作又好又快推进。

湖北省工程咨询公司财务整改工作实施方案

为贯彻落实省国资委出资企业财务整改工作会议精神，确保监事会监督检查和 2009 年度财务决算审核发现问题得到全面整改，以利于公司健康、可持续发展，现按照《省国资委出资企业财务整改工作方案》的通知要求，结合公司实际，制订本实施方案。

一、财务整改的目的

以财务整改为重点，夯实企业财务管理基础，规范企业财务管理行为，防范公司的财务风险，确保公司经营成果真实可靠，不断增强企业负责人的责任意识、程序意识、法规意识和危机意识，提高公司经济效益，不断增强公司经济实力，实现健康可持续发展和国有资产的保值增值。

二、财务整改的问题、目标、措施和责任

为确保财务整改工作取得明显成效，根据省国资委的要求，公司财务整改工作领导小组将公司财务整改内容和解决的大事管理与风险管控共 9 个问题，进行梳理分类，把整改任务分解到部门，明确分管领导、责任部门、责任人和完成时限，严格实行整改责任制，力求做到"责任、措施、时间、效果"四落实。

（一）整改问题与整改目标和措施

1. 整改问题：新光招标公司及鄂咨造价咨询公司的抽资存在法律风险。

整改目标：解决公司特定情况下形成的历史遗留问题，规范投资行为，防范法律风险。

整改措施：（1）由新光招标公司及鄂咨造价公司分别拿出处理意见，上经理办公会上讨论。（2）向律师询求解决抽资问题，如何规避法律风险。（3）上财务整改领导小组会议，总结落实情况，规范投资行为，防范法律风险（责任领导：严云成；主要责任部门：造价部与招标部；完成时限：2010 年 5 月 15 日）。

2. 整改问题：税金计缴方面存在风险。

整改目标：根据《个人所得税代扣代缴暂行办法》的规定，足额扣取个人所得税，规避税务风险。

整改措施：（1）根据《个人所得税代扣代缴暂行办法》的规定，对全公司职工工资薪金所得，按统一标准扣缴个人所得税。（2）与业务部门探讨支付专家劳务费涉及的税务风险问题。（3）规范个人所得税的代扣代缴，及时上交税务机关，规避税务风险（责任领导：孙和平；主要责任部门：财务部、业务部、综合部；完成时限：2010 年 5 月 16 日前）。

……

三、整改工作安排

整个财务整改活动从 2010 年 4 月中旬开始，至 2010 年 7 月中旬结束。具体分三个阶段组织实施：

第一阶段：前期准备动员阶段（时间安排：4 月 16 日至 5 月 10 日）

1. 将上级会议有关文件及时送公司领导、部门和分子公司负责人传阅，认真学习领会会议精神和要求；

……

四、财务整改工作要求

1. 要切实加强对公司财务整改工作的组织领导工作，公司主要领导要认真履行第一责任人的职责，公司领导小组和办公室要按照责任分工，抓好各项工作落实。

……

附：

1. 湖北省工程咨询公司财务整改工作日程安排表（略）
2. 湖北省工程咨询公司财务问题整改工作落实责任划分表（略）

送：委领导、各监事会主席

发：各出资企业、机关各处室、各监事会、各直属单位　　　　　　共印 100 份

图 7-2　标准简报样本

（本范文引自湖北省国有资产监督委员会网站）

三、简报写作应注意的事项（写作要求）

（一）内容要集中而突出

一份简报一个主题，一稿一事，不贪大求全。一份简报可以只抓住一个问题，不搞面面俱到，才能使简报的主题凝聚，才能将问题说透。如果简报所涉及的内容较多，可以把想说的问题进行归纳、提炼，抓住最能反映事物性质的东西做主题，其他则一概摒弃；也可以将可写的几个问题分期介绍，一期一个重点，一篇一个侧面，千万不可使几个观点纠缠在一份简报上。

（二）材料要典型而真实

如何用较少的篇幅，表现主旨，这对材料的要求高。典型的材料，反映的是要点问题、热点问题，是指导性强的问题、全局性问题，是社会关注度高，社会反响较大的问题，因此能更好地表现主旨，写作中需要编者费力气搜集和选择。另一方面其真实程度需要编写者去核实，否则反映的情况就不真实，结论就会出错。

（三）语言要精练而简朴

简报突出的特点就是简，篇幅不长，而内容又能反映情况、揭示问题，因此，对语言表达的要求就是精练，言简意赅地表达显得十分重要，简洁不花哨。

（四）编发要迅速而实效

简报具有新闻的某些特点，对工作中出现的新动向、新经验、新问题要及时捕捉，迅速报到，否则，就失去了其新闻性、时效性，也就降低了其指导性，从而失去了应有的作用。

四、简报编写实例及其分析

例文 1

中央企业创先争优活动

简　　报

第 82 期

中央企业创先争优活动领导小组办公室　　　　　　　　　　2011 年 6 月 15 日

中电投集团伊江项目创新海外党建模式
为"走出去"战略提供坚强保证

缅甸伊洛瓦底江上游水电项目是我国目前最大的海外水电投资项目，也是中国电力投资集团公司贯彻国家"走出去"战略的重点项目。在项目推进过程中，中电投集团坚持项目开发和党建工作同步"走出去"，积极探索和创新海外党建工作新模式，全面推行"大党建"管理，把党的政治优势、组织优势转化为项目推进的强大动力，为集团公司实施"走出去"战略提供了坚强的保证。

一、在项目开发中构建"大党建"管理格局

伊江水电项目包括7个大型水电站和1个电源电站，规划装机2 000万千瓦，建设工期15年，总投资200亿美元，主要用于我国南方电网的"西电东送"，由中电投云南国际公司负责建设运营。2009年以来，装机600万千瓦的密松电站和装机340万千瓦的其培电站已开工建设，以后每年还将开工一个200万千瓦以上的电站。目前，参建中方企业37家，中方员工5 348人，高峰时将有上百家单位和4万多人参加建设。为打赢这场项目大、工期长、单位多、党员流动的大规模"集团会战"，中电投集团根据工程规模、党员人数、地域特点、工作性质，采取联合组建、临时组建、片区组建等多种形式灵活设置党组织，先后在云南腾冲、缅甸密松和其培3个片区建立了党总支，成立了8个党支部，做到了支部出国门，党建进项目，先锋到基层。

中电投集团云南国际公司按照"工程为依托，合同为基础，党建为纽带"的思路，积极创新境外党建模式，充分发挥业主主导作用，在规模最大的密松水电站，联合13个主要参建单位组建了党工委，党工委书记由业主方委派，委员由主要参建方组成。党工委按照"目标统一、教育统一、组织统一、制度统一、活动统一"的原则，负责对电站区域内所有中方参建单位党组织和党员进行统一管理。

党工委印发了伊江水电项目"大党建"工作指导意见，明确了组织机构、管理关系、工作职责和主要任务，建立了党建联席会议机制，统筹协调各参建单位，对党建和项目工作进行同安排、同部署、同考核，做到了一个声音对外，一个形象对外，初步形成"大党建"管理格局。

二、在特殊环境中不断提升党建工作成效

伊江上游位于缅甸北部克钦邦境内山区，自然条件恶劣，经济文化落后。为适应特殊的工作环境，项目党组织积极探索行之有效的载体和方式，创新地开展党建工作。

根据缅甸当地的实际情况，项目党组织按照"内部坚持，外不公开，确保实效"的原则开展工作。项目负责人"一岗双责"，同时兼任党组织负责人，对外以部门主任身份开展工作，党内以支部书记身份组织活动。党的活动在营地内开展，通过视频会议、电子邮件、QQ等方式与国内沟通联系，保障信息互通、管理互动、活动互推，实现了党的活动国内外同步开展。

针对海外思想观念、意识形态、价值取向对员工的冲击，党组织适时组织理论学习、读书、演讲、交流谈心、红歌会等活动，大力开展爱国主义、集体主义和形势任务教育，用社会主义核心价值观和共同理想武装员工，激发员工爱党、爱国、爱岗的政治热情和奉献精神。面对中缅国情、法律、宗教信仰、生活习俗的差异，党组织通过印发法律制度汇编和工作纪律手册，举办缅甸政治经济形势、风土人情讲座以及中缅双语演讲比赛等活动，加强政治纪律、保密纪律和外事纪律教育，教育干部员工遵守缅甸法律，尊重当地宗教习俗，远离黄、赌、毒。创先争优活动开展以来，项目党组织创新活动载体，突出海外特色，先后开展了"党员工作评比""党员员工结对互助""奋战90昼夜，确保如期发电"劳动竞赛等创先争优活动，为保证工程安全、质量、进度发挥了重要作用。广大党员立足岗位，创先争优，关键时刻冲锋在前，保证了各项急难险重任务顺利完成。2010年4月17日，密松电站发生恐怖爆炸事件，在参建单位中造成较大恐慌。危难时刻，党员干部挺身而出，奋战在最危险的前沿，坚守岗位、沉着应对，妥善处理危机，在最短时间恢复了生产，保持了职工队伍的稳定，将损失降到最低，得到缅甸政府和群众的高度评价。

三、在和谐共赢中树立良好形象

缅甸社会环境复杂，局部武装冲突严重，自然灾害和地方流行病多发，为确保项目和职工人身安全，施工现场实施封闭管理，整个工地犹如漂浮在缅甸国土上的"孤岛"。为缓解封闭环境对员工的影响，项目党组织以"稳定员工队伍，建设和谐工地"为目标，定期召开稳定协调会，掌握员工思想动态。施工现场建设了阅览室、网络学习室、文化活动室，经常组织读书活动、卡拉 OK、中缅员工篮球及藤球比赛和节日联谊活动，丰富员工精神文化生活。工地配备了救护车和相关医疗设施，定期组织员工体检，开展疟疾、登革热等地方流行疾病防治。坚持开展生日、生病、婚丧嫁娶慰问以及节日送温暖活动，帮助员工解决子女入学、青年婚恋等实际困难，营造了和谐温馨的环境，做到了"孤岛不孤"。

项目开发建设以来，中电投集团云南国际公司始终以"带动一方经济，保护生态环境，造福两国人民，增进睦邻友好"为使命，努力建设优质、安全、环保、友好工程，得到了缅甸政府的支持和当地群众的拥护，树立了中央企业的良好形象。公司注重弘扬井冈山精神和延安精神，坚持走群众路线，不侵民、不扰民，为民谋福，车辆进入市区速度严格控制在 10 公里以内，消防车辆积极参与地方消防救援，后勤物资由国内后勤基地统一配送，避免了集中采购造成当地物价上涨。积极承担社会责任，多次向当地学校、医院和贫困乡村捐款捐物，建设地震台网和水文站网系统，计划新建和改扩建高等级公路 7 条 750 公里，为其培市修建的当地第一条水泥路被当地群众称为"CPI"（中电投英文简称）大道。公司奉行"互利共赢，共同发展"理念，引进缅甸企业参与工程建设，合同金额达 7 000 万美元。大力推进本地化用工，改善当地就业状况，已有 4 500 名缅籍职工参与工程建设。妥善做好移民工作，及时兑现移民补偿，高标准建设移民新村，密松电站移民点被缅甸政府列为示范村，缅甸国家电视台进行了专题报道。

报：（略）

送：（略）

发：（略）

（本例文引自中国电力投资集团公司网站）

【例文分析】

这是一则报道性专题简报。标题概括内容：中电投集团伊江项目创新海外党建模式。

正文前言，类似新闻导语的写法，用概述性语言简介中电投集团伊江项目以及项目推进中积极探索和创新海外党建工作新模式，为集团公司实施"走出去"战略提供了坚强的保证。这也是对整个简报内容的提示。

正文主体部分按逻辑顺序介绍了党建管理"新模式"以及这种新模式对伊江项目工程带来的影响。

这则简报，比较好地体现了简报的新闻性以及简要性特点，也为相关部门的工作提供了可以借鉴的经验。

例文 **2**

安全生产工作会议简报

福建省水产设计院召开紧急会议
通报霞浦一建筑工地发生的重大安全生产事故，强调和部署安全生产工作

10 月 31 日上午，省水产设计院召开了安全生产工作紧急会议，通报霞浦一建筑工地发生的因建筑工地施工升降机坠落，造成升降机内 12 人当场死亡的重大安全生产事故，并结合我院实际，强调和部署了当前安全生产工作。院长高文主持会议，院安全生产领导小组成员及各所室主要负责人参加了会议。

会上，高文院长要求大家高度重视安全生产工作，认真落实安全生产责任制，并针对我院当前安全生产工作提出了三点意见。

一、各业务生产所室立即组织人员采取走访或电话联系的方式，与正在施工并由我院设计的项目业主取得联系，进行沟通。强调要严格按照设计图纸要求施工，注意施工安全，特别要对存在安全隐患的施工用具等进行严格检查，防范安全事故的发生，并将霞浦发生的重大安全事故通报给各业主。

二、各业务生产所室要从项目的设计质量上把好关。要重点对设计成品质量和项目设计过程中执行国家规范强制性条文情况进行严格检查。抓好建筑结构安全设计、建筑防火安全设计和压力管道安全设计；加大设计、校对和审查工作的力度；强调"三新"技术（新材料、新技术、新工艺）在施工中应用的要求，及时处理施工现场出现的技术安全问题，把好各阶段工程质量验收关，确保设计质量的安全。

三、会后，各所室负责人要立即召开设计人员会议，通报霞浦一建筑工地发生的重大安全生产事故，传达院部召开的安全生产工作会议精神。加大对本所室职工的安全教育管理力度，增强职工的安全生产意识，杜绝安全隐患，防止安全生产事故的发生。

（本例文引自福建省水产设计院网）

【例文分析】

这是一则会议简报的报核部分。

标题概括会议的主体内容。

正文导语部分概述了会议召开的时间、召开会议的单位以及会议的主要内容。正文主体部分根据主持人讲话，从三方面对会议内容作进一步具体说明：布置当前安全生产工作。这则简报最大的特点是对其内容的集中而突出的概述。

思考与练习

一、判断题

1. 简报顾名思义就是简明报道的意思，一则简报首先应做到内容尽量简，因此不需要详细。　　　　　　　　　　　　　　　　　　　　　　　　　　　　　（　　）

2. 简报涉及的内容只能对内发布，不能对外发布。　　　　　　　　　　（　　）

3. 简报反映的是某一单位或行业的情况或信息，因此比一般的新闻更具专业性。

                                       （   ）

4. 简报可以代替公文向上级和下级报送。   （   ）

5. 简报具有新闻的特点，可以认为是一种内部新闻。   （   ）

6. 一份综合性简报可以根据需要确定多个主题，以便更多地涉及几方面的情况。

                                       （   ）

二、思考题

1. 简述简报与新闻的区别。

2. 简述简报与公文的区别。

3. 简述会议简报与会议记录的区别。

三、简答题

下面几则简报的按语分别采用了哪种方式？

（1）编者按：近年来，全省广泛开展的"创优质量、创高效益、创新技术、创低能耗"劳动竞赛活动，有力地推动了经济建设、企业发展和职工队伍素质的提升。为贯彻落实《湖北省劳动竞赛委员会关于广泛深入开展社会主义劳动竞赛的实施意见》，进一步发挥劳动竞赛在加快我省重点工程建设和实施十大产业调整振兴规划中的重要作用，团结动员广大职工为推动湖北经济平稳较快发展建功立业，省劳动竞赛委员会办公室决定，不定期编发《劳动竞赛活动简报》，以扩大宣传，交流信息，推广经验，促进工作，希望各地各单位踊跃投稿。

（2）编者按：年度归档工作是机关档案管理工作的重要组成部分。做好归档工作，对确保档案完整、安全及档案的连续性有十分重要的意义。为进一步加强和规范区直单位的档案管理，去年8月下旬，区档案局首次实行档案年检制度，依法对区直有关单位文件材料归档工作进行检查，通过边查边指导，取得了良好的成效。2004年度文件材料归档工作已经开始，希各单位继续予以重视，加强组织领导，落实好年度归档工作，并认真做好今年档案年检准备工作。

（3）编者按：根据市政府领导的要求，为进一步推进城乡清洁工程工作，反映各地开展该项工作的情况，由市创建宜居城乡联席会议办公室编办的《城乡清洁工程简报》今天正式推进，敬请留意。

四、写作题

根据自己所在的单位或部门的需要，编办一份反映最突出情况或问题的专题简报或综合简报。

第八章

规 章 制 度

本章要点

- 规章制度的结构和写法
- 规章制度的写作要求

教学要求

通过对规章制度写作基础知识的学习，了解规章制度的种类以及各自的特点，掌握规章制度写作中常见的三种结构安排的方法，并能根据岗位的实际情况写作适合本职岗位的办法、制度、规程。

第一节　规章制度概述

一、规章制度的概念

规章制度是国家机关、社会团体、企事业单位为加强管理，建立正常的工作、生产、生活秩序，依据法律、法令、政策而制发的具有法规性或指导性与约束力的文书。工程建设行业是各项规章制度比较齐全的一个特殊行业，对于从事本行业的人员而言，必须熟悉本行业的各类规章制度的内容，在具体的工作中也能制定与本职工作相关的规章制度，因此，对规章制度必须有一个较为全面的认识。

二、规章制度的种类

规章制度是一类总称，其文种包括章程、条例、办法、规定、细则、制度、规则、规程、守则、须知、公约。各文种的主要区别如表8-1所示。

表 8-1　规章制度各文种的主要区别

文种	内容和作用	制发者	特点	举例
章程	政党或社会团体用以说明该组织的宗旨、性质、组织原则、组织机构、成员权利及义务、活动形式准则的纲领性文件，具有准则性和约束性	政党、社会团体	纲领性 准则性 稳定性	《中国共产党党章》《中国建筑股份有限公司章程》
条例	对某一事项或机关、团体的组织、职权等作出比较全面的、系统的规定，是具有法律规定性的文件	党、政最高领导机关、国家和地方立法机关	法规性 稳定性 原则性	《对外承包工程管理条例》《建设项目环境保护管理条例》
办法	对某项工作或某方面的活动做比较具体的规定的文书。一般针对目前还没有明确处理原则的问题，或已有原则性处理意见，但还不够具体的问题	党政机关、社会团体、企事业单位	原则性 普遍性 派生性 具体性	《建筑工程质量检测管理办法》《房屋登记办法》
规定	对某项工作或某方面问题，提出规范要求、具体安排意见或具体管理措施的法规性文书	党政机关、社会团体、企事业单位	法规性 针对性 暂时性	《民用建筑节能管理规定》《房屋建筑工程抗震设防管理规定》
细则	为贯彻条例、办法、规定、制度中的某条款或某几条条款制定的详细规则	党政机关、社会团体、企事业单位	派生性 解释性 补充性	《中华人民共和国注册建筑师条例实施细则》
制度	对某项工作的管理而制定的要求有关人员共同遵守的规范性文书	党政机关、社会团体、企事业单位	强制性 约束性 规范性 程序性	《工程施工管理制度》《机关值班制度》
规则	对某一事务或活动的行为准则作出原则性规定，以便共同遵守的文书	党政机关、社会团体、企事业单位	专门性 具体性 可行性	《建筑面积计算规则》《工程量计算规则》
规程	生产单位或科研机构为保证质量，使工作、实验、生产按程序进行而制定的一些具体规定	社会团体、企事业单位	具体性 操作性 程序性	《全国工程管理资料规程》《建设工程冬季施工规程》
守则	为维护公共利益和工作、学习、生产秩序，向所属成员发布的行为准则和道德规范	党政机关、社会团体、企事业单位	原则性 约束性 完整性	《监理工作守则》《××企业员工守则》
须知	有关单位、部门为维持正常秩序，搞好某项具体活动而制定的，具有指导性、规定性的守则	有关单位、部门	指导性 规定性	《观众须知》《读者须知》
公约	公众经共同协商决议而订出的要求共同遵守的行为规范和准则，对参加协议者有效	人民群众、社会团体	协商性 自愿性	《××小区业主公约》《博客服务公约》

第二节　规章制度的写作

一、规章制度的内容、结构和写法

规章制度一般由标题、正文、落款等几个部分构成。

（一）标题

由制发单位（适用范围、涉及对象）、内容、文种等几部分构成，如《中华人民共和国道路交通管理条例》《〈国务院关于职工工作时间的规定〉的实施办法》等。有的只标明内容和文种，如《外商投资企业采购国产设备退税管理试行办法》、《高等学校学生守则》。有的只标明制发单位和文种，如《考试规则》。

（二）正文

采用分条列款的结构形式。条款可分篇、章、节、目、条、款、项共七层。具体写法如下。

1. 章则式

按总则、分则、附则式安排内容，如本章例文 1。

（1）总则。一般写原则性、普遍性、共同性的内容，包括制定的依据、目的和任务、适应范围、有关的定义、主管部门等。

（2）分则。规章的具体内容，具体阐述有关的事项、必须遵循的行为规则，如必须做什么，可以做什么，禁止做什么等。这部分内容应与文件的要求和名称相适应，应能满足有关事项实践指导的需要。通常采用横式或纵式的结构进行安排。

（3）附则。主要说明法律责任、解释机关、实施的程序与方式、有关说明（该文书与其他文书之间的关系，规定附加的效用、数量以及不同文字文本的效用等）、实施的日期。

在层次排列时，各章下面一般分若干条，条的序号按整个规章制度统排，不能按各章单排。条下设款，款的序号则按各条单排，并只用序码标明。各条要根据内容，按逻辑关系先后排列，做到先一般后特殊，先原则后灵活，先主后次，先重后轻。

这种结构安排方法适用的文种有章程、条例、规则、规定、办法等。

2. 条款式

一般由序言、主体、结语三部分构成，这种结构内容的三部分分别对应章则式中的总则、分则、附则内容，分条目而不分章节，序言和结语可以不列入条款，放在前面说明，也可列入条款，作为第一条或最后一条（第一条相当于总则，最后一条相当于附则）。如本章例文 2。这种结构安排方法适用于条例、规则、办法、制度、细则、守则、公约等内容较简单的规章制度。

3. 序列式

又称主体式，用于较简单的规章制度。正文既无序言也无结语，只有主体部分，把应该遵守的事项按序号一一写出即可，如本章例文 3。这种结构安排方法适用于守则、公约、规程、须知、规则等。

（三）落款

国家机关颁布的或经有关组织通过的规章制度，应在标题下面写明机关或组织名称、颁布或通过的日期，并加括号。其他的则在正文之后右下角注明。

二、规章制度的写作应注意的事项（写作要求）

（1）内容的遵循性。各类规章制度都应遵循党和国家的方针、政策，保持与上级或同类规章的一致性。

（2）用语的严密性。即不允许在理解上有歧义，否则现实中无法遵守执行。

（3）结构的规范性。规章制度在一定范围内具有执行的约束性，因此在结构上均采用逐章逐条的写法，条款的层次按由大到小的顺序安排。

三、规章制度写作实例及其分析

例文 1

中国建筑业协会章程

（中国建筑业协会第四次会员代表大会部分修改，2006 年 7 月 10 日通过）

第一章　总　　则

第一条　本会名称为中国建筑业协会，英文名：CHINA CONSTRUCTION INDUSTRY ASSOCIATION，缩写为 CCIA。

第二条　中国建筑业协会是全国各地区、各部门从事土木工程、建筑工程、线路管道和设备安装工程及装修工程活动的企事业单位、教育科研机构，地方建筑业协会、部门建筑业协会，以及有关专业人士自愿参加组成的全国性行业组织，是在民政部注册登记具有法人资格的非营利性社会团体。

第三条　中国建筑业协会的宗旨是：以邓小平理论和"三个代表"重要思想为指导，坚持和落实科学发展观，遵守我国宪法、法律、法规和国家有关方针政策，按照完善社会主义市场经济体制和构建社会主义和谐社会的要求，联合建筑界各方面力量，坚持以服务为宗旨，积极反映企业诉求，维护企业合法权益，规范企业行为，加强行业自律，促进建筑业持续健康发展，充分发挥支柱产业作用，为全面建设小康社会贡献力量。

第四条　本会接受业务主管部门中华人民共和国建设部、登记管理机关中华人民共和国民政部的业务指导和监督管理。

第五条　中国建筑业协会总部设在北京。

第二章　业 务 范 围

第六条　本会的业务范围：

（一）研究探讨建筑业改革和发展的理论、方针、政策，向政府及有关部门反映广大建筑业企业的要求和意愿，提出行业发展的经济技术政策和法规等建议；

（二）协助政府主管部门研究制定和实施行业发展规划及有关法规，推进行业管理，协调执行中出现的问题，提高全行业的整体素质和经济效益、社会效益；

（三）经政府主管部门授权或委托，参与或组织制定标准规范，组织实施行业统计，参与诚信评价、资质及职业资格审核、工地达标评估等工作；

（四）引导和推动建筑业企业面向市场，建立现代企业制度，完善经营机制，增强市场竞争力，提高企业经营管理水平和经济效益，保障工程质量和安全生产；

（五）对地方、部门建筑业会员协会进行工作指导，组织经验交流，建立健全行业自律机制，开展行检行评，规范行业行为，表彰和奖励优质工程项目、优秀企业、优秀人才等；

（六）维护会员单位的合法权益，组织开展法律咨询、法律援助和法律救济，帮助企业协调劳动关系；

（七）编辑会刊，搞好建筑业网站体系建设，收集、分析和发布国内外政策法规、文献资料和行业市场信息，推广与展示建筑科技成果，组织开展各种专业培训、岗位技能培训，不断提高建筑业企业和建筑职工素质；

（八）发展同国外和香港、澳门特别行政区及台湾地区同业民间社团组织的友好往来，组织开展国际经济技术交流与合作；

（九）承办政府部门、社会团体和会员单位委托办理的事项；

（十）根据需要开展有利于行业发展的其他活动。

第三章 会　　员

第七条　本会会员分团体会员、单位会员（直属会员）和个人会员。

第八条　申请加入本会的会员，必须具备下列条件。

（一）团体会员：具有社团法人资格的地方、部门建筑业行业组织，承认本章程，自愿申请参加，经批准可成为中国建筑业协会团体会员。

（二）单位会员（直属会员）：从事土木工程、建筑工程、线路管道和设备安装工程及装修工程、工程勘察设计活动的企事业单位、教育科研机构等，承认本章程，自愿申请参加，经批准可成为本会单位会员（直属会员）。

（三）个人会员：取得建筑业执业或职业资格的专业人士，以及在全行业有一定知名度的专家、学者、劳动模范，承认本章程，自愿申请参加，经批准可成为本会个人会员。

第九条　会员入会需提交入会申请书，报常务理事会表决通过，由秘书处办理入会登记，并颁发会员证书。

第十条　会员享有下列权利：

（一）有本会的选举权、被选举权和表决权；

（二）有权要求本会就企业和行业共同关心的问题开展调查研究，并向政府及有关部门提出政策性建议；

（三）有权参加本会举办的各项活动；

（四）优先取得本会的信息服务及书刊文献资料；

（五）对本会工作有建议、批评和监督权；

（六）有参加和退出本会的自由。

第十一条　会员履行下列义务：

（一）遵守本会章程，执行本会决议；

（二）关心本会工作，维护本会合法权益；

（三）积极承担本会委托的工作；

（四）依照规定按时交纳会费。

第十二条 会员退会应书面通知本会秘书处，交回会员证书。会员不履行义务或无故连续两年不交纳会费，视为自动退会。

第十三条 会员如有严重违反本章程的行为，经常务理事会表决通过，予以除名。

第四章 组织机构和负责人产生、罢免

第十四条 本会的最高权力机构是会员代表大会，会员代表由各地区、各部门推选产生。会员代表大会的职权是：

（一）制定和修改协会章程；

（二）选举、罢免协会理事；

（三）听取和审议理事会的工作报告、财务报告；

（四）决定终止事宜；

（五）决定工作方针、任务和其他重大事宜。

第十五条 会员代表大会须有三分之二以上的会员代表出席方能召开，其决议须经会员代表半数以上表决通过方能生效。

第十六条 会员代表大会每届四年。因特殊情况需提前或延期换届的，须由理事会表决通过，报业务主管单位审查并经社团登记管理机关批准同意。延期换届最长不超过一年。

第十七条 理事会是会员代表大会的执行机构，在会员代表大会闭会期间领导本会开展日常工作，对会员代表大会负责。每届理事会任期四年，理事在任期内不能履行职责或工作调动以及其他原因需要更换时，由所在单位另行提出理事人选，报常务理事会确认，秘书处备案。

第十八条 理事会的职权是：

（一）执行会员代表大会的决议；

（二）选举和罢免常务理事；

（三）选举和罢免会长、常务副会长、副会长、秘书长；

（四）筹备召开会员代表大会；

（五）向会员代表大会报告工作和财务状况；

（六）决定设立办事机构、分支机构、代表机构和实体机构；

（七）决定会员的吸收或除名；

（八）决定副秘书长的聘任；

（九）领导本会各机构开展工作；

（十）制定协会内部及分支机构的管理制度；

（十一）听取并审议常务理事会的工作报告；

（十二）审议、决定其他重大事项。

第十九条 理事会须有三分之二以上理事出席方能召开，其决议须到会理事三分之二以上表决通过方能生效。

第二十条 理事会每一至两年召开一次会议；情况特殊的，也可采用通讯形式召开。

第二十一条 本会设立常务理事会。常务理事会由理事会按理事人数三分之一比例选举产生，在理事会闭会期间行使第十八条（一）、（四）、（六）、（七）、（八）、（九）、（十）、

（十一）、（十二）项的职权，对理事会负责。

第二十二条　常务理事会须有三分之二以上常务理事出席方能召开，其决议须经到会常务理事三分之二以上表决通过方能生效。

第二十三条　常务理事会原则上每一年召开一次会议，必要时可临时召开，特殊情况也可采用通讯形式召开。

第二十四条　本会会长、常务副会长、副会长、秘书长必须具备下列条件：

（一）认真执行党的路线、方针、政策，政治素质好；

（二）在本会业务领域内有较大影响；

（三）会长、常务副会长、副会长最高任职年龄不超过70周岁，秘书长为专职，最高任职年龄不超过65周岁；

（四）身体健康，能坚持正常工作；

（五）未受过剥夺政治权利的刑事处罚；

（六）具有完全民事行为能力；

（七）热心协会工作。

第二十五条　会长、常务副会长、副会长、秘书长在任职时如超过最高年龄的，须经理事会表决通过，报业务主管单位审查，并经社团登记管理机关批准同意后，方可任职。

第二十六条　会长、常务副会长、副会长、秘书长每届任期四年，连任期不得超过两届。因特殊情况需延长任期的，须经会员代表大会三分之二以上会员代表表决通过，报业务主管单位审查，并经社团登记管理机关批准同意后，方可任职。

第二十七条　秘书长为本会法定代表人。本会法定代表人不兼任其他社会团体的法定代表人。

第二十八条　会长行使下列职权：

（一）召集和主持理事会或常务理事会；

（二）检查会员代表大会、理事会、常务理事会决议的落实情况；

（三）代表本会签署有关重要文件；

（四）处理章程实施中的重大事项。

第二十九条　秘书长行使下列职权：

（一）主持协会秘书处的日常工作，组织实施年度工作计划；

（二）协调各分支机构、代表机构、实体机构开展工作；

（三）提名副秘书长，提交理事会或常务理事会决定；

（四）决定办事机构、代表机构、实体机构专职工作人员的聘用；

（五）处理其他日常事务。

第五章　资产管理、使用原则

第三十条　本会的经费来源：

（一）会员会费；

（二）捐赠或赞助；

（三）政府资助；

（四）在核准的业务范围内开展活动或有偿服务的收入；

（五）所办经济实体的收入；

（六）其他合法收入。

第三十一条 本会按照国家有关规定收取会员会费。收取会员会费的标准须经会员代表大会批准后执行。

第三十二条 本会经费必须用于本章程规定的业务范围和事业的发展，不得在会员中分配。

第三十三条 本会按照国家有关规定，建立严格的财务管理制度，保证会计资料合法、真实、准确、完整。

第三十四条 本会配备具有专业资格的会计人员。会计不得兼任出纳。会计人员必须进行会计核算，实行会计监督。会计人员调动工作或离职时，必须与接管人员办清交接手续。

第三十五条 本会资产管理严格执行国家规定的财务管理制度，接受会员代表大会和财政部门的监督。资产来源属于国家拨款或者社会捐赠、资助的，必须接受审计机关的监督，并以适当方式向社会公布。

第三十六条 本会换届或更换法定代表人之前，必须接受社团登记管理机关和业务主管单位组织的财务审计。

第三十七条 本会的资产，任何单位、个人不得侵占、私分或挪用。

第三十八条 本会专职工作人员的工资和保险、福利待遇，参照国家对事业单位的有关规定执行。

第六章　章程修改和程序

第三十九条 对本会章程的修改，由常务理事会提出修改意见，经理事会三分之二理事表决通过后，报会员代表大会审议。

第四十条 本会修改的章程，须在会员代表大会通过后15日内，经业务主管单位审查同意，并报社团登记管理机关核准后生效。

第七章　终止程序及终止后的财产处理

第四十一条 本会完成宗旨或自行解散或由于分立、合并等原因需要注销的，由理事会或常务理事会提出终止动议。

第四十二条 本会终止动议须经会员代表大会讨论通过，并报业务主管单位审查同意。

第四十三条 本会终止前，须在业务主管单位及有关机关指导下成立清算组织，清理债权债务，处理善后事宜。清算期间，不开展清算以外的活动。

第四十四条 本会经社团登记管理机关办理注销登记手续后即为终止。

第四十五条 本会终止后的剩余财产，在业务主管单位和社团登记管理机关的监督下，按照国家有关规定，用于发展与本会宗旨相关的事业。

第八章　附　　则

第四十六条 本章程经2006年7月10日会员代表大会表决通过。

第四十七条　本章程的解释权属本会理事会。

第四十八条　本章程自社团登记管理机关核准之日起生效。

（本例文引自中国建筑业协会网）

【例文分析】

章程有党派类章程、群众团体类章程、协会章程和企业章程。章程的结构三部分写法如下：标题写明组织或团体名称和文种，标题之下注明通过该章程的会议名称及时间。正文则按章则式写法即分总则、分则、附则，按章、条、款的方式结构层次和内容。总则说明了制定章程的性质、宗旨、依据等，分则表述章程的具体内容（按其性质和内在联系逐条写出），附则则将未尽事宜和处置办法、生效日期和实施要求、修改和解释权限等内容写入。本文语言有较强的概括性，周密、严谨而规范。

例文 2

广西壮族自治区建设工程造价管理办法

第一条　为规范建设工程造价管理，维护建设工程各方的合法权益，根据《中华人民共和国建筑法》及有关法律法规，结合本自治区实际，制定本办法。

第二条　本自治区行政区域内的建设工程造价及其监督管理，适用本办法。本办法所称建设工程是指各类房屋建筑和市政基础设施，包括其附属设施和与其配套的线路、管道、设备安装等工程。

本办法所称建设工程造价，是指建设工程从筹建到交付使用所需的全部工程费用，包括建筑安装工程费、设备购置费及其他相关费用。

第三条　县级以上建设行政主管部门负责本行政区域内的建设工程造价管理。自治区和设区的市建设工程造价管理机构负责建设工程造价管理的具体工作。

第四条　本自治区实行统一的建设工程人工、材料、设备、施工机械的消耗量标准（定额）、计价规则等计价依据。

自治区建设行政主管部门组织编制、修订计价依据时，应当进行调查研究，充分听取有关方面的意见，组织专家论证。计价依据应当向社会公开。

第五条　建设工程造价管理机构应当及时收集、整理工程造价相关资料，公布建设工程费率、施工企业平均利润率、工程造价平均指数和材料价格变化趋势等造价信息，为各类建设工程造价计价提供参考。

设区的市建设工程造价管理机构，应当按月采集、整理工程造价相关信息，公布本行政区域建设工程人工、材料、设备、施工机械台班的市场价格。

建设工程造价管理机构收集工程造价相关资料时，建设工程发包单位、承包单位、工程造价咨询企业、工程材料供应商等单位应当积极予以配合。

第六条　建设工程造价管理机构应当制定和发布建设工程造价电子数据规范，为建设工程造价信息的采集、分析、处理、传输和再利用提供电子数据标准。

第七条　使用国有资金投资的建设工程项目，其投资估算、设计概算、施工图预算、标底（或者工程预算控制价），应当按照自治区发布的计价依据和建设工程造价管理机构公布的造价信息进行编制。非国有资金投资的建设工程项目可参照前款的规定进行编制。

第八条　使用国有资金投资的建设工程项目，应当严格执行投资估算或者设计概算。投资估算或者设计概算改变的，应当经原审批部门批准。

第九条　实行无标底招标的建设工程项目，应当编制工程预算控制价，作为投标报价的最高限价，并在投标截止日 7 日前公布。

第十条　使用国有资金投资的建设工程项目施工招标投标，应当采用国家《建设工程工程量清单计价规范》规定的工程量清单计价方法计价。

第十一条　依法实行招标的建设工程，施工合同价格应当按照中标价格确定，发包单位和承包单位不得再另行订立背离招标投标文件实质性内容的其他协议。

依法不需招标的建设工程，由发包单位和承包单位依据建设工程的施工图预算，协商确定工程合同价。

第十二条　使用国有资金投资的建设工程项目，因设计变更或者其他原因造成单项工程造价超过批准限额的，发包单位应当将设计变更方案以及相应造价文件报原项目审批部门批准。

经确认调增或者调减的工程变更价款应当与工程进度款同期支付或者核减。

第十三条　建设工程竣工结算的审查、确认按照国家有关规定执行。

使用国有资金投资的建设工程项目，应当以审计机关作出的竣工决算审计结论为依据。

第十四条　建设工程项目竣工结算可以委托工程造价咨询企业审查一次。发包人、承包人对审查报告有异议的，可以申请建设工程造价管理机构调解解决，也可以直接依法申请仲裁或者向人民法院起诉。

第十五条　负责结算审查的建设工程造价咨询企业应当于工程结算报告生效之日起 15 日内向工程所在地的建设工程造价管理机构备案。结算备案情况由自治区建设行政主管部门定期通报；逾期不备案的，责令限期备案。

第十六条　建设工程造价咨询企业和从业人员的计价活动，应当接受建设工程造价管理机构的监督检查。

建设工程造价管理机构应当加强建设工程造价员的管理工作。

第十七条　建设工程投资估算、设计概算、施工图预算、投标报价、竣工结算文件，应当由执业注册造价工程师签名并加盖执业专用章，无执业注册造价工程师的单位可以由建设工程造价员签名并加盖造价员专用章；招标标底（或者工程预算控制价）、工程量清单、工程结算审查和工程造价鉴定文件必须由执业注册造价工程师签名并加盖执业专用章。

编制单位和负责编制的执业注册造价工程师以及建设工程造价员，对其编制的工程造价成果文件承担法律责任。

第十八条　建设工程造价咨询企业和从业人员在编制、审查工程造价成果文件时，不得弄虚作假、抬价、压价，或者附加其他不合理条件。

第十九条　违反本办法第十八条规定的，由建设行政主管部门责令改正，并可对建设工程造价咨询企业处以 1 万元以上 3 万元以下罚款；对从业人员处以 3 000 元以上 1 万元以下罚款。

第二十条 本办法自 2008 年 12 月 1 日起施行。

×××××××

×年×月×日

（本例文引自广西壮族自治区人民政府门户网）

【例文分析】

办法一般是对条例、法令或事项提出比较具体的办理、实施方法的一种法规性规章制度。一般针对目前尚无明确处理原则的问题，或已有原则性处理意见，但还不够具体的问题。办法介于条例、规定与细则之间，具有条例、规定的原则性，又有细则的具体性。本文的标题由发文单位、事由、文种构成。正文采用条款式结构，第一条写明制定政策的依据、目的、意义，然后逐条写明应遵守的具体事项。结尾或末条写明适用范围、解释权限、实施日期等内容。如发文单位在标题之后已注明的，正文之后可只署成文日期。为了便于理解办法的内容、执行办法的相关规定，作者在语言表达上应尽量具体、详细而通俗。

例文 3

钢筋工安全技术操作规程

1. 进入施工现场必须穿着好劳动保护用品。

2. 钢筋断料、配料、弯料等工作应在地面下进行，不准在高空操作。

3. 搬运钢筋要注意附近有无障碍物、架空电线和其他临时电气设备，防止钢筋在回转时碰撞电线或发生触电事故。

4. 现场绑扎悬空大梁钢筋时，不得站在模板上操作，必须要在脚手架上操作；绑扎独立柱头钢筋时，不准站在钢箍上绑扎，也不准将木料、管子、钢模板穿在钢箍内作为立人板。

5. 起吊钢筋骨架，下方禁止站人，必须待骨架降到距模板 1 米取下才准靠近，就位支撑好方可摘钩。

6. 起吊钢筋时，规格必须统一，不准长短参差不一，不准一点吊。

7. 切割机使用前，须检查机械运转是否正常，有否采用二级漏电保护，切割机后方不准堆放易燃物品。

8. 钢筋头子应及时清理，成品堆放要整齐，工作台要稳，钢筋工作棚必须加网罩。

9. 高空作业时，不得将钢筋集中堆放在模板和脚手板上，也不要把工具、钢箍、短钢筋随意放在脚手板上，以免滑下伤人。

10. 在雷雨时必须停止露天操作，预防雷击钢筋伤人。

11. 钢筋骨架不论其固定与否，不得在上行走，禁止从柱子上的钢箍上下。

12. 钢筋冷拉时，冷拉线两端必须装置防护设施。冷拉时严禁在冷拉线两端站人、跨越、触动正在冷拉的钢筋。

（例文引自中国建筑企业网）

【例文分析】

规程是为设备、结构或产品的设计、制造、安装、维修或使用而规定的操作或方法文件，多用于一些具体的、事务性的工作，侧重于统一的要求和规格，是管理某项事务的章法和程序。本文的标题由适用对象、内容和文种构成，公布日期写在标题下，注明由何时何单位公布，有的还注明由何单位于何时批准（本文为国家有关部门统一制定的标准，因此省略了这项内容）。正文部分因内容比较简单，选择了序列式（主体式）写法，既无序言也无结语，只有主体部分，即把应该遵守的事项按序号一一写出。对各条内容一般按操作程序一一说明，说明得具体而清楚，以便实际操作。规程是操作执行标准，涉及的专业性较强，语言表达专业术语较多，这增强了表达的严密性、逻辑性。

例文 4

建筑企业安全生产管理制度

根据《建筑法》《山东省建筑市场管理条例》及建设部《建筑业企业自制管理规定》《山东省建筑安全生产管理规定》等法律、法规的规定，为加强建筑企业安全生产管理工作，减少或杜绝重大建筑安全事故的发生，制定本制度。

一、安全评价的范围

1. 本市行政辖区内从事建筑安装、装饰装修、机械化施工的建筑业企业。

2. 建筑业工业企业在没有制定专门评价标准前，参照本制度执行。

3. 五县（市）建筑企业生产管理评价工作由五县（市）建设行政主管部门依照本制度执行。

二、安全评价的内容

1. 企业安全机构设置及安全保证体系的建立情况；

2. 安全生产责任制度建立及执行情况，安全生产管理制度的制定情况；

3. 创建部、省、市安全文明优秀工地情况；

4. 安全生产的日常管理工作；

5. 建筑工程安全评估成绩；

6. 工伤事故及处理情况；

7. 安全防护用品及机械设备的使用和管理情况。

三、安全评价的程序和方法

1. 安全评价由市建设管理局企业安全生产管理评价领导小组和市建筑安全生产监督站组织实施。企业也应成立安全生产管理评价工作小组具体负责此项工作。

2. 安全评价每年度进行一次，评价结果于考核年度次年3月底之前公布。

3. 安全评价实行100分制，按以下档次计分：

优秀：90分以上（含90分）；

合格：70分以上（含70分）；

不合格：70分以下。

4. 建筑企业按照《济南市建筑企业安全评价评分标准》进行自评，填写《济南市建筑企业安全生产管理评价表》（见附表四），于考核年度的次年一月十五日前报市建筑安全生产监督站初审。

5. 市建筑安全生产监督站接到《济南市建筑系统安全生产评价表》15 日内完成对企业的初审，报市建管局安全生产评价领导小组。

6. 市建管局安全生产评价领导小组对企业进行年度评价。

四、安全生产否决规定

1. 年度内企业发生下列责任事故之一的，实行安全生产一票否决，并视其为安全评价不合格：

（1）发生三级及其以上事故，或年死亡率超过万分之零点五；

（2）年重伤率超过万分之二或年负伤频率超过千分之二十；

（3）发生一次直接经济损失十万元以上设备和火灾事故的。

2. 年度内发生一人（含一人）以上死亡事故的企业不得评为安全生产先进企业。

五、安全评价的奖惩

1. 凡被评价为优秀的建筑业企业给予全市通报表彰，凡合格以上的企业作为本年度各类评优活动的重要依据。

2. 企业的安全评价与企业安全资质、建筑业企业资质、工程项目投标挂钩。

年度内评价为不合格的企业，给予警告并责令限期整改；当年度不予晋升建筑业企业资质。

对于管理不善、事故多或连续两年评价不合格的企业，经省建筑安全资质管理部门核准，降低其安全资质一级；其建筑业企业资质视为年审不合格。

连续三年评价为不合格的企业，经省建筑安全资质管理部门核准，吊销其安全资质证书；并视其情况报请上级资质管理部门给予降低或吊销其建筑业企业资质。

3. 企业无安全生产资质，或建筑业企业资质年审不合格，不得参加工程投标活动，不得在济参加任何工程的施工。

×××××××

××××年×月

（例文引自国家建筑工程网）

【例文分析】

制度有岗位性制度和法规性制度两种类型。岗位性制度适用于某一岗位上的长期性工作，也叫"岗位责任制"。法规性制度则是对某方面工作制定的带有法令性质的规定。本文为法规性制度。

全文由标题、正文、落款三部分构成。标题由适用事项和文种构成。正文分开头、主体、结尾三部分，可选择采用条款式、序列式、多层条文式等多种形式。本文采用的是第三种，用"一、二、三……"来表示大条，用"（一）、（二）、（三）……"来表示条下的项，内容较多时，还用"1.、2.、3.……"来表示条下的款。正文对制度内容表述全面，层次、轻重、主次清楚，使全文表意清晰。

思考与练习

一、选择题

1. 办法用于（   ）。

    A. 对行政工作作出比较具体的规定

    B. 对行政工作做原则性的意见

    C. 对社会活动组织内容活动规则的规定

    D. 规定某项工作、某一事项的办理原则

2. 规程用于（   ）。

    A. 说明某项工作、活动的操作过程和规范

    B. 说明技术工作、活动的操作过程和规范

    C. 说明商业工作、活动的操作过程和规范

    D. 以上都对

3. 章程适用于（   ）。

    A. 党团组织   B. 各种协会团体   C. 企事业单位   D. 以上都对

4. 某单位要制定约束工作人员纪律的规范文书，应当是（   ）。

    A. 准则   B. 细则   C. 守则   D. 规则

5. 条例的作者应是（   ）。

    A. 无严格的限定   B. 国务院   C. 党中央组织部   D. 省人民政府

6. 对已有的文件进行解释、补充使之具体化的规章制度是（   ）。

    A. 准则   B. 细则   C. 规定   D. 规则

7. 下列不属于规章制度特点的是（   ）。

    A. 形式的条文性   B. 制定的层次性   C. 语言的生动性   D. 严格的约束性

8. 下面不属于规章制度作用的一项是（   ）。

    A. 社会安定的基本保证   B. 强化管理的有效手段

    C. 提高素质的有力措施   D. 传播经验的重要方法

9. 具有法规性、规范性的规章制度是（   ）。

    A. 章程、规程、规则   B. 条例、规定、制度

    C. 制度、规定、守则   D. 条例、规定、规程

10. 用章条式写规章制度，一般（   ）。

    A. 总则只设一章，附则也只设一章   B. 总则设若干章，附则只设一章

    C. 总则设若干章，附则也设若干章   D. 总则只设一章，附则设若干章

二、判断题

1. 一个企业家联合会有权也应该制定该组织的带有准则性以及约束性的规章制度——章程。   （   ）

2. 规章制度的订立目的是维护秩序，从这个意义上来说，它可以代替法律。   （   ）

3. 规章制度制定应注意内容的周密性，否则实际执行当中，会因有疏漏而导致无法真

正执行。　　　　　　　　　　　　　　　　　　　　　　　　　　　　　（　　　）

4. 一个单位制定的规章制度是对普通群众的约束，而领导因地位特殊，可以不受其约束。

（　　　）

5. 守则是对道德行为的规范，其不具有法规性，违反守则的处罚，应以批评教育为主。

（　　　）

6. 公约多是用于公共事业方面的道德行为规范，适合精神文明建设的各方面。（　　　）

三、实训题

重新整理下列条文式的"规定"的顺序，并拟制一个非公文式的标题。

标题：（＿＿＿＿＿＿＿＿＿＿＿＿＿＿＿＿＿＿）

第＿＿条　本规定自一九九二年十一月一日起施行。

第＿＿条　城市建设行政主管部门的职责是：

（一）负责对市政工程、公用事业、园林绿化、市容环境卫生、城市规划等行业的城建监察的业务指导；

（二）依据国家和地方有关法律、行政法规、规章，制定城建监察的规定、办法等；

（三）按照城建监察的需要，制定不同时期的工作目标和政策；

（四）负责组织制定城建监察人员的考核标准，提出培训计划和内容，对城建监察人员进行培训，提高城建监察人员的执法水平；

（五）负责与有关部门的工作协调。

第＿＿条　为加强城市的规划、建设、管理，保证国家和地方城市规划、建设、管理的法律、法规、规章的正确实施，依据有关法律、法规，制定本规定。

第＿＿条　城建监察证由建设部统一印制，各省、自治区、直辖市城市建设行政主管部门统一编号、组织并监察实施。

城市建设行政主管部门要建立城建监察工作规章制度，对城建监察人员进行教育培训和业绩考核，实行奖惩制度。

第＿＿条　本规定适用于国家按行政建制设立的直辖市、市、镇。

第＿＿条　任何单位和个人不得妨碍城建监察人员依法行使职权。

第＿＿条　各省、自治区、直辖市人民政府城市建设行政主管部门可以根据本规定，结合本地实际制定具体实施办法，报同级人民政府批准实施。

第＿＿条　国务院城市建设行政主管部门归口管理全国城建监察工作。

县级以上地方人民政府城市建设行政主管部门归口管理本辖区范围内的城建监察工作。

第＿＿条　城市应当设置城建监察队伍，在行政主管部门的领导下行使城建监察职能，其组织形式、编制、执法内容、执法方式等可以由城市人民政府按照当地城市建设系统管理体制和依法行政的要求确定。

第＿＿条　城建监察队伍的基本职责。

（一）实施城市规划方面的监察。依据《中华人民共和国城市规划法》及有关法规，对城市规划方面的违法、违章行为进行监察。

（二）实施城市市政工程设施方面的监察。依据有关法律、法规，对占用、挖掘城市道路，损坏道路、桥涵、排水设施、防洪堤坝等方面违法、违章行为进行监察。

（三）实施城市公用事业方面的监察。依据有关法律、法规，对影响、损坏城市供水、供气、供热、公共交通设施的违法、违章行为和对城市客运交通营运、供气安全、城市规划区地下水资源的开发、利用、保护以及城市节约用水等实施管理方面的违法、违章行为进行监察。

（四）实施城市市容环境卫生方面的监察。依据《城市市容和环境卫生管理条例》及有关法律、法规，对损坏环境卫生设施、影响城市市容环境卫生等方面的违法、违章行为进行监察。

（五）实施城市园林绿化方面的监察。依据《城市绿化条例》及有关法律、法规，对损坏城市绿地、花草、树木、园林绿化设施及乱砍树木等方面的违法、违章行为进行监察。

第＿＿条　本规定所称的城建监察是对城市规划监察、市政工程监察、公用事业监察、市容环境卫生监察、园林绿化监察的统称。

第＿＿条　本规定由建设部负责解释。

第＿＿条　城建监察人员必须具备下列条件：

（一）热爱城建监察工作，具有一定的实践经验；

（二）具有中等以上文化程度，经过法律基础知识和业务知识培训并考核合格。

第＿＿条　城市建设行政主管部门应当为城建监察队配备必要的装备。

第＿＿条　城建监察人员在实施城建监察时，应当严格执行法律、法规和规章，贯彻以事实为依据，以法律为准绳和教育与处罚相结合的原则，秉公执法，服从组织纪律，保守国家秘密。在上岗时应当持城建监察证、佩戴标志，自觉接受监督。不得滥用职权，徇私舞弊。

四、写作训练

1. 以学生宿舍管理委员会的名义拟写宿舍用水、用电管理办法和宿舍卫生管理制度。

2. 以学生会名义撰写一篇学生会干部守则。

3. 以班级名义撰写一篇班级文明公约。

4. 学校是人员聚集较多的场所，一旦发生火灾，容易造成较大安全事故，为防范火灾，学校均应制定严格的消防安全管理制度。请以学校名义拟写一份适合某学校消防安全方面的管理制度，对消防设施的设置、定期的检查、保养，学校对消防安全管理人员的设置、培训、安全员的职责以及一旦发生火灾应急处理的办法和措施作出规范性规定。

第九章 讲演稿

本章要点

- 讲演稿的特点
- 讲演稿的结构
- 讲演稿的写作技巧

教学要求

了解讲演稿的基础知识，掌握讲演稿的写作技巧，提高讲演稿的写作能力，进一步提高语言表达，特别是口语表达能力。

第一节　讲演稿概述

一、讲演稿的概念和作用

讲演，即演讲（演说）。它是在公开场合、面对听众，就某个问题或围绕一个中心发表意见、阐明道理、抒发感情，从而影响和感召听众的一种口头独白体的说话形式。

讲演稿即演讲（演说）稿和讲话稿的合称。它是供讲演人在较隆重的集会或各种会议上发表讲话的书面文稿。

在较隆重的集会或工作等特定场合，人们常常会当众发表讲话，这种讲话常常需要事先写好书面稿件，这种稿件就是讲演稿。讲演稿是进行演讲的依据，是对讲演内容和形式的规范和提示，它体现着讲演的目的和手段、讲演的内容和形式。

讲演和表演、讲演稿和作文有很大的区别。首先，讲演是讲演者（具有一定社会角色的现实的人，而不是演员）就人们普遍关注的某种有意义的事物或问题，通过口头语言面对一定场合（不是舞台）的听众（不是观看艺术表演的观众），直接发表意见的一种社会活动（不是艺术表演）。其次，讲演是讲演者在现场与听众双向交流信息。严格地讲，讲演是讲演者与听众、听众与听众的三角信息交流，讲演者不能以传达自己的思想和情感、情绪为满足，他必须能控制住自己与听众、听众与听众情绪的应和与交流。

作文是作者通过文章向读者单方面地输出信息。讲演稿是人们在工作和社会生活中经常使用的一种文体。它可以用来交流思想、感情，表达主张、见解；也可以用来介绍自己的学习、工作情况和经验……讲演稿具有宣传、鼓动、教育和欣赏等作用，它可以把讲演者的观点、主张与思想感情传达给听众以及读者，使他们信服并在思想感情上产生共鸣。

讲话和演讲没有严格的区分界线，但也存在一定的差异。通常来说，讲话较为平实，能准确地表情达意即可，而演讲更追求艺术性，它以讲为主，以演为辅，比讲话更追求有声语言和无声语言（表情、姿势、动作）结合的表达效果，更富有激情和感召力。讲话的内容侧重于汇报性、表态性或指导性，以务实为主，而演讲则侧重于鼓动性、论证性、艺术性。

二、讲演稿的种类

讲演稿的使用范围很广，种类也很多。诸如用于各种大小会议上的发言稿、报告稿、领导人讲话稿、开幕词、闭幕词、欢迎词、欢送词、悼词、祝词，以及群众集会上的演说词、课堂讲稿、法庭辩护词等。

第二节　演讲（演说）稿的写作

一、演讲稿的特点

为演讲准备的稿子具有以下三个特点。

（一）针对性

演讲稿的内容是听众最关心、最感兴趣、最想了解的，所以演讲稿的内容必须有鲜明的针对性。如是学术演讲，其内容必须针对规定的内容拟写；如是比赛演说，必须根据主办单位的有关规定、要求选择演讲内容。总之，演讲稿必须针对不同场合，不同对象，不同的听众的实际情况，做到有的放矢，才能收到好的效果。

（二）鼓动性

鼓动性是指演讲能激发听众的热情，唤起听众的共鸣，促使听众积极行动的特性。没有鼓动性，就不成其为演讲，原因如下。

（1）一切正直的人们都有追求真善美的渴望，演讲者传播了真善美，自然会引起共鸣，激励和鼓舞听众。

（2）演讲者以自己强烈的感情去引发听众的感情共鸣，容易达到影响听众的目的。

（3）演讲者的形象、语言、情感、态势及演讲词的结构、节奏、情节等均能吸引听众。

（4）演讲的直观性使其与听众直接交流，极易感染和打动听众。

可以说，鼓动性是演讲成功与否的一个标志。

（三）艺术性

既然叫演讲，就不能离开"演"字。演讲不同于一般的口语表达形式，而具有一定的"表演"性质。"讲"，是陈述，即运用有声语言这一手段，把经过组织的思想内容有条不紊地表达出来。"演"，指辅助语言表达的表情、动作和姿态等态势语言。借助表演的某些技巧，与自己的内心感受自然结合，融为一体，使演讲更精彩、更具吸引力，从而真实自然地表现自己的本色、性格和气质、修养及思想情感。正因为这种与现实密切关联的艺术性，所以有人讲："演讲是最高级、最完美、最有审美价值的一种口语表达形式"。

二、演讲稿的结构、内容和写法

（一）演讲稿的结构和内容

演讲稿的结构一般分为开头、中间、结尾三大块，其结构原则与一般文章的结构原则大致一样。但是，由于演讲是具有时间性和空间性的活动，因而演讲稿的结构还具有其自身的特点，尤其是它的开头和结尾有特殊的要求。

1. 开头要抓住听众，引人入胜

演讲稿的开头，也叫开场白。它在演讲稿的结构中处于显要的地位，具有重要的作用。瑞士作家温克勒说："开场白有两项任务：一是建立说者与听者的同感；二是如字义所释，打开场面，引入正题。"好的演讲稿，一开头就应该用最简洁的语言、最经济的时间，把听众的注意力和兴奋点吸引过来，这样，才能达到出奇制胜的效果。

演讲稿的开头有多种方法，通常用的主要有以下几种。

1）开门见山，提示主题

这种开头是一开讲，就进入正题，直接提示演讲的中心。例如，宋庆龄《在接受加拿大维多利亚大学荣誉法学博士学位仪式上的讲话》的开头："我为接受加拿大维多利亚大学荣誉法学博士学位感到荣幸。"运用这种方法，必须先明晰地把握演讲的中心，把要向听众提示的论点摆出来，使听众一听就知道讲的中心是什么，注意力马上集中起来。

2）介绍情况，说明根由

这种开头可以迅速缩短与听众的距离，使听众急于了解下文。例如，恩格斯在1881年12月5日发表的《在燕妮·马克思墓前的讲话》的开头："我们现在安葬的这位品德崇高的女性，在1814年生于萨尔茨维德尔。她的父亲冯·威斯特华伦男爵在特利尔城时和马克思一家很亲近；两家人的孩子在一块长大。当马克思进大学的时候，他和自己未来的妻子已经知道他们的生命将永远地连接在一起了。"这个开头对发生的事情、人物对象作出必要的介绍和说明，为进一步向听众提示论题作了铺垫。

3）提出问题，引起关注

这种方法是根据听众的特点和演讲的内容，提出一些激发听众思考的问题，以引起听众的注意。例如，弗雷德里克·道格拉斯1854年7月4日在美国纽约州罗彻斯特市举行的国庆大会上发表的《谴责奴隶制的演说》，一开讲就能引发听众的积极思考，把人们带到一个愤怒而深沉的情境中去："公民们，请恕我问一问，今天为什么邀我在这儿发言？我，或者我所代表的奴隶们，同你们的国庆节有什么相干？《独立宣言》中阐明的政治自由和生来平等的原则难道也普降到我们的头上？因而要我来向国家的祭坛奉献上我们卑微的贡品，承认我们得到并为你们的独立带给我们的恩典而表达虔诚的谢意么？"

除了以上三种方法，还有释题式、悬念式、警策式、幽默式、双关式、抒情式等开场方式。

2. 主体要环环相扣，层层深入

这是演讲稿的主要部分。在行文的过程中，要处理好层次、节奏和衔接等几个问题。

1）层次

层次是演讲稿思想内容的表现次序，它体现着演讲者思路展开的步骤，也反映了演讲者对客观事物的认识过程，演讲稿结构的层次是根据演讲的时空特点对演讲材料加以选取和组合而形成的。由于演讲是直接面对听众的活动，所以演讲稿的结构层次是听众无法凭借视觉加以把握的，而听觉对层次的把握又要受限于演讲的时间。

那么，怎样才能使演讲稿结构的层次清晰明了呢？根据听众以听觉把握层次的特点，显示演讲稿结构层次的基本方法就是在演讲中树立明显的有声语言标志，以此适时诉诸听众的听觉，从而获得层次清晰的效果。演讲者在演讲中反复设问，并根据设问来阐述自己的观点，就能在结构上环环相扣，层层深入。此外，演讲稿用过渡句，或用"首先""其次""然后"等语词来区别层次，也是使层次清晰的有效方法。

2）节奏

节奏，是指演讲内容在结构安排上表现出的张弛起伏。演讲稿结构的节奏，主要是通过演讲内容的变换来实现的。演讲内容的变换，是在一个主题思想所统领的内容中，适当地插入诗文、趣闻轶事等内容，以便听众的注意力既保持高度集中又不因为高度集中而产生兴奋性抑制。优秀的演说家几乎没有一个不长于使用这种方法。演讲稿结构的节奏既要鲜明，又要适度。平铺直叙，呆板沉滞，固然会使听众紧张疲劳，而内容变换过于频繁，也会造成听众注意力涣散。所以，插入的内容应该为实现演讲意图服务，而节奏的频率也应该根据听众的心理特征来确定。

3）衔接

衔接是指把演讲中的各个内容层次联结起来，使之具有浑然一体的整体感。由于演讲的节奏需要适时地变换演讲内容，因而也就容易使演讲稿的结构显得零散。衔接是对结构松散的一种弥补，它使各个内容层次的变换更为巧妙和自然，使演讲稿富于整体感，有助于演讲主题的深入人心。

演讲稿结构衔接的方法主要是运用同两段内容、两个层次有联系的过渡段或过渡句。

3. 结尾要简洁有力，余音绕梁

结尾是演讲内容的自然收束。言简意赅、余音绕梁的结尾能够使听众精神振奋，并促使听众不断地思考和回味；而松散疲沓、枯燥无味的结尾则只能使听众感到厌倦，并随着事过境迁而被遗忘。怎样才能给听众留下深刻的印象呢？美国作家约翰·沃尔夫说："演讲最好在听众兴趣到高潮时果断收束，未尽时戛然而止。"这是演讲稿结尾最为有效的方法。在演讲处于高潮的时候，听众大脑皮层高度兴奋，注意力和情绪都由此而达到最佳状态，如果在这种状态中突然收束演讲，那么保留在听众大脑中的最后印象就特别深刻。

演讲稿的结尾没有固定的格式，或对演讲全文要点进行简明扼要的小结，或以号召性、鼓动性的话收束，或以诗文名言以及幽默俏皮的话结尾。但一般原则是要给听众留下深刻的印象。

（二）写作技巧

1. 了解对象，有的放矢

演讲稿是讲给人听的，因此，写演讲稿首先要了解听众对象：了解他们的思想状况、文化程度、职业状况如何；了解他们所关心和迫切需要解决的问题是什么，等等。否则，不看对象，演讲稿写得再花工夫，说得再天花乱坠，听众也会感到索然无味，无动于衷，也就达不到宣传、鼓动、教育和欣赏的目的。

2. 观点鲜明，感情真挚

演讲稿观点鲜明，显示着演讲者对一种理性认识的肯定，显示着演讲者对客观事物见解的透辟程度，能给人以可信性和可靠感。演讲稿观点不鲜明，就缺乏说服力，就失去了演讲的作用。

演讲稿还要有真挚的感情，才能打动人、感染人，有鼓动性。因此，它要求在表达上注意感情色彩，把说理和抒情结合起来。既有冷静的分析，又有热情的鼓动；既有所怒，又有所喜；既有所憎，又有所爱。当然这种深厚动人的感情不应是"挤"出来的，而要发自肺腑，就像泉水喷涌而出。

3. 行文变化，富有波澜

构成演讲稿波澜的要素很多，有内容，有安排，也有听众的心理特征和认识事物的规律。换句话说，演讲稿要写得有波澜，主要不是靠声调的高低，而是靠内容的有起有伏，有张有弛，有强调，有反复，有比较，有照应。如果演讲稿不"上口"，那么演讲的内容再好，也不能使听众"入耳"，完全听懂。例如，在一次公安部门的演讲会上，一个公安战士讲到他在执行公务中被歹徒打瞎了一只眼睛，歹徒弹冠相庆说这下子他成了"独眼龙"，可是这位战士伤愈之后又重返第一线工作了。讲到这里，他拍了一下讲台，大声说："我'独眼龙'又回来了！"会场里的听众立即报以热烈的掌声。演讲稿的"口语"，不是日常的口头语言的复制，而是经过加工提炼的口头语言，要逻辑严密，语句通顺。为了做到这一点，写作演讲稿时，应把长句改成短句，把倒装句变成正装句，把单音词换成双音词，把听不明白的文言词语、成语改换或删去。演讲稿写完后，要念一念，听一听，看看是不是"上口""入耳"，然后再做进一步的修改。

4. 要通俗易懂

演讲要让听众听懂。如果使用的语言讲出来谁也听不懂，那么这篇演讲稿就失去了听众，因而也就失去了演讲的作用、意义和价值。为此，演讲稿的语言要力求做到通俗易懂。列宁说过："应当善于用简单明了、群众易懂的语言讲话，应当坚决抛弃晦涩难懂的术语和外来的字眼，抛弃记得烂熟的、现成的但是群众还不懂的、还不熟悉的口号、决定和结论"。（《社会民主党和选举协议》）鲁迅也说过："为了大众力求易懂"。

5. 要生动感人

好的演讲稿，语言一定要生动。如果只是思想内容好，而语言干巴巴，那就算不上是一篇好的演讲稿。语言大师老舍说得好："我们的最好的思想，最深厚的感情，只能被最美妙的语言表达出来。若是表达不出，谁能知道那思想与感情怎样好呢？"（《人物、语言及其他》）为此，应注意以下几点。

（1）运用形象化的语言。运用比喻、比拟、夸张等修辞手法增强语言的形象色彩，把抽象化为具体，深奥讲得浅显，枯燥变成有趣。

（2）运用幽默、风趣的语言，增强演讲稿的表现力。这样，既能深化主题，又能使演讲的气氛轻松和谐；既可调整演讲的节奏，又可使听众消除疲劳。

（3）发挥语言音乐性的特点，注意声调的和谐和节奏的变化。

6. 要准确朴素

准确，是指演讲稿使用的语言能够确切地表现讲述的对象——事物和道理，揭示它们的本质及其相互关系。作者要做到这一点，首先，要对表达的对象熟悉了解，认识必须对头；其次，要做到概念明确，判断恰当，用词贴切，句子组织结构合理。

朴素，是指用普普通通的语言，明晰、通畅地表达演讲的思想内容，而不刻意在形式上追求辞藻的华丽。如果过分地追求文辞的华美，就会弄巧成拙，失去朴素美的感染力。

7. 要控制篇幅

演讲稿不宜过长，要适当控制时间。德国著名的演讲学家海茵兹·雷德曼在《演讲内容的要素》一文中指出："在一次演讲中不要期望得到太多。宁可只有一个给人印象深刻的思想，也不要五十个证人前听后忘的思想。宁可牢牢地敲进一根钉子，也不要松松地按上几十个一拨即出的图钉。"所以，演讲稿不在乎长，而在乎精。

8. 认真修改，精益求精

从事任何文体的写作都要重视修改，认真修改，精心修改，写作演讲稿自然不能例外。例如，林肯在接到要他作演讲之后，在指挥战争、通权国是的情况下，亲自起草演讲稿，并把演讲稿念给白宫的佣人听。直到演讲的前一天晚上，他还在旅馆的小房间里再次推敲、修改这篇演讲稿。再如，1883年3月14日，马克思与世长辞。恩格斯作了《在马克思墓前的讲话》的著名演讲。演讲草稿是这样开头的："就在十五个月以前，我们中间大部分人曾聚集在这座坟墓周围，当时，这里将是一位高贵的崇高的妇女最后安息的地方。今天，我们又要掘开这座坟墓，把她的丈夫的遗体放在里边。"作者考虑后进行了修改，写成："三月十四日下午两点三刻，当代最伟大的思想家停止了思想。让他一个人留在房里总共不过两分钟，等我们再进去的时候，便发现他在安乐椅上安静地睡着了——但已经是永远地睡着了。"两者比较，后者入题较快，演讲一开始就抒发了对逝者的无限敬爱和万分惋惜的心情，使现场的人们也沉浸在对马克思的缅怀与崇敬之中。正是这种认真的态度和精心的修改，才为他的每次演讲的成功提供了有力的保证。

三、讲演稿写作实例及其分析

例文 1

成功属于不抛弃不放弃的人

有这样一个年轻人。

他3岁的时候，就表现出惊人的音乐天赋。母亲拿出多年的积蓄为他买了架钢琴，教他弹得一手好钢琴。在读高中的时候，他就成了学校的"知名人物"。也就是从那时起，他确立了自己音乐的梦想。

高中毕业后，他没有考上大学，不得不到一家餐厅里当服务生。由于地位卑微，他稍不留神就会遭到经理无情的训斥。有一次，他不小心烫伤了另一位女服务员的手。经理一生气，竟罚了他半个月的工资。

即使在这样艰辛的打工生活里，他一刻也没有忘记自己的音乐梦想。他几乎把所有的工资都用在了买音乐资料上，在业余时间，他一刻不停地积累着自己的音乐"资本"。

后来，餐厅配备了钢琴。一连换了几位琴师，老板都不满意。出于对音乐的爱好，他瞅着一个没人的时机，忍不住上去弹了一曲。不料，这事被老板知道了。老板让他弹奏一曲，竟发现他的琴声正合自己的口味。于是，在人们惊异的目光中，他当上了钢琴师。

经人介绍，他很快获得了一个演出伴奏的机会。他感到自己的机会就要来了，精神抖擞地投入伴奏。但事与愿违，他的伴奏音乐与歌手的歌声很不和谐，舞台下嘘声四起。那一次他彻底演砸了。他伤心至极，但并没有灰心丧气。

不久，那家请他去伴奏的公司的老板发现他很有音乐天赋，请他去专职写歌。他高高兴兴去上任，却发现自己的职务却是"音乐制作助理"。这是一个除了写歌，什么杂事都得做的工作。但他二话没说就留了下来，因为跟餐厅相比，这里至少有音乐的环境。

过了一段时间，老板终于给他配了办公室，让他专职写歌。总算找到了可以放飞梦想的舞台，他压抑已久的创作欲望喷薄而出，创作出大量的歌曲。

然而这些歌曲，老板一首也没有看上。在老板看来，他的音乐天赋很好，可曲子写得怪怪的，不讨人喜欢。巨大的失落感笼罩着他，有一瞬间他想到了放弃。但很快，他就把这个念头否定了，因为如果现在放弃，就等于放弃了自己多年的梦想。

他决不放弃！一连七天，他每天都创作一首歌。每天早晨上班之前，老板准能见到他的一首新歌。终于，老板感动了，答应向明星推荐他的歌曲。

但是，公司一连几次向明星推荐他的作品都被对方拒绝了。一次次的失败，把他打入了痛苦的深渊，但他始终不肯放弃自己的音乐梦想。

终于有一天，老板把他叫来，对他说："如果你能在10天内写出50首歌，我就从中挑出10首，为你出唱片专辑！"

他感到自己简直就是在做梦，当明白这是事实时，他激动得说不出话来。

这次，他要拼了！

他一头钻进创作室，任由激情迸发，一首接一首地创作。饿了就泡包方便面，困了就倒头睡一会儿。近乎疯狂的10天过去了，他竟然创作出了50首新作品！

半年之后，他的第一张专辑一经上市就获得了巨大的成功，被歌迷抢购一空。从此，他一发而不可收。在第八届全球华语音乐榜中榜评选中，他被评为"最受欢迎的男歌手"。

他，就是当今的华语歌王周杰伦。

回首走过的道路，周杰伦不胜唏嘘："当幸运之神还未降临的时候，请不要着急，要耐心等待，并非你不是天才，而是时间还未到，我为这一天，努力了20年，在此期间，我从来不曾放弃。"

当今二十几岁的年轻人，大多都是独生子女。与上辈人三天两头搞运动、弟兄几个抢粥喝的年月相比，我们生活在一个没有动乱的和平年代。

不仅如此，因为是家中独苗，我们受到了来自父母和祖辈加倍的疼爱。可以这么说，在20岁之前，我们并没有真正地吃过什么大苦，也没有经过几个像样的大风大浪。

但是，我们不可能一辈子都生活在父母的怀抱里，父母也不可能庇护我们平安地走过一生。当有一天我们进入社会，不得不独自去面对生活的挑战、去实现自己的梦想，我们究竟能不能经受住生活中的挫折与考验，就得打一个问号了。

与周杰伦相比，我们的起点也许并不比他差。最起码我们大多数人都念过大学、受过高等教育。但是，并非每一个人都能够取得周杰伦那样的成功，并不只因为他对音乐独有的天赋，更因为他在面对挫折与失败的时候的那种永不放弃、百折不挠的韧劲儿。

正如周杰伦所言："明星梦并非遥不可及，任何人都可以做。我之所以能有今天，是我永不服输的结果。"

【例文分析】

本演讲稿以华语歌王周杰伦的奋斗经历这一典型事例说明：成功，并不只因为有独有的天赋，更因为在面对挫折与失败的时候的那种永不放弃、百折不挠。"当幸运之神还未降临的时候，请不要着急，要耐心等待，并非你不是天才，而是时间还未到，我为这一天，努力了20年，在此期间，我从来不曾放弃。"周杰伦的话语，正是本演讲稿神来的点睛之笔。事例单一但典型，引人入胜，能以一当十，在故事的娓娓道来中升华了主题。

例文 2

中国人能够创造奇迹

侯赛因·伊斯梅尔·侯赛因（埃及）

亲爱的朋友们：

我想，在座的各位一定与我有着共同的感觉：在短短的几分钟里表达我对中国的感情，确实是一个艰难的任务。

之所以说其艰难，是因为中国具有五千年的文明史，她的天空下生活着世界上1/5的人口，她是绘制21世纪世界蓝图的最大参与者。我说艰难，是因为中华人民共和国的诞生是20世纪后半叶世界上最重要的事件之一；是因为中国在最近20年中取得的成就，是许多国家和民族在同样短暂的时间内难以实现的；是因为整个世界应该授予中国最伟大的人权勋章。请问有比把占世界1/5的人口从穷困和死亡中拯救出来，使其过上体面的生活更伟大的成就吗？

我真要妒忌自己，妒忌任何一位生活在中国，特别是在这一时刻生活在中国的外国人了。因为，我亲眼目睹了这里目不暇接的发展，亲身感受到这里惊天动地的变化。如果说我对中国成就的一切惊叹不已，那并不意味着我诧异不已。因为建筑了万里长城的人们是能够创造奇迹的！拥有如此深厚文明遗产的人们，决不会因一次跌倒、一次失足而放弃伟大的征程。

亲爱的朋友们，我的出生地——埃及的金字塔与你们的长城相距万里，但是，我从未觉得自己是中国土地上的陌生客，是中国人中的外国人。每当我离开北京时，心中总怀有深深的眷恋和强烈的回返之感。在我与中国的一切之间、与中国有关的一切之间，出现了一种奇怪的关系，使我于1997年7月1日之前背上行囊，前往香港，以把它的回归深深地镌刻在我的记忆之中；也是这种关系，使我非常珍重在1999年10月1日与你们同在，置身于你们中间；还是这种关系，会在今年12月把我带向澳门，目睹其投向中国怀抱的回归。我真诚地希望能在不远的将来，与你们同庆台湾问题的解决，使中国大家庭得以团圆。就是这种关系，使我在谈起中国时，如我们的一些朋友们所说的那样，感情同中国人一样深厚。

亲爱的朋友们，50年前，中国的伟大领袖毛泽东在天安门上庄严宣告：中国人民站起来了！1982年，邓小平在中国共产党第十二次全国代表大会的开幕式上果断地宣布：我们坚定不移地实行对外开放政策，在平等互利的基础上积极扩大对外交流。到1997年中国共产党召开第十五次全国代表大会时，江泽民主席又郑重宣布：中国决不放弃改革开放政策。此时此刻，我想起中国伟大的思想家和哲人孔子曾经说过："吾少也贱，故多能鄙事。""吾十有五而志于学，三十而立，四十而不惑，五十而知天命"。今天，中国确确实实地知道上天所欲亲爱的朋友们，在中华人民共和国欢庆成立50周年之际，授予我"友谊奖"，是一件意义深远的大事，因为它正式表明了12亿中国人民的友谊。生活在中国人民中间的人们，都了解中国人民对友谊的崇尚和珍视，他们把友谊视为一种生命的价值。作为一个国家，中国将其体现在对和平与发展的呼唤、提倡及其坚持不懈地与其他国家人民建立友好关系上。

再一次在新中国成立50周年之际向你们表示祝贺。我要对你们说，是你们伟大的人民使我热恋这个国家，成为她忠诚的情人。在这个国家里，我感受着中国的温暖，享受着友朋的挚爱。最后，我要对你们说：我爱你们，中国人民！

【例文分析】

这篇演讲稿情真意切，感人肺腑。其成功之处主要体现在三个方面：语言真挚，运用排比、反复、设问等修辞手法，表达真挚的情谊；材料取舍精当，紧扣"中国人能够创造奇迹"这一立意，选取真实材料表情达意；结构独特，跌宕起伏，以四个"亲爱的朋友们"领起几个段落，组成一个并列结构，再用最后一段总结，把演讲者的真情实感全部抒发出来。

例文 3

新任学生分会主席就职演讲

尊敬的领导、老师，亲爱的同学们：

大家晚上好！

金菊含笑、秋风送爽，在这个美好的季节，我专业新一届学生分会成立了。

学生分会是在团总支的指导下独立开展工作的学生组织，是切实为同学们服务的团体，新一届学生分会是承前启后的一届，更是开拓创新的一届，我们深知肩膀上的重任。在继承并发扬学生分会优良传统的同时，我们更要在新的形势下搭建新的舞台、开创新的局面，使我专业学生分会提升到一个新的发展平台。为此，我代表新一届学生分会全体成员向大家作一下工作设想和决心。

首先，抓好基础工作，垒筑坚实地基。深层的地基关系着高楼的命脉，我们日常看似平淡的基础工作决定着全专业全方位的运作。过去，我们的学长在学习、卫生、文艺、体育、自律等各个方面均取得了辉煌的成绩，面对学长们为我们打下的坚实基础，我们要精诚团结、与时俱进，继续不懈地抓好日常管理和各项基础工作，建立、健全学生会各项章程，改进工作方式、方法，使其更贴近同学们的需要，引领和凝聚更多的同学一起向更高、更好、更强的目标奋进。

第二，营造精神家园，丰富校园文化生活。大学始终是莘莘学子心驰神往的圣洁殿堂，更是我们塑造高尚品格的缤纷天地。作为学生组织，我们要在落实校团委各项工作的基础上，努力丰富同学们的精神生活，创建广大同学所喜闻乐见的校园文化，使我专业的每一名同学在良好的校园文化氛围中，奋发图强，以健康向上的心态迎接每一天的挑战。

第三，丰富第二课堂的活动，打造学生精品社团。作为引领时代潮流的大学生，陈旧、单一的思维方式应予以抛弃，而换之以不拘一格、追求真知的时代气息。为此，我们的社团将革旧鼎新，紧跟时代步伐，向全院学习，让社团组织真正成为我们锻炼自我、提升自我的舞台，唱出当代大学生的新知、个性和能力。

学生分会是服务广大同学的集体，是同学们的家，我们每一位学生分会成员都是公仆，是志愿者。我们应该珍惜老师和同学们为我们提供的这一机会，"开弓没有回头箭"，胸怀为同学服务、为本专业学生分会的发展尽一份力的愿望，在团总支老师的具体指导和帮助下，在"严谨、求是、务实、创新"的院风鼓舞下，在广大同学的支持下，只要我们精诚团结、相互合作、彼此鼓励、倡导奉献，矢志不移地面对压力和挑战，我们终会成就一番事业，开创一片天地，但愿明年的今天，当我们把学生会发展的接力棒交给下一届的时候，我们会说：我们是成功的。

最后，我愿引用一句话来结束我的发言："拧在一起，我们就是一道闪电；聚在一块，我们就是整个太阳；站在一处，我们就是用心灵结成的信念，就像打不垮、推不倒的铜墙铁壁。"只要我们携手同行，奋力拼搏，必定会使我专业绽放出更加夺目的光芒。

谢谢大家！

【例文分析】

就职演讲是现代社会领导者除了竞聘演讲外所必备的常用演讲技能之一。与其他演讲不同，就职演讲的立足点在于它不是一次所谓的庆功讲话，更不是什么结论性的讲话，而是一种面向任期的、展望未来的、充满信心的讲话。本就职演讲的可取之处在于它具备以下特点。

（1）对症。就职者在深入调查研究的基础上，面对学校现实的学习、工作、生活中最需要解决的问题发表见解，其矛头所指是该校学生的热点、焦点问题，易于引起听者的共鸣。

（2）真挚。本演讲中注入了演讲者强烈而真挚的感情，不仅展示专业新一届学生分会的工作设想，更宣示专业新一届学生分会搭建新舞台、开创新局面的工作决心，产生强大的感染力和号召力。

（3）主题集中突出，结构严谨清晰，层次少而有条理，语言准确洗练，使听众一听就能够晓畅接受。

第三节　开（闭）幕词、迎送词、答谢词及祝贺词的写作

一、开幕词、闭幕词

（一）开幕词、闭幕词的含义和作用

1. 开幕词的含义和作用

开幕词是会议讲话的一种，即一些大型会议开始时，会议主持人或主要领导人向大会全体代表发表的开宗明义的讲话。它是大会的序曲，是为会议定基调的，它以简洁、明快、热情的语言阐明会议的指导思想、宗旨、重要意义，向与会者提出开好会议的中心任务和要求，所以具有宣告性、揭示性和指导性的作用。

2. 闭幕词的含义和作用

与开幕词相对应，闭幕词是一些大型会议结束时由有关领导人或德高望重者向会议所作的最后讲话，标志整个会议圆满结束，所以具有总结性、评估性和号召性。

办任何事情都不能虎头蛇尾，大会有一个隆重的开头，也应该有一个郑重的结尾。会议是否能给人圆满的印象，闭幕词起着重要的作用。

（二）开幕词、闭幕词的写法

1. 开幕词的结构、内容和写法

开幕词由标题、称谓和正文三部分组成，各部分内容与写作要求如下。

1）标题

一般由事由和文种构成，如《中国共产党第十二次全国人民代表大会开幕词》；有的标题由致词人、事由和文种构成，其形式是《×××同志在××××会上的开幕词》；有的采用复式标题，主标题揭示会议的宗旨、中心内容，副标题与前两种标题的构成形式相同，如《我们的文学应该站在世界的前列——中国作家协会第四次会员代表大会开幕词》；也有的只写文种《开幕词》。

2）称谓

一般根据会议的性质及与会者的身份确定称谓，如"同志们""各位代表、各位来宾""运动员同志们"等。

3）正文

包括开头，主体和结尾三个层次。

开头一般开门见山地宣布会议开幕。也可以对会议的规模及与会者的身份等作简要介绍，如"参加这次大会的代表有×人，其中有来自……"，并对会议的及时召开表示祝贺，对与会人员的到来表示热烈的欢迎。需要说明的是，开头部分即使只有一句话，也要单独列为一个自然段，将其与主体部分分开。

主体是开幕词的核心，通常包括三项内容：阐明会议的意义，通过对以往工作情况的概括总结和对当前形势的分析，说明会议是在什么形势下，为了解决什么问题和达到什么目的召开的；阐明会议的指导思想，提出大会任务，说明会议主要议程和安排；为保证会议顺利举行，向与会者提出会议的要求。

结尾要简短、有力，并要有号召性和鼓动性。开幕词一般用祝颂语结束全文，如"最后，祝大会取得圆满成功。祝各位在北京愉快。谢谢！"

2. 闭幕词的结构、内容和写法

1）标题

闭幕词的标题，跟开幕词的写法类似，常见的写法是《××××大会闭幕词》或《×××在××大会上的闭幕词》。偶尔也有主副标题的写法，将主要内容或主要观点概括成一句话做主标题，再用"××大会闭幕词"做副标题。

2）称谓

称谓一般也跟开幕词相一致。

3）正文

开头一般要用简洁的语言，说明大会经过全体代表的努力，已经胜利完成使命，今天就要闭幕了。

主体主要是对大会进行概括总结，并提出贯彻大会精神的要求和希望。其中，概括总结的部分要列举会议完成的任务和取得的成果，不能过于空泛笼统。提出要求和希望的部分也要突出会议精神，体现会议宗旨。同时，可以对会议未能展开却已认识到的重要问题作出适当强调或补充。行文要热情洋溢，语言要简洁有力，起到激发斗志、增强信念的作用。

结尾一般先对在大会中付出辛劳、作出贡献的人员表示感谢，最后郑重宣布会议闭幕，最常见的说法是："现在，我宣布，××××大会闭幕。"

（三）开幕词、闭幕词写作实例及其分析

例文 4

校长在春季趣味运动会上的开幕词

尊敬的各位领导、各位嘉宾、老师们、同学们：

大家好！

在这春光明媚、春风和煦、春暖花开的美好季节里，在这热情似火、生机盎然的美好时刻，我校第×届春季趣味运动会开幕了。在此，我代表学校全体老师向大会的开幕表示热烈的祝贺，并向莅临指导的领导和各位嘉宾表示热烈欢迎！向为本届运动会积极筹备而辛勤工作的各位工作人员、全体教职工表示衷心的感谢！向全体运动员和裁判员致以亲切的问候和良好的祝愿！

本届运动会的隆重举行，是对我校学生体育素质和精神风貌的一次检阅，也是对同学们身体素质、竞技才能、心理承受能力等综合素质的考验。我们相信，举行这次运动会，必将会更进一步地推动我校的蓬勃发展。

希望参赛的同学奋勇拼搏，赛出竞技水平，赛出道德风尚，赛出个性风采，赛出团结友谊；希望全体裁判员认真履行岗位职责，严肃纪律，秉公执法，做到客观、公正、公平；希望全体工作人员各司其职，忠于职守，热情服务，保障安全，为各项比赛的顺利进行提供强有力的保证。同时，让我们借助这次盛会，祝愿我校更加繁荣昌盛！明天会更好！

最后，预祝运动会圆满成功！祝同学们平安快乐，健康成长，全面进步！

谢谢大家！

【例文分析】

学校运动会的序曲——开幕词，由校长宣读，它以简洁、明快、热情的语言阐明运动会的性质、宗旨以及重要意义，向广大师生员工提出了运动会的中心任务和要求。文辞简短精练，语调热情洋溢，多处并列句、排比句的运用，增强了开幕词的气势，起到激发斗志、增强信念的作用。

例文 5

校长在春季趣味运动会上的闭幕词

尊敬的各位领导、各位嘉宾、老师们、同学们：

为期两天的趣味运动会，在组委会的精心组织下，经过全体工作人员、裁判员的辛勤工作和全体运动员的奋力拼搏，已经顺利完成了各项比赛。

这次运动会开得紧张、热烈、紧凑、顺利，运动场内，运动员们比技术、比团结、比毅

力，运动场外，观众们比纪律、比爱心、比服务；这次运动会不但赛出了水平，振奋了精神，更重要的是通过运动会凝聚了我们的团队精神，展示了我们集体的力量！在此，我代表运动会组委会和全校师生向取得优异成绩的运动员和班级致以热烈的祝贺！对为运动会顺利进行付出辛勤努力的全体工作人员、裁判员表示衷心的感谢！

在这次运动会上，同学们发扬了勇于拼搏、敢于创新的光荣传统，在赛场上创出了一个又一个好成绩。这体现了我校师生不仅具有良好的精神风貌，而且拥有良好的身体素质，这些是我们今后走向成功的保证，也是我们学校发展的良好基础。

同学们！如果我们把体育运动中顽强拼搏的精神和勇于吃苦的作风，用到学习上，无疑也会绽开绚丽的成功之花，使生活更具魅力，使人更加充实，使人生更加精彩。

老师们、同学们，我们相信，通过本次运动会，我们每个人都将以更大的热情和信心投入到自己的工作和学习中去，用我们顽强的拼搏精神和过人的心理素质去迎接新的挑战，共同创造我们学校辉煌的未来！

【例文分析】

本闭幕词与开幕词遥相呼应，不仅对运动会进行概括总结，列举运动会完成的任务和取得的成果，还代表运动会组委会和全校师生向取得优异成绩的运动员和班级致以热烈的祝贺，对为运动会顺利进行付出辛勤努力的全体工作人员、裁判员表示衷心的感谢，最后更热切提出：希望广大师生员工"以更大的热情和信心投入到自己的工作和学习中去，用我们顽强的拼搏精神和过人的心理素质去迎接新的挑战，共同创造我们学校辉煌的未来！"显示出强大的感召力，催人奋进！

二、迎送词

（一）迎送词的概念和性质

迎送词是欢迎词和欢送词的合称，是一种由东道主在举行隆重庆典、大型集会、迎送仪式或宴会等公共场合为欢迎、送别宾客而写作的致辞、讲话文稿。迎送词主要起到交流感情、促进和加深友谊的作用。

（二）迎送词的特点

1. 礼节性

注重礼节、礼貌，如在姓名前冠以表示尊敬和亲切的用语等。

2. 真挚性

言词用语富有感情和表现出致词人的真诚，自然亲切，恰到好处。

3. 精练性

欢迎词、欢送词一般都精练简短，既能表现出主人干练的风格，又能赢得宾客的尊敬。

（三）迎送词的分类

从社交的公关性质上分，可分为以下几类。

1. 私人交往迎送词

一般是在个人举行较大型的宴会、聚会、茶会、舞会、讨论会等非官方的场合下使用的。通常要在正式活动开始前进行，往往具有很大的即时性、现场性。

2. 公事往来迎送词

一般在较庄重的公共事务中使用。要有事先准备好的得体的书面稿，文字措辞上的要求较私人交往迎送词要正式和严格。

（四）迎送词的结构和内容

1. 标题

标题写法一般有两种。一种是单独以文种命名；另一种是由迎送场合、活动内容或对象加文种构成，如《在××学术讨论会上的欢迎词》《在校庆75周年纪念会上的欢迎词》。

2. 称呼

转行顶格加冒号称呼对象。面对宾客，宜用亲切的尊称，如"亲爱的朋友""尊敬的领导"等。

3. 正文

说明迎送的情由，可叙述彼此的交往、情谊，说明交往的意义，最后热情地表示良好的祝愿或希望。

1）开头

迎送词开头通常应说明现场举行的是何种仪式，发言者代表什么人向哪些宾客表示欢迎和问候，或表示欢送和祝福。通常应用热烈简要的语言营造出欢悦友好的氛围。例如，欢迎词这样开头："今天下午我们有机会与史密斯先生欢聚一堂，感到十分荣幸。斯密斯先生已来我校多次，他是一位我们十分熟悉的师长和学界的前辈，他在文学理论方面的学术成就，在世界已久负盛名。这次，我们有幸再次请到斯密斯先生来我校讲学，希望大家倍加珍惜这次机会。首先让我代表今天所有参加会议的人，向远道而来的贵宾表示热烈的欢迎和敬意。"

2）中段

欢迎词可以高度评价来宾来访的背景及意义，赞颂宾主双方友好交往、愉快合作的共识，或客方在某些方面取得的成就，以及提出自己对发展友好关系的原则、观点及愿望等。

欢送词则应叙述双方合作取得的成绩或会晤谈判、友好协商中取得的成绩，以及存在的分歧。也可以对取得的成绩进行评价，指出其产生的意义和影响等。还可以就今后的友好合作发展提出愿望。一般要阐述和回顾宾主双方在共同的领域所持的共同的立场、观点、目标、原则等内容，热情洋溢地介绍宾客在各方面的成就及在某些方面作出的突出贡献。

3）结尾

欢迎词应对客人的到来表示真诚的欢迎和祝颂。

欢送词应对客人表示惜别之情和祝愿。

4）落款

署上致辞单位名称，致辞者的身份、姓名，并署上成文日期。

（五）迎送词写作的注意事项

迎送词是出于礼仪的需要而使用的，因此要十分注意礼貌。具体而言，要注意以下几点。

（1）称呼要用尊称，感情要真挚，要能较得体地表达自己的原则、立场。

（2）措辞要慎重，勿信口开河，同时要注意尊重对方的风俗习惯，应避开对方的忌讳，以免发生误会。

（3）语言要精确、热情、友好、温和、礼貌。

（4）篇幅短小，言简意赅。一般的迎送词都是一种礼节性的外交或公关辞令，宜短小精悍，不必长篇大论。

（六）迎送词写作实例及其分析

例文 **6**

欢 送 词

尊敬的各位专家：

两天紧张的工程质量研讨会议，今天圆满结束了！

这是一次高效率的会议，在过去的两天里，各位专家认真听取了我们××建筑公司关于工程质量方面存在的问题的汇报，讨论并修订了工程施工流程，对我公司在工程质量方面提出了许多宝贵的意见。大家在研讨中畅所欲言，各抒己见。专家们的真知灼见丰富了我们的见识，开阔了我们的视野，拓展了我们的思路。各位专家、各位朋友，明天你们就要离开了，时间虽然短暂，但我们的友谊长存。我们将认真重视专家们的好建议，把它们贯彻到实际工作中去。

最后，我代表××建筑公司再一次感谢各位专家的光临，感谢专家给我们提供宝贵的意见和建议。

祝大家归途愉快，工作顺利，身体健康！

【例文分析】

这是一篇欢送词。××建筑公司欢送参加工程质量研讨会议的各位专家，对各位专家进行的广泛研讨、提出的积极建议给予高度评价，表达了欢送和依依惜别之情，最后再次表示对专家的感谢，送上美好的祝愿。语言质朴，情感真挚。

三、答谢词

（一）答谢词的概念

与欢迎词相对应，答谢词是由宾客出面发表的对主人的热情接待表示感谢的讲话稿。

（二）答谢词的结构和写法

答谢词的结构由标题、称呼、正文三部分构成。

1. 标题

一般用文种《答谢词》作标题。

2. 称呼

与迎送词同。

3. 正文

开头对主人的热情接待表示感谢。

主体畅叙情谊，表明自己的诚意，申述有关的愿望。

结语祝愿，或再次表示谢意。

（三）答谢词的要求

1. 客套话与真情

在礼仪场合，必要的客套话是不能省略的，如"感谢""致敬"之类热情洋溢、充满真情的词语。

2. 尊重对方的习惯

在异地作客，要了解当地的民情、风俗，尊重对方的习惯。

3. 注意照应欢迎词

主人已经致辞在前，作为客人不能"充耳不闻"。答谢词要注意与欢迎词的某些内容照应。这是对主人的尊重。即使预先准备了答谢词，也要在现场紧急修改补充，或因情因境临场应变发挥。

4. 篇幅力求简短

欢迎词、答谢词都是应酬性讲话，而且往往是在一次公关礼仪活动刚开始时发表的，下面还有一系列的活动等着进行，因此篇幅要力求简短，不宜冗长拖沓，以免令人生厌。

（四）答谢词写作实例及其分析

例文 7

在毕业典礼上的答谢词

各位领导、各位老师、各位同学：

今天我怀着十分激动的心情参加20××届同学毕业典礼。

首先，我代表全校805名毕业生，向四年来亲切关怀我们学习、生活、成长的校系各级领导、各位师长以及广大的后勤工作人员，致以最崇高的敬意和最衷心的感谢！

我们这一届同学来自大江南北，带着求知的渴望和报国的志愿，不约而同地跨进××大学，走到了一起。四年来，在领导和老师的谆谆教导和辛勤培养下，我们在政治上有了很大进步，在学业上有了很大长进，顺利完成了学习任务，掌握了各种基本业务知识和专业技能，成长为社会主义现代化建设的专门人才。

我们四年来的丰富多彩、温馨快乐的大学生活就要结束了，即将走上社会，奔赴各自的工作岗位，投身于社会主义建设事业。在此，我们全体毕业同学向母校的领导、老师表示如下决心：我们将继续保持和发扬"严谨、求实、团结、奋进"的精神，牢记校训，坚持学习马克思主义和建设有中国特色的社会主义理论，坚定正确的政治立场，虚心学习，踏实工作，努力把母校老师授予的知识和本领奉献给社会主义建设事业，通过自己的智慧和劳动，为祖国增光，为母校添彩。

老师们，再见了！同学们，再见了！在即将离开母校，告别这美丽古城的时候，让我们再一次地向母校致谢，向亲爱的老师们致意！

祝母校繁荣昌盛，祝老师们身体健康！

【例文分析】

这是一份即将离开母校的大学毕业生代表在毕业典礼上的答谢词。字里行间，情真意切，充满了对母校的深深眷恋和对母校领导、师长的感激之情，同时也表达了毕业后走上社会，通过自己的智慧和劳动，为祖国增光、为母校添彩的决心。语言简洁精练，感情热烈真挚，具有很强的感染力。

四、祝贺词

（一）祝贺词的概念、作用、特点和种类

1. 祝贺词的概念

祝贺词是祝词和贺词的合称。

1）祝词

在节日、庆典或会议上，以表示良好愿望和庆祝志贺为内容的讲话稿。

2）贺词

在喜庆场合对某人或某项已经取得成功的工作、事业表示祝贺的讲话稿。

在现实生活中，祝与贺往往联系在一起：祝贺。祝贺，同时使用，某些场合也是可以混用的。其实确切地说二者有所不同：祝词在事前祝，贺词在事后贺；祝词一般的对象是事情未果，表示祝愿、希望的意思；而贺词一般对象是事情已果，表示庆贺、送喜的意思。

2. 祝贺词的作用

通过对祝贺对象的肯定、赞美、颂扬和希望，达到明确方向、鼓舞斗志、密切关系、联络情感的目的，以便争取更大的辉煌。

3. 祝贺词的特点

祝贺词热情洋溢，格调高昂，文词华美吉祥，褒扬祈望恳切。

4. 祝贺词的种类

按祝贺对象分类，主要有以下几种。

1）祝贺寿诞

祝贺寿诞的主要对象是老年人。在祝贺中，既赞颂他已取得的辉煌成绩，又祝愿他幸福健康长寿！祝贺寿诞的对象也可以是新得子女的一对夫妻，贺其喜得子嗣，祝贺其夫妻生活更加甜美。

2）祝贺事业

事业成功的祝贺涉及范围极广。例如，会议开始时祝其圆满成功，会议结束时贺会议圆满结束；展览会剪彩时祝其取得较好的社会效益，展览会结束时贺其已取得了预期目的；某人考入大学，叫贺其金榜题名，祝其鹏程万里、百尺竿头再进一步；其他如公司开业、银行开张、报刊创刊、社团纪念等均可贺其已取得的成就，祝其今后事业的顺利发达。

3）祝贺婚嫁

既贺新婚，又祝新人婚姻今后和谐美满。

4）祝贺酒宴

以酒助兴，祝酒词只是人们交往中的一种媒介形式辞，其实是在向赴宴宾客表达一种祝福和庆贺。

（二）祝贺词的结构和写法

1. 标题

一般由两种方式构成。

（1）致辞者+致辞场合+文种，如《周恩来总理在欢迎尼克松总统宴会上的讲话》。

（2）致辞对象+致辞内容，如《在××先生和××小姐婚礼上的祝词》。

2. 称呼

称呼写在开头顶格处，写明祝词或贺词对象的姓名，甚至有关的职务头衔，以求敬重，如"尊敬的斯密斯博士"。

3. 正文

正文一般由三项内容构成。

（1）向受词方致意，要说明自己代表何人或何种组织向受词方及其何项事业祝福贺喜。

（2）概括评价受词方已取得的成就。

（3）展望未来美好前景，再次向受词方表示衷心的祝贺。

4. 落款

落款处应当署上致辞单位名称，或致辞人姓名，最后还要署上成文日期。

（三）祝贺词的写作要求

（1）语言要求充满热情、喜悦、鼓励、希望、褒扬之意，以便使对方感到温暖和愉快，受到激励与鼓舞。

（2）祝词不应使用辩论、谴责、批评等词句和语气。

（3）颂扬与祝贺要恰如其分，过分的赞美之词会使对方感到不安，自己也难免有谄媚之嫌。

（四）祝贺词写作实例及其分析

例文 **8**

贺　信

××国际招标公司：

　　值××国际招标公司成立十周年之际，谨表示热烈的祝贺。十年来，贵公司在我局利用世界银行及亚洲开发银行贷款项目的招标采购工作中，给予了大力支持与协助。特别在签约及执行合同过程中，坚持信守合同，维护我方用户利益，使项目单位尽快产生效益。借此机会，我们再次对贵公司表示衷心的感谢。

　　回顾十年历程，我们的合作是真诚友好的。值此庆祝贵公司成立十周年之际，愿我们的合作留下长久的记忆，并期待得到发扬，共同为××事业的发展作出新的贡献。

××省××局

××××年×月×日

【例文分析】

　　该贺信语言精练、言简意赅，内容表达恰如其分，表达出对××国际招标公司成立 10 周年的热烈祝贺，表达祝福，也预祝双方未来的合作更加长久。

思考与练习

1. 请同学们自己选择一种情境展开联想和想象，写一篇500字左右的即兴讲话稿。

（1）中秋节（或国庆节、春节），在同学聚会上的讲话。

（2）同学或亲人的生日宴会、同学多年后的聚会上的讲话。

（3）围绕某主题开展的主题班会上的发言（主题自定）。

2. 阅读材料，按要求撰写文书。

××职业技术学院院长带领建筑工程系部分师生到××建筑一公司参观学习，受到了××建筑一公司领导和员工的热情欢迎和款待。××建筑一公司在师生到来时召开了欢迎会，临别时召开了欢送会。请你为××建筑一公司写一篇欢迎词和欢送词，为院长写一篇答谢词。

3. 结合自己的思想实际和人生理想，以"青春应该闪光""滴水穿石有感""莫让青春负年华""时代在召唤"等为题写一篇800字左右的演讲稿。

第十章

职场礼仪文书

本章要点

- 职场信函的写法及写作要求
- 礼仪信函的写法及写作要求

教学要求

通过对职场文书、社交礼仪文书基础知识的学习，了解求职信、辞职信、个人简历、自我鉴定、请柬、聘书的写作特点，掌握其写作方法和写作技巧；能够结合个人的实际情况，制作出一套完整、规范并富有个性的求职书；能够根据需要制作各类请柬、聘书。

第一节　职场礼仪文书概述

日常应用文，是人们日常交往中互通信息、交流经验，沟通思想、联络感情的重要载体。它的实用性、时效性都比较强，格式较为固定，语言文字较为通俗易懂。它的种类较多，常见的有上一章已经涉及的礼仪类的祝词、贺词等，书表类的家信、慰问信、感谢信、求职书、申请书、挑战书等，告启类的启事、声明、海报以及条据类的请假条、借条等。本章主要介绍与学生学习及将来实际工作关系较为密切的职场礼仪类求职书、辞职书和请柬、聘书。

第二节　求职书与辞职书

求职书和辞职书是人们在求职或职位调整过程中使用的文书。其中，求职书包含的内容较多，一般由求职信、个人简历、自我鉴定（评价）以及相关的证明材料等构成。实际中，求职书既可以作为一套完整的求职材料，递交给招聘单位，也可以在求职过程中单独使用其中的某部分材料，比如，只投递其中的简历。辞职信则较为单一。但这两种文书都具有特定的使用范围，其内容客观真实，语言简洁、质朴、通俗易懂。

186

一、求职信

随着我国人事制度改革的深入，就业的双向选择使社会的人才交流越来越频繁，求职择业也日渐成为了人们日常生活中的一项重要内容。特别是在"市场导向、政府调控、学校推荐、学生和用人单位双向选择"的高校毕业生就业工作机制背景下，大学毕业生要成功迈向社会、实现自己个人的人生价值，必须要做好自我推销的准备。而要成功地进行自我推销，顺利完成"择业"或"谋职"，除了要在一定的价值原则下对自己个人的职业生涯作出慎重的思考和决策外，拟定有说服力并能吸引用人单位注意力的书面材料是赢得职业岗位的第一步。

求职信就是一种直接向用人单位有效地推介自己，展示自己才能，以获得理想工作职位的好形式，是求职者走向成功之路的开端。

（一）求职信的概念和作用

1. 求职信的概念

求职信又称自荐信，是指求职者通过书信的方式，向自己欲谋求职业的单位介绍自己的基本情况，表达求职意向的书面材料。

2. 求职信的作用

求职信的目的是毛遂自荐，意在公关，求得录用。求职者通过书信的形式直接向用人单位陈述个人学识、才能和经历，进行自我推销，以激起用人单位阅读求职者个人简历的兴趣并争取到面试机会。

该类文书一般适用于大、中专院校毕业生及无业、待业人员求职，以及在职人员谋求或转换职业和工作时使用。

（二）求职信的种类

（1）按使用情况分，求职信可分为自荐信和应聘信。求职者在并不一定清楚某用人单位是否需要招聘人员或者是否具备符合本人求职意愿的工作岗位情况下，主动向用人单位递交或发出求职请求的，一般使用自荐信；而求职者在已知用人单位公开招聘某种人员的情况下，向用人单位有目的地表达求职意向请求的，一般使用应聘信。

（2）按求职者的身份不同，求职信可分为毕业生求职信、待业下岗人员求职信、在岗换岗人员求职信等。

（三）求职信的特点

求职信的最大特点是自我推销。求职者与用人单位或雇主之间从未谋面，互不相识，属于"纸上的会见"，所以求职信在写作时要将自己的特长、优势以及个性如实地托出，供用人单位进行研究、选择和录用。与一般书信相比，求职信具有以下特点。

1. 针对性

求职信的内容要围绕用人单位的岗位需求、读信人的心理及个人的求职目标、个人的特点等方面有针对性地组织材料和撰写。

2. 自荐性

求职信是沟通求职者与用人单位之间的一个桥梁，在双方互不了解的情况下，求职者必须进行适当的自我推销，凸显自己的优势，才能引起用人单位的注意，增加获取面试的机会。

3. 独特性

一封好的求职信应该犹如一则自我营销的好广告，能够给阅信者留下强烈的印象，激起对方求贤若渴的意愿，只有这样，才能在求职竞争中胜出。

（四）求职信的基本内容、结构及写法

1. 求职信的基本内容

虽然求职者的个人情况和所求的职业、职务的性质不一样，求职信的内容构成也各不相同，但就一般情况而言，大多包括以下几个内容。

（1）求职目标。写求职信的目的是为了找到一份自己满意的工作，因此，求职者应该根据自身的专业特长、兴趣爱好等实际情况进行职业定位，拟定具体的求职目标。

（2）求职理由。求职动机是否真实，是否能够打动用人单位是求职目标能否实现的条件之一。因此，求职者在陈述求职理由时应该做到既要实事求是，又要灵活机智。

（3）求职条件。能否使自己从众多的求职者中脱颖而出，求职者个人的求职条件是关键。因此，求职者必须针对自己的求职目标，着力表达或暗示自己的聪明才智、学习能力和发展潜力以及对工作的态度等，力求多角度、立体地展示自我，借以引起用人单位的注意。

（4）附件。求职信要求简洁明了，因此，为了更好地证明求职者个人的实力，可以另外将一些能证明自己实力的文件复印件一并寄出。

2. 求职信的结构及写法

求职信的格式和一般书信的格式基本相同。一般包括标题、称谓、问候语、正文、结束语（祝语）、署名和日期、附件等几个部分。

（1）标题。求职信的标题通常只由文种名称组成，一般以"求职信"或"应聘信"三个字为标题，居于首页第一行正中。

（2）称谓。称谓在求职信的第二行顶格书写。主要写明收信人，是求职者对自己求职单位或领导人的称呼，称呼后面加上冒号，是引起下文的意思。称呼要礼貌得体，要根据不同单位、不同部门的情况而定。一般情况下，对国有企事业单位的可称"××单位"或"××单位的人事处（组织人事部）"，如"广西建工集团第一建筑工程有限责任公司"；对民营、私营或合资独资企业的可称"××公司经理"或"××公司人事部负责人"，如"广西良兵消防公司人事部负责人"。若没有目的的求职信可以直接称呼"尊敬的领导"。

（3）问候语。写在称呼的下一行，空两格，独立成段，表示对用人单位的尊重和敬意，也是文明礼貌的表现。常用的问候语有"您好"或"你们好"。

（4）正文。正文是求职信的核心，一般由开头、主体、结语三部分组成。开头一般先写明求职、应聘的缘由，是毕业求职、待岗求职还是在岗者换岗求职等，都要说清楚；主体是求职信的重点部分，主要针对用人单位的招聘信息或者根据自己了解到的用人单位通常的要求，有选择地重点介绍自己能胜任某项工作的优越条件（如学历、知识、技能、经验等），使用人单位意识到你正是他们寻找的最佳人选；结尾表明求职者想得到该工作的迫切愿望，或以商量的语气表达希望前往拜访或打电话了解情况、希望对方予以答复的请求。

（5）结束语或祝语。与一般书信一样，在信的末尾要写上简短的表示祝福的话语，祝福的话语要礼貌，不可过于随便。常用祝语有"盼望答复""伫候佳音""顺祝安康""顺颂商祺""此致 敬礼"等。

（6）署名和日期。在祝语的右下方，要写上"求职者：×××"，并注明写求职信的具体日期。为方便对方回文联系，还需提供自己的详细通信地址、邮政编码、电话号码、个人网站、电子邮箱地址等相关信息。

（7）附件。附件部分是附在信末用于证明或介绍自己具体情况的书面材料。包括所学课程目录及成绩表、获奖证书或职业资格等级认定证书、所发表的文章、专家或单位提供的推荐信或证明材料等的复印件。

（五）求职信的写作要求

1. 态度要谦恭

谦虚是一种美德。不要以为自己有了高学历，就有了求职的全部资本，求职信的字里行间若流露出过分的自信或过分的要求往往会引起用人单位的反感而错失机会。因此，写作时态度要诚恳、谦恭，语气要委婉，切不可用命令的语气强人所难。

2. 情况要真实

一般用人单位招聘员工往往都设定了试用期。因此，如果求职者把自己并不具备的素质和能力作为标签贴在自己身上，做脱离实际的自吹自擂，而一旦露馅，反而会导致用人单位对求职者的品格产生怀疑，影响个人的发展前途。

3. 目标要明确

即求职目标、求职意向要明确，一方面对自己希望获得什么职位要表达清楚，另一方面对于自身从事相关工作，履行相应职责所具备的基本素质或特殊才能也应表述清楚。如果是应聘式求职函，还应严格依据招聘条件，有针对性地逐条如实表述。

4. 语言要简洁

相信每个用人单位的领导或人事部门的主管都不会愿意看到一份拖沓冗长的求职信。因此，在重点突出、内容完整的前提下，尽可能地使用简洁明了、朴实通顺的语言，切不可过分追求文笔超脱、言辞华丽而舍本逐末。

（六）求职信写作实例及其分析

例文 1

求　职　信

尊敬的领导：

　　您好！

　　首先，为我的冒昧打扰向您表示真诚的歉意。在即将毕业之际，我怀着对贵公司的无比信任与仰慕，斗胆投石问路，希望能成为贵公司的一名施工员，为贵公司服务。

　　我是广西建设职业技术学院建筑工程技术专业 2014 届的毕业生，将于今年 7 月毕业。在大学学习期间，我勤奋学习，系统地学习了建筑识图与房屋构造、工程测量、建筑施工技术、建筑工程预算与计价清单、施工项目成本管理等专业基础知识，课程学业成绩优良（课程学习成绩见附件）；考取了施工员和安全员的职业资格证书，具备了现场工程施工员必备的基本知识和技能。

　　作为新世纪的一名大学生，我注重自己各方面能力的培养。在担任班级纪律委员、宿舍舍长期间，通过协助辅导员处理班上的各种事务，学会了如何与老师、同学的沟通；在南宁市建筑安装工程公司见习的 2 个月，使我的实践能力和工作能力得到了提高。

　　我是一名来自农村的孩子，艰苦的生活条件练就了我强健的体魄，勤劳善良的父母教会了我吃苦耐劳的工作态度和谨慎谦和的处事准则，社会的激烈竞争使我养成了积极奋进不断学习的习惯，让我有信心面对今后工作中遇到的任何困难和挑战。

我正处于人生精力充沛时期，渴望有一个能让我施展才华的天空，期盼能加入到贵公司团队中工作。若能有幸成为贵公司的一员，我将谦虚地向前辈学习，尽我所学，从最基层的岗位做起、踏实努力地做好本职工作，为公司发展献一份力量。

现奉上学院毕业生就业推荐表、学习成绩单、职业资格证书复印件等资料，请您审阅，如需其他证明材料，请您赐告。

我的联系地址是：广西建设职业技术学院土木工程系建筑工程技术专业 1101 班

联系电话是：1234567890

电子邮箱是：123456789@qq.com

感谢您拔冗阅读我的求职材料，祝您工作顺利。

此致

敬礼！

附件：

1. 广西建设职业技术学院毕业生就业推荐表
2. 学习成绩单
3. 施工员专业岗位证书复印证
4. 全国高等学校计算机等级考试证书复印件
5. 高等学校英语应用能力考试合格证书

求职人：张三

2014 年 3 月 9 日

【例文分析】

这是一封比较典型的毕业生非应聘式求职信。正文开头谦恭有礼，明确提出写信目的、求职岗位。主体分为三部分：第一部分介绍自己的学业情况，重点介绍了自己的学业情况和所获得的职业资格证书；第二部分介绍自己的专业特长、性格及良好的生活习惯；第三部分用恳切的言辞表达了自己的求职愿望和决心。附件为信面提供了旁证。

全文情辞恳切，谦恭得体，不卑不亢。

在不知对方是否有聘人需求的情况下，此信可供借鉴。

例文 2

应 聘 信

尊敬的领导：

您好！

我是广西建设职业技术学院管理工程系工程造价专业的学生，将于 2014 年 7 月毕业。毕业之际，很高兴地在广西人才招聘网站上得知贵公司正在招聘一名建筑工程项目预决算员，怀着热情与渴望，向您呈上我的应聘材料，衷心希望得到您的认同和接纳，成为贵单位中的一员。

在三年的大学生活中，我在学业上不断进步，较全面系统地学习了建筑工程定额预算与清单报价、预算软件的应用、工程招标与合同管理、工程项目管理等建筑工程预决算的相关专业知识；在学好专业课的同时，本人注重个人综合能力的锻炼和培养，选修了社交礼仪、演讲与口才等课程；具备了独立分析问题、解决问题的能力。现已考取了建筑工程施工员、预算员的岗位证书，通过了全国计算机二级水平考试和英语四级考试。

本人积极参加社会实践活动，在学院组织的×××房地产开发公司的社会实践调查活动中，本人独立设计问卷，深入社会，在收集了大量信息的基础上，写出了较科学的调查报告，得到了该公司领导的好评。

在××工程造价咨询公司实习期间，本人参与了××工程项目投标文件的编制，专业技能得到了进一步的提高。如有幸得到您的赏识，成为贵公司的一员，我将保持奋发向上的精神，谦虚地向前辈学习，尽我所学，为公司的发展出一份力量。

现奉上推荐表、个人简历、成绩表等资料供您查阅，如还需要其他的证明材料，请您赐告。

我的联系方式是：12345678911

电子信箱是：123452@qq.com

感谢您抽出宝贵的时间阅读我的应聘材料。祝您工作顺利。

附件：
1. 广西建设职业技术学院毕业生就业推荐表
2. 学习成绩单
3. 预算专业岗位证书复印证
4. 资料员专业岗位证书复印件
5. 全国高等学校计算机等级考试证书复印件
6. 高等学校英语应用能力考试合格证书

求职人：张一名

2014 年 3 月 9 日

【例文分析】

这是一封比较典型的毕业生应聘式求职信。开头部分直截了当地交代了自己的身份、年龄、学历等基本情况及应聘的原因，表达了求职的愿望，交代了写信缘由。

主体部分根据招聘单位招聘岗位的要求，有针对性地介绍了自己专业学习情况和参加实践活动情况，能够较好地把自己的专业特长、业务技能及其他潜在的能力和优点展现出来。结尾部分再次强调自己的求职应聘愿望，附件进一步说明了自己的身份、经历、才能和业绩。

全文内容具体、充实，语言简洁、朴实，格式规范。

在得知对方有聘人需求的情况下，此信可供借鉴。

例文 3

应 聘 信

××公司经理先生:

您好!

本人一直期望有机会能够加盟贵公司。近日,非常高兴地从《南国早报》上获悉贵公司正在招聘工程项目现场施工管理员一名,特写此信应聘该职位。

本人于 2010 年 7 月毕业于广西建设职业技术学院建筑工程技术专业,毕业后一直在宏基建筑工程有限责任公司担任海华项目工程的现场施工管理工作,现该工程项目已完成施工任务,项目工程质量优良。

近 4 年的现场施工管理工作,不仅使我的专业技能、实践能力得到了不断的提高,而且具备了良好的现场沟通协调组织能力。为进一步提高自身能力,2014 年 3 月我还取得了国家二级建造师职业资格证。综合以上的因素,个人认为本人能胜任贵公司所招聘的职位,希望公司负责人能够考虑我的求职请求,让我成为贵公司的一名正式员工,为公司效力。

有关个人业绩、证件等材料随函附上。

我的联系地址是南宁市大学路××小区×号××房

邮政编码: 530003　联系电话: ××××××

热切期待您的回音。

附件:

1. 毕业证复印件
2. 二级建造师资格证书复印件
3. 个人履历表

求职人: ×××谨上

2014 年 6 月 18 日

【例文分析】

这是一份在职人员应聘式求职信。正文首先写应聘求职的缘由,接着写求职意愿、个人简历,最后提出要求,目标定位准确,能结合自己的实际能力和工作经历展开介绍,有很强的针对性。

全文语言简洁,态度自信、恳切,礼貌而又不卑不亢。

有过工作经历,且得知用人单位用人的情况下,此信可供参考。

例文 4

求 职 信

尊敬的阳光装饰公司经理：

您好！

本人是今年的毕业生，面临毕业，想到贵公司工作，现将本人的情况作如下的介绍。

本人现就读于××职业技术学院建筑装饰专业，今年七月毕业。我在学院各方面表现都很好。

我的性格是属于外向型的，不喜欢独来独往，人比较健谈，喜欢去人多的地方，喜欢交朋友，而且自己认为朋友越多越好，将来有什么困难可以得到更多朋友的帮助。

我的兴趣是广泛的，好像什么都喜欢，我的音质不好，不会唱歌，但喜欢听人唱歌，喜欢欣赏音乐，我也喜欢画画，也喜欢体育活动，特别喜欢打羽毛球。

在遵守纪律方面，我比较自觉，从没有违反过学院的纪律，不但没有受过处分，有时还能得到表扬。

在生活方面，我比较简朴，不乱花钱。有人说我吝啬，我有自己的看法：我们学生是消费者，花钱不能大手大脚，不然会增加家长的负担，节约是我的优点，我不承认吝啬。

在学习方面，我也很自觉。有的人对基础课的学习不够重视，只重视专业课，我不是这样，我对基础课和专业课同样重视，所以各科学习成绩都达到了老师的要求。

贵公司是从事装修工作的，我是学装饰专业的，完全可以在贵公司工作，请公司研究并答应我的求职申请。

此致

敬礼

求职人：××职业技术学院装饰班：张叁

2014 年 3 月 16 日

【例文分析】

这是一篇瑕疵文案示例。本文的主要毛病是中心不突出，未能针对用人单位的招聘条件和自己的专业特长来组织安排材料。主体部分详略处理不当，重点不突出。此信的重点应该是介绍求职者的专业知识和专业技能情况，而本文只笼统地提到"各科学习成绩都达到了老师的要求"，没有介绍自己学习了哪些与装饰有关的课程，也没有说明自己对学科知识和技能的掌握情况。另外，应聘人对自己的性格、兴趣、生活等方面的叙述过多，对自己的性别、年龄、志向等与求职有关的关键信息却只字不提。那些关于自己的性格、兴趣爱好、生活简朴、有关他人看法、其他人对学习的态度等的表述，都与求职信的主题关系不大，可以不写。在语言表达方面，未能做到简洁、朴实、准确。有些地方的文字表达过于口语化，如"喜欢去人多的地方""将来有什么困难可以得到更多朋友的帮助"等。

二、个人简历

个人简历是求职信的重要组成部分，一般与求职信一起使用。用人单位在尚未见到求职应聘者本人前，往往会根据求职应聘者的简历进行筛选，淘汰不合适的对象，保留较理想的候选人进入面试。可以说简历是通往面试的有效"绿卡"，是求职者求职时不可缺少的文书。

（一）简历的性质、作用及类型

"简历"的英文是 resume，意为"重提往事"，又称个人简历或个人履历书。有词典将简历定义为"由申请人为申请职位而拟写的一份事业经历及资格的描述"。简单地说，简历就是求职者向用人单位提供个人情况的应用文书，是求职者个人背景、优点、成就和有关个人材料的简洁陈述，是求职者与用人单位的人事部门领导甚至高级领导进行沟通的一种工具。

对初出校门的学生来说，简历事关第一份工作，是个人广告，是向用人单位展示个人丰富多彩的人生历程的"一扇窗"。

一份出色的可信度极强的简历，可以使用人单位从字里行间看到求职应聘者横溢的才华和优异的成绩、强烈的事业心和责任感，从而作出面试或直接聘用的决定。同样，一位优秀的人才，由于一份糟糕的个人简历，也可能会失去让未来的雇主在面试中进一步了解自己的机会。

常用的简历格式有两种。一种是按年月顺序列出自己的学习工作经历；另一种是根据需要有选择地列出自己的学习、工作经历，充分表现自己的技能、品德。一般高职高专毕业生的个人简历最好采用第一种格式。

（二）求职信与个人简历的区别

求职信是商业信函，就如同向客户发出的合作邀请一样，要求规范、专业，吸引别人去看后边的材料以获得更多的信息。

个人简历属于推销个人的广告文稿，就像产品介绍一样，要能激起"客户"的购买欲望，说服招聘方给予面试的机会。

求职信来源于简历，又高于简历，是简历的综合介绍，是简历的补充说明和深入扩展。比如，在简历中介绍自己有吃苦耐劳的精神和团队精神，在求职信中就可以通过具体的事例进行有针对性的说明。

（三）简历的特点

1. 真实性

简历是推销自己的宣传品，是简洁地记录和反映一个人的成长、奋斗的历史。因此，它应当十分真实，不做夸张和修饰，哪怕是一个细小的部分，都要遵循真实的原则，如果被用人单位发现简历中有造假的现象，应聘者的人品道德就会完全丧失。

2. 完整性

简历要求非常清晰地勾画出一个人随时间流变而延伸的人生轨迹。一个人以往岁月乃至整个一生的教育背景、工作，甚至个人生活的有关经历都要在其中得到较全面地反映。

3. 规范性

简历对党派团体、政府以及社会机构的组织、人事部门建立个人档案，具有十分重要的价值，填写、收集和保存都非常严格、规范。

（四）简历的基本内容、结构和写法

1. 简历的基本内容

简历的内容一般包括个人基本情况、求职目标、教育背景、工作经历、所获奖励（荣誉）、毕业生实习评价、职业资格认证、兴趣特长、联系方式等。

2. 简历的结构和写法

写简历没有什么绝对的格式，能达到向用人单位成功推介自己的目的就好。写作时可以采用第一人称写，也可以采用第三人称写。

一篇完整的个人简历一般由标题、个人基本信息、学习经历、工作实践经历、求职意向、所获得的各种奖励和荣誉、联系方式等几部分组成。

（1）标题。可以直接写"简历"或"个人简历"，也可以在简历之前冠以姓名或称谓，如"梁冠华简历"。

（2）个人基本信息。是对个人的基本情况的简要介绍，包括姓名、年龄（出生年月）、性别、籍贯、民族、学历、学位、学校、专业、身高、毕业时间、政治面貌、职务、职称等。

（3）学习经历。介绍自己受教育的情况，如毕业的学校、专业和学习时间。可按时间顺序写自己的学习过程，主要以大学的学习经历为主。

（4）工作实践经历。初出校门的大学生，工作经历可以改为社会实践和实习经历，包括在学校（班级）所担任的工作以及职务，参加的各种团体组织（党团组织、社团组织）的名称以及担任的职务，参与的勤工助学、校园及课外活动情况，承担的义务工作情况，实习（兼职）工作经验、培训、实习经历和实习单位的评价、专业认证、兴趣特长等。有过工作经历的求职者，重点写自己在原先岗位上的业绩，以及在什么时间、地点得过哪些奖项以及具备的技能水平。

这部分内容要写得详细些，便于用人单位考察求职者的团队精神、组织协调能力等。

（5）求职意向。说明自己具备哪些资格和技能，对哪些行业感兴趣，想找什么样的工作岗位。例如，"求职目标：建筑工程项目现场施工员""希望获得的职位：建筑工程项目经理"。

（6）所获得的各种奖励以及获得的各类证书。这部分包括上学期间获得的各种奖励和荣誉、出版物上发表的论文、参加各类竞赛获得的奖励以及所获得的各类资格证书，如计算机技能资格证书、语言技能证书、职业资格证书、专利权证书等。

（7）联系方式。包括通信详细地址、邮政编码、电话区号及号码、手机号、电子邮箱地址等。

（五）个人简历写作注意事项

一份成功的简历，应该让它看上去颇有成绩。有些人虽然有过令人失望的经历，但若用不同的标准去衡量则可能变成优点。因此，写简历时一定要忘掉缺陷，强调优点，要善于发现自身从未发现的优点，让用人单位迅速知道求职者的求职目标、个人能力。

1. 内容上要突出个性和个人优势

简历的内容应该能够明确地表达出作者"能做什么——做过什么——有何成就——想做什么"等四个方面的内容。

此外，每个人都有自己值得骄傲的经历和技能，如有演讲才能并得过大奖；有体育特长，获过××大奖；有创新思想，曾获得××发明奖等。例如，2011 年 8 月担任×××大学××协会会长；2012 年 10 月获学院"建筑平法识图技能大赛一等奖"。

2. 形式上与众不同

一份编辑专业、制作精良、内容一目了然的简历，有助于叩开职场的大门。因此，要精心设计表现形式，力求达到让阅读者"眼前一亮"的效果。

3. 语言必须简明扼要、富有个性

一般情况下，招聘单位的人事部门往往都会收到很多份求职简历。因此，简历要力求达到"简"，即尽量把那些跟所应聘职位和工作无关的内容过滤掉，尽可能地压缩内容篇幅、使之重点突出，简短有力。

（六）个人简历写作实例及其分析

例文 5

<h2 style="text-align:center">个 人 简 历</h2>

基本情况	姓　名	张　三	性　别	男	民　族	汉　族
	出生年月	1985 年 1 月 6 日	政治面貌	团员	出生地	南宁市
	身　高	1.75 米	体　重	65 公斤	生源地	南宁市
教育背景	毕业院校	广西建设职业技术学院			专业名称	给排水工程技术
	入学年月	2003 年 9 月	毕业时间	2006 年 7 月	学　制	三年
	外语水平	英语四级	计算机水平	一级	专业岗位技能证书	建筑施工员证、预算员证、安全员证
个人经历	起止时间		学习（工作）单位		担任职务	
	2000 年 9 月—2003 年 7 月		在南宁市第八中学读书		体育委员	
	2003 年 9 月—2006 年 7 月		在广西建设职业技术学院读书			
	特长及爱好		有较强的团结协作能力，能吃苦耐劳，社交能力强			
	在校曾任职务		任广西建设职业技术学院学生社团"青年志愿者协会"干事			
	获奖情况		2005—2006 学年获学院二等奖学金			
	求职目标		建筑给水与排水相关工作岗位			
联系方式	家庭通信地址		南宁市××区××大道××号		邮政编码	530001
	联系电话		0771-3×××× 　手机：××××××××			
	其他联系方式		E-mail：××××××× 　QQ 号码：××××××			

备注：

1. 在校期间各门课程学习成绩详见附表《广西建设职业技术学院学生成绩单》。

2. 如需相关证书复印件，请赐告。

【例文分析】

这是一篇比较典型的毕业生个人求职简历。这份简历运用表格的模式将个人的基本情况、教育背景、个人主要经历、求职目标、特长、联系方式等列表说明。这种写法简洁明了、易于阅读。

在内容方面，张三明确写明了自己的求职目标及所能胜任的工作范围，并为能够提供机会的相关基础工作留有接受的余地，全文没有夸耀之词。

这类表格式的简历不足之处是不能全面地反映撰写人的个性和全貌。

例文 6

个人简历

1. 个人基本资料

姓名：张山

性别：男

出生年月：1985 年 2 月 6 日

民族：汉族

政治面貌：团员

户籍所在地：百色市

毕业院校及所学专业：广西建设职业技术学院建筑工程技术专业

学历：大专

2. 专业学习情况

所在"建筑工程技术专业"为广西壮族自治区高职高专优质专业。开设的主干课程有：建筑力学、建筑材料、建筑结构、建筑施工技术、高层建筑结构施工、施工组织设计与进度管理、工程招标与合同管理、工程项目质量与安全管理、施工项目成本管理、建筑电工知识、工程质量检测与评定、房屋修缮技术、建筑工程定额与预算、工程质量事故分析处理等。

各门课程学习成绩良好。（详见附表《广西建设职业技术学院学生成绩单》）

已通过国家计算机水平一级认证；已考取建筑施工员岗位证书；能熟练运用天正建筑CAD 软件进行相关设计。

3. 特长

英语已通过国家四级考试。

4. 实习实践经历

大学一年级在学院实习实训基地实习；

大学二年级参加学院组织的见习实习和建筑 CAD 课程设计；

大学三年级在×××建筑工程项目部实习。

5. 获奖情况

2006 年获自治区人民政府一等奖学金；

2005—2006 年度获学院"优秀团员"荣誉称号；

2005 年获学院"三好学生"荣誉称号；

2005 年参加学院组织的"五四"歌咏比赛获团体赛第三名；

2004 年获国家助学金。

6. 求职目标

建筑企业现场施工管理人员，或建筑相关岗位的工作。

7. 联系方式

联系人：×× 　联系电话：×××××××　　　手机：×××××××××

E-mail：×××××××××　　　　　　　QQ 号码：×××××××××

联系地址：百色市××区××大道××号　　　邮政编码：×××××

8. 证明材料

若需要，即寄去有关证明材料及其他资料。

【例文分析】

这份简历与例文6简历的版面设计不同，它将简历的各要素作为标题，突出了要素内容，层次清楚，重点突出。求职者恰当地将他在大学期间的学业放在比工作经历更重要的位置，对自己专业的课程开设情况做了说明，同时介绍了个人的学习状况。因为在此阶段，他的工作经历还很少，这样写可以有效地体现与所谋求的职位有关的教育科目、专业知识等。

从"获奖情况"一段的表述，证明了他的学习能力和个人的综合素质是十分优秀的，这对实现求职目标是很重要的。

这种类型的简历比较适合应届毕业生求职时使用。

三、自我鉴定

（一）自我鉴定的含义、特点及种类

自我鉴定是个人对自己在一个时期或一段时间里的学习和工作、生活等各方面表现情况的自我总结。某些重要时段的自我鉴定将和组织鉴定等材料一起被归入个人档案存档。

自我鉴定要求用简洁扼要的语言对自己作出概述性的总结评价，其内容具有评语性和结论性质。

常见的自我鉴定有以下几类：

（1）毕业生自我鉴定；

（2）实习自我鉴定；

（3）年度工作自我鉴定；

（4）先进个人自我鉴定；

（5）党员自我鉴定。

（二）自我鉴定的作用

（1）总结过去，展望未来，指导今后的工作；

（2）能够让领导更好地了解自己，为入党、职称评定、职务晋升等做好材料准备。

（三）自我鉴定的结构及写法

自我鉴定由标题、正文和落款三个部分组成。

1. 标题

第一行正中直接写"自我鉴定"即可。若是填写自我鉴定的表格，则不写标题。

2. 正文

主要从个人的德、能、勤、绩、廉等方面的表现作自我总结。一般按引言、优点、缺点、今后的努力方向等四个层次来写。

（1）引言。这是自我鉴定的开头语，主要是概述写作缘由，引出下文。常以"为更好地总结过去，发扬优点，争取更好的成绩，特对自己×××方面的工作情况做自我鉴定如下："这样的语句开头。

（2）优点。一般习惯按政治思想表现、思想道德表现、业务工作能力表现的顺序，分段逐一写出所取得的成绩。

（3）缺点。习惯从主要问题写到次要问题或只写主要的，次要的一笔带过。

（4）今后的努力方向。简要概括今后的努力方向，表明态度。如以"今后我一定发扬成绩、克服缺点，争取更好的成绩。"结束全文。

3. 落款

在正文的右下方写上自我鉴定人的姓名及自我鉴定的具体日期。署名应该用亲笔签名。

（四）自我鉴定的写作要求

（1）内容要客观真实。自我鉴定的作用之一是让领导更好地了解个人，以便安排合适的工作岗位，因此，自我鉴定的内容必须客观真实，能较好地展示个人的品质、性格、能力。

（2）态度要端正，语言要简洁精练。

（五）自我鉴定写作实例及其分析

例文 7

自 我 鉴 定

三年的大学学习生活，给了我一次重新塑造自我、完善自我的机会，也让我成长了很多。在即将毕业之际，我对自己这三年来的收获和感受作以下的自我鉴定。

三年来，我积极地向组织靠拢，并以务实求真的精神积极参与学院组织开展的各类公益活动，现已光荣加入了中国共产党这个先锋组织，成为了一名中共预备党员。

三年的房地产经营与管理专业学习和丰富的房地产市场营销兼职实践经历，让我掌握了大量的房地产营销专业理论和房地产营销技巧，养成了良好的学习习惯和踏实的工作作风，学会了如何与同事团结协作，如何与客户进行有效的沟通。不仅如此，我还通过自学，考取了房地产估价员证书、国家计算机一级证书，国家英语考试四级证书。

在系学生会担任宣传部长的两年，不仅锻炼了我的人际交往能力、组织能力、管理能力，也学会了如何去担当，还获得了学院"优秀学生干部"的荣誉称号。

在生活上，我崇尚质朴的生活，我的生活准则是"认认真真做人，踏踏实实工作"。很感谢学院帮助我办理了助学贷款的手续，并为我提供勤工俭学的工作岗位，让我能顺利地完成校园的学习生活。

三年的大学生活就要结束了，我深感自己还有许多的不足，在今后的工作学习中，我一定会更加严格地要求自己、完善自我，不断提高思想认识，以更饱满的热情、高度的责任心，迎接新的挑战，取得新的成绩。

王 伟

2014 年 6 月 10 日

【例文分析】

这是一篇大学毕业生毕业时写的自我鉴定。这份鉴定紧扣自己的专业，从思想品行、专业学习能力、个人组织管理能力及生活、工作情况等多角度地展示了个人的德、能、勤、绩，内容具体实在，结构层次清晰、行文简洁。

四、辞职信

（一）辞职信的含义、用途、特点

辞职信也叫辞职书或辞呈，是辞职者向供职工作单位表达辞职愿望时写的书信。它是处理个人与工作单位之间关系的一种应用文书，是辞职者在辞去原单位职务时的一个必要程序。具有简洁性和含蓄性的特点。

（二）辞职信的基本内容、结构及写法

1. 辞职信的基本内容

辞职是一件很严肃的事情，意味着要离开原来的工作岗位。因此，辞职信应包含以下内容。

（1）辞职的原因。辞职的原因不外乎个人原因和单位（或职业岗位）原因两种。但不管是哪种原因，都应该简洁明了地表述清楚。

（2）辞职的态度。撰写辞职信的目的是为了达到辞去原来的职位。因此，信中应直截了当地写清楚要辞去的是什么职位，表明辞职态度，同时提出希望得到批准的请求。

2. 辞职信的结构及写法

辞职信和求职信的结构大体相同，即都是由标题、称谓、正文、祝语、署名与日期等几个部分组成。

（1）标题。一般直接写"辞职信"或"辞呈"。位于首页第一行正中，字体稍大。

（2）称谓。写明接受辞职申请的单位组织人事部门或领导人的职务或姓名称呼，并在称呼后面加冒号。受文者应该是具有处理辞职事务权限的部门或领导。

（3）正文。首先要开门见山地提出要辞去的是什么职位，表明辞职的愿望。其次要具体陈述辞职的原因。不管是因为什么原因而辞职，在陈述时都应该注意理由的合理性和客观性，用词要婉转得体、简明扼要，尽可能避免使用意气用事、言辞过激的语句。再次要进一步强调辞职的请求，再次提出希望得到辞职批准的愿望。最后对单位和同事表示感谢，感谢对方对自己过去工作的支持和帮助，并诚恳地希望对方谅解自己的辞职。

（4）祝语。一般用"此致 敬礼"或"祝工作顺利"等敬语。

（5）署名与日期。要求写上辞职人的姓名及提出辞职申请的具体日期。署名应该用亲笔签名。

（三）辞职信的写作要求

（1）辞职信是带有请求性质的，写作时除了详略得当、条理清晰外，还应注意措辞的得体委婉，不要流露出批评对方或怨恨的情绪。

（2）辞职的理由既合乎情理，又简明扼要。

（四）辞职信写作实例及其分析

例文 8

辞 职 信

尊敬的公司领导：

　　您好！

　　由于我个人一些无法克服的原因，现郑重向公司领导提出辞职请求。

　　我于 2012 年来到公司工作，在公司工作的这两年，公司领导和同事给了我无微不至的照顾，让我感受到了家的温暖；我非常感谢公司领导对我的关怀和培养，对辞职离开公司内心有很多的不舍。但无奈的是：我是家里的独生子女，父母现居住在桂林市，且年事已高，需要照顾，他们希望我能够回到他们身边工作；而我们公司在桂林并无分公司，我自己也无力在南宁市购买商住房，因此决定辞职回到桂林另外找工作，恳请公司领导批准同意我辞职。

　　衷心感谢所有我在公司工作期间给予我帮助、支持的领导和同事，祝愿领导、同事们在今后工作中取得更大的成绩。

　　此致

敬礼

申请人：×××

2014 年 3 月 28 日

【例文分析】

　　这封辞职信的辞职理由合情合理，行文简明扼要，流畅自然，言辞恳切，语气委婉，对将要离开的公司没有抱怨，只有感激，给领导和同事留下了良好印象，达到了辞职的目的，取得了"人虽离去，友谊犹存"的效果。

第三节　请　束

一、请束的含义、种类

　　请束又称请帖、邀请函。它是公共社交礼仪中，邀请某单位或个人参加某项活动而发出的书面信函，是一种简便的邀请信。如召开业务洽谈会、开业庆典、学术讨论会、经验交流会、各种纪念活动时邀请有关人员参加时可发出请束，以示郑重和诚意。

　　根据请束的不同目的，可将请束分为会议请束、仪式请束、参展请束和宴会请束。

二、请束的特点

1. 内容简洁、有明确的告知性

如宴请的时间要具体到分钟，地点应详细注明，不能用模糊语言。

2. 富有礼节性

请柬要十分注意礼貌，措辞要谦恭、客气、富有强烈的礼节性，充满热情与敬意，使对方读后能愉悦地接受邀请。

3. 装帧精美，具有艺术性

在现代公共关系越来越发展的今天，越是隆重的庆典、会议，请柬的装帧就越讲究。

三、请柬的结构及写法

请柬的内容比较简单。在格式上有纵式和横式两种模式。一份完整的请柬一般由标题、称谓、正文、结尾、落款等五部分构成。

1. 标题

标题通常在正文上方居中或封面上，写"请柬"或"邀请函"或"邀"，字体稍大，也可以改变字体或用花边加以修饰，使之美观、醒目。

2. 称谓

写被邀请者的姓名、身份，一定要用敬语。如若邀请的是某个单位、团体则写明单位全称。位置在标题下一行顶格处，如是竖着写，则在标题左侧一行。

3. 正文

是礼仪活动主办方正式告知被邀请方举办礼仪活动的缘由、目的、事项及要求，并对被邀请方发出得体、诚挚的邀请。一般要先写邀请的理由和要求，然后交代活动的时间、地点、内容及注意事项。活动时间要具体到小时、分钟；如果地点比较偏僻，还应说明乘车的路线。一些特殊的会议还要说明会议的宗旨、议题等。

4. 结尾

用表示邀请的敬语，如"敬请光临"或"请届时出席"等。

5. 落款

注明发出请柬的单位和日期，通常还要加盖公章，私人请柬可不用盖章。如请柬是横着书写，在请柬的右下角落款；如请柬是竖着书写，落款则在左下方。

四、请柬的写作要求

（1）用词要谦恭，要充分表现出邀请者的热诚；

（2）语言要精练、准确，凡涉及时间、地点、人物等一些关键性的词语，一定要核查准确；

（3）语言要得体、端庄，使人充分重视；

（4）在文字书写、纸质、款式和装帧设计上要注意艺术性，做到美观、大方、精致。

五、请柬的写作实例及其分析

例文 9

请　柬

谨定于 2013 年公历 1 月 14 日（星期一）农历十二月初三，为吴成与王美丽举行结婚典礼，敬备喜宴，恭请李四先生携家眷光临。

　　地址：南宁市朝阳路 8 号阳光大酒店三楼宴会厅

　　时间：下午 5：30

　　吴成　王美丽敬邀

【例文分析】

这是一篇制作简单的结婚请柬，标题和正文安排在同一页，言简意赅。

例文 ⑩

展览会请柬

	黄×老师：
（此页空白，请柬二字印在反面）　　请　柬	我院书画摄影协会定于 2014 年 3 月 26 日（星期三）15：00-17：00 在学院校园主干道举办学院女教职工书画作品展。恭请光临指导。 ××书画摄影协会（盖章） 2014 年 3 月 22 日

【例文分析】

这是一份制作比较考究的请柬，标题专设一页，正文写在另一页上。

例文 ⑪

请　柬

敬礼 　　光临。 学院礼堂举行庆五一茶话会活动，敬请 　　兹定于二〇一四年五月一日晚七时在 李丽女士： 　　此致 　　某某学院工会（盖章） 二〇一四年四月二十三日	（此页空白，请柬二字印在反面）　　请　柬

【例文分析】

这是一份竖式排版的请柬，文字按惯例从右到左排列。

例文12

请　柬

定于 2014年3月26日（星期三）农历2月26日，举行新人 吴勇先生和黄美丽 小姐 的结婚典礼，在这特殊的日子里，特邀请您来为我们见证，分享我们的喜悦！

恭请：姑妈、表妹阖第光临

席设：××××××××

时间：2014年3月26日下午5:30

吴勇　黄美丽　敬邀

【例文分析】

这份请柬是商店出售的、有固定格式的请柬，由于填写不当导致了人称出现混乱。例如，正文部分"邀请您来"，后面却出现了"姑妈、表妹"两人；吴勇　黄美丽是请柬的签署人和发送者，而正文却又直呼"新人吴勇先生和黄美丽小姐"，显得不够庄重。另外，婚礼的时间与喜宴的时间是一致的，因此文中的"时间：2014年3月26日下午5:30"可以把"2014年3月26日"去掉。

例文13

请　柬

小黄：

兹定于五月一日上午在本院举办"五一"国际劳动节庆祝活动，请届时参加。

此致

敬礼

××××××学院

2014年4月30日

【例文分析】

这篇请柬一是内容不具体，如庆祝活动的具体时间、地点没有交代清楚；二是庄重性不够，称呼"小黄"应改为对方姓名的全称，并在其后面加上"先生（或小姐/女士）"二字，以示尊重；三是结尾"请届时参加"语气过于生硬，应改为"敬请莅临指导"；四是作为单位发出的邀请而不加盖公章，有失庄重；五是发出邀请的时间与正式举办活动的时间间隔太短，显得诚意不足。

思考与练习

一、分析理解题

1. 下面是一篇存在问题的应聘式求职信，试指出其存在的主要问题并代张玲重新拟写一份合适的应聘信。

<h1 style="text-align:center">应 聘 信</h1>

尊敬的××建筑公司×××总经理：

我从×月×日《××日报》上看到了贵公司招聘员工的启事。

我叫张玲，女，今年24岁，本市人。大学毕业后在南华商场做销售员，由于专业不对口，所学特长无法发挥，很苦闷，很羡慕那些专业对口具有用武之地的人士。

此致

敬礼

求职人：张玲谨上
2008 年 3 月 5 日

2. 下面这则求职简历，存在哪些不足？请修改后写出比较完整的简历。

<h1 style="text-align:center">个 人 简 历</h1>

一、个人基本资料

姓名：×××

性别：女

出生年月：1984-01-27

民族：汉

政治面貌：团员

户籍所在地：××镇

最高教育程度：大专

专业：计算机类

毕业院校：××审计学院

二、求职类型：全职

三、应聘岗位：文秘/高级文员

四、希望工作地点：大城市

五、薪金要求：面议

六、其他要求：路途遥远安排食宿

七、个人主要特长：

1. 外语特长：英语　　等级：一般

2. 普通话程度：标准

3. 计算机能力：一般

4. 其他主要特长：在这半年中从事办公室文员工作接触客户与客户洽谈业务等

详细工作经历：相关工作经验：1 年，2004 年 7 月至今在××××电脑公司从事文员工作

八、其他信息

联系人：×××　　联系电话：×××××　　联系地址：×××××××

手机号码：×××××××××　　　E-mail：×××××××××

二、写作训练题

1. 给自己认为适合自己事业发展的某公司的人事部写一封求职信（事先并不知道该公司对聘用人员有何要求）。

要求：格式规范，内容齐备，语言得体。

2. 请代表大学生就业协会给学院青年志愿者协会拟写一份请柬，邀请对方参加协会成立 10 周年纪念大会。

第十一章

建设工程合同

本章要点

- 建设工程合同的特点、性质和种类
- 建设工程合同签订的原则
- 建设工程合同体系内几种主要合同的结构和内容

教学要求

本章着重介绍建设工程体系合同的相关基础理论知识：建设工程合同的概念、特点和种类及结构和内容的构成。通过对以上知识点的学习，要求掌握本专业需要的建设工程合同的结构和内容，能按要求正确填写建设工程示范合同。

第一节　建设工程合同概述

一、建设工程合同的概念、性质和特点

《合同法》第二百六十九条规定："建设工程合同是承包人进行工程建设，发包人支付价款的合同"。这里所说的"建设工程"是指国民经济各部门所进行的新建、改建或扩建的各种基本建设项目，包括公用建筑、民用住宅、工业厂房、矿山、交通运输设施、设备安装等工程建设。

建设工程合同作为合同的一种，是建设工程企业组织经济活动，实现经济往来，进行建设产品交换的法律手段，是组织经营管理，从事施工生产的重要方式。建设工程合同具有合同的基本特征：合法性、合意性、平等性、公平性，但建设工程合同与其他合同相比，也有其自身的特点，主要如下。

（一）建设工程合同是以完成特定不动产的工程建设为主要内容的合同

建设工程合同是以完成特定工作任务为目的的合同，其工作任务是工程建设，不是一般的动产承揽，当事人权利义务所指向的工作物是建设工程项目，包括工程项目的勘察、设计和施工成果，可以认定为它是以建设工程的勘察、设计或施工为内容的承揽合同。

（二）建设工程合同的订立和履行各环节，均体现了国家较强的干预

国家对建设工程合同实施了较为严格的干预，立法上，除《合同法》外，还有大量的单行法律和法规，如《建筑法》《城市规划法》《招标投标法》及大量的行政法规和规章，对建设工程合同的订立和履行诸环节进行规制。主要表现在以下几方面。

1. 缔约主体资格的限制

建设工程的发包人为法人或依法成立的其他组织或自然人，是工程项目的建设方，但建设工程合同的承包人主要为工程项目的勘察、设计和施工单位，勘察、设计和施工单位须由国家建设主管部门对其技术力量和工作能力进行审查，核定承包范围，发给资格证明，或勘察、设计证书，并由当地工商行政管理部门批准，发给营业执照后，方有权对外签订建设工程承包合同。跨省（自治区、直辖市）承包的勘察、设计、施工单位，还必须分别依照《全国工程勘察设计单位资质认证管理办法》《施工企业资质认证管理办法》，办理相关手续，取得承包工程建设任务的资格，才能承包与其资质和经营范围相符合的建设工程任务。此外，对从业人员也有相应的条件限制。

2. 对合同的履行有一系列的强制性标准

建设工程质量涉及生命财产安全，因此对其质量进行监控显得非常重要。为确保建设工程质量，建筑活动从勘测、设计到施工、验收的各个环节，均有大量的国家强制性标准适用，为建设工程的质量提供了制度上的保障。

3. 合同责任的法定性

建设工程合同的立法中强制性规范占了相当的比例，相当部分的合同责任因此成为法定责任，使得建设工程合同的主体责任呈现出较强的法定性。例如，施工开工前应取得施工许可证、合同订立程序中的招标发包规定、对承包人转包的禁止性规定与分包的限制性规定等，均带有不同程度的强制性，从而部分或全部排除了当事人的缔约自由。

二、建设工程合同的种类

由于建设工程合同涉及的范围较广，建设的各个阶段都需要用合同来约定各方的责任和义务。目前工程合同已经形成了一个完整的体系，除通常所说的勘察合同、设计合同和施工（包括建筑和安装两部分）合同外，建设工程体系内合同还包括工程项目前期咨询合同、监理合同、招标代理合同、工程造价咨询合同、材料设备采购合同、租赁合同、贷款合同、工程保险合同、工程担保合同等一系列的合同。

建设工程合同的种类，由于划分的方式不同，有不同的类别，常见的有以下几种。

（一）按适应范围分

勘察合同、设计合同、施工合同（包括建筑和安装两部分）。

（二）按工程建设的阶段分

工程勘察合同、工程设计合同、工程施工合同（包括建筑和安装两部分）。

（三）按承包方式分

（1）工程总承包合同。即发包人将建设工程的勘察、设计、施工等工程建设的全部任务一并发包给一个具备相应的总承包资质条件的承包人的合同。

（2）承包合同。指总承包人就工程的勘察、设计、建筑安装任务分别与勘察人、设计人、施工人订立的勘察、设计、施工承包合同。

（3）专业分包合同。指施工总承包企业将其所承包工程中的专业工程发包给具有相应资质的其他建设企业完成的合同，如单位工程中的地基、装饰、幕墙工程等。

（4）劳务分包合同。指施工总承包企业或者专业承包企业将其承包工程中的劳务作业发包给劳务分包企业完成的合同。

（四）按承包工程计价方式分

（1）总价合同。是指按工程造价取费包干的合同。它是以设计图纸和工程说明书为依据，由承包方和发包方经过协商确定的合同，分固定总价合同和可调总价合同两种。

（2）单价合同。是指按分部工程所列出的工程表确定的各分部分项工程量造价包干的合同，如按建筑面积造价包干的合同。分估算工程量单价合同和纯单价合同两种。

（3）按工程成本取费合同。即成本加酬金合同，是指将工程项目的实际投资划分成直接成本费和承包方完成后应得的酬金两部分，分成本加固定百分比合同、成本加固定酬金合同、成本加浮动酬金合同和目标成本加奖罚合同四种。

（五）按施工内容（单位工程、分部分项工程）分

主体结构合同、地基与基础合同、设备安装合同、水电合同、装修合同、电梯合同、幕墙合同、弱电工程合同、锅炉合同、垃圾处理合同、室外道路合同、园林绿化合同等。

（六）按行业的不同分

建筑工程合同、市政工程合同、水利工程合同、公路工程合同、铁路工程合同、通信工程合同、航空工程合同、港口工程合同等

三、建设工程合同签订的原则

建设工程合同作为合同的一种形式，签订时也必须遵照合同签订时应遵循的原则。

（一）地位平等的原则

签订合同的当事人各方法律地位平等，不管是订立合同或履行合同时；在承担违约责任时要平等，处理合同纠纷时也要平等。也就是说平等地享受权利和承担义务。

（二）公平互利的原则

公平是指当事人应公平地确定各方的权利和义务，各方的权利和义务要对等、互利。不允许权利和义务不对等、不允许以大欺小、不允许一方损害另一方利益。

（三）诚实信用的原则

这是社会道德伦理规范在法律上的表现，这不仅要求在订合同时要诚实坦白，在履行合同过程中也要诚实守信。

（四）合同自由的原则

签订合同的当事人各方要在自由表达意志的基础上，经共同协商，达成一致的意见，然后签订合同，任何一方都不得强迫对方或包办代替。

第二节 建设工程合同的写作

一、建设工程合同的内容、结构和写法

由于建设工程的特殊性，国家对建设工程合同的管理有规范的制度以及管理的程序，其合同形式必须以书面的形式确立。为加强对建设工程合同的管理，国家工商行政管理局、住建部等行政主管部门都定期发布建设工程合同的示范文本，作为指导各类建设工程发包人与承包人明确双方权利义务的主要参照。地方工商行政管理部门以及相关的主管部门也根据相关程序定期发布适合本地实际的合同示范文本。因此，签订建设工程合同，应尽量按示范文本填写。当然，也可以参照各类示范文本商定合同的内容。

建设工程合同尽管格式有些差异，但基本结构都应包括以下几项内容。

（一）标题

合同的标题由内容和文种构成，如《建设工程合同》《装修合同》等；也可对内容做进一步说明，如《××建筑水电安装合同》《××房屋装修合同》；也可加入合同执行的时间或签约的单位，如《××职业技术学院实训综合楼施工承包合同》。

（二）订立合同当事人名称（或姓名）及代称

当事人指签订合同的双方或几方，当事人名称（或姓名）应写明全称。为下文行文方便，也可根据不同性质合同使用其习惯性代称，如建设工程施工合同用"发包方""承包方"表示；监理合同用"委托人""监理人"表示。

（三）正文

1. 引言

合同的开头，主要写明签订合同的目的和依据。一般写法是："为了……，根据……法律的规定，经双方充分协商，特订立本合同，以便共同遵守"。引言部分亦可省略。

2. 主体

双方协议的内容，一般由条款构成。一份合同的条款数目并不相同，但一般包括两类：必备条款和非必备条款。必备条款指根据合同的性质和当事人的约定在合同中必须具备的条款，缺少这些条款将影响合同的成立，如合同的标的。非必备条款又称普通条款，指根据合同性质在合同中不是必须具备的条款，缺少这些条款并不影响合同的成立，如合同的公证或鉴证。非必备条款，根据《合同法》的规定，可以采用合同解释规则来填补合同漏洞，对合同条款进行补充。

由于合同的条款是否齐备、对条款内容表述的准确程度，决定了合同能否成立、生效以及能否顺利地履行，实现订立合同的目的，所以合同法中规定了合同的主要条款，包括以下内容。

1）当事人的名称或姓名和住所

这一条款旨在明确合同的主体。当事人一方或双方是自然人的，应写明该人的姓名和住所。姓名应与其身份证或户口本上的名字一致，不能使用笔名、化名或网名。住所应为户口本上的居住地或常住地。当事人一方或双方是法人或其他组织的，应注明其详细名称和营业

或主要营业的地址。同时还应写明法人代表的名字以及签约人的名字。如施工承包合同中应明确发包人与承包人的名称、法定代表人、工商登记号、住所及联系方式等基本情况，承包人应具备与合同工程相对应的施工企业资质等级等内容。

总之，合同的当事人必须真实存在。当事人不真实的合同不能认为有合同存在。

2）标的

标的是合同当事人权利、义务共同所指向的对象，可以是有形的财产（如货物、建筑物或货币、有价证券），也可以是无形财产（如商标、著作权）；可以是劳务（如运输、保管），也可以是工作成果（如技术开发、承揽建筑工程项目）。建设工程承包合同，其标的是完成工程项目；建筑安装设计合同的标的指设计的图纸等设计文件。

标的为合同的首要条款，合同没有标的，权利和义务就没有目标，合同也无法履行。当然，标的应该合法，否则该合同无效。

标的条款的表述必须明确、具体，以使标的特定化，一般采用能够界定权利和义务的量来表示。如施工合同，应明确建设工程的内容和范围，包括项目名称、施工现场的位置、施工界区等内容；建设工程中材料供应合同中，标的物为钢筋，那么，合同中就应该写明钢筋的名称、牌号、公称直径（即规格）、产地（即生产厂家），以避免与其他种类的钢筋相混淆。

3）标的数量和质量

标的的数量和质量是确定合同标的的特征的重要条件，也是某一标的区别于另一标的的具体特征，是标的的具体化。

（1）数量是标的的计量，是以数字和计量单位来衡量标的的具体尺度。数量应具体、明确，一般以国家法定的度量衡作计量单位，如重量，一般用"××吨"或"××千克"表示。

（2）质量是标的的性质和特征，是标的内在素质和外在形态的要求。标的的质量涉及五方面内容：一是标的的物理和化学的成分；二是标的的规格；三是标的的性能；四是标的的款式；五是标的的感觉要素。标的质量条款必须符合国家有关规定和标准化要求。质量要求和标准的表述要详细、具体，如规定为国家标准、地方标准、行业标准、企业标准或专业标准等。如为双方协商的，应写明指标和数据，或另附数据或提供样品，以保证标的的质量。此外，质量标准应订明有关标的质量的检验方法、试验方法、验收期限等内容。

按国家标准，建设工程质量检验按分项、分部、单位工程的质量评定均分为"合格"与"优良"两个等级，合同应约定工程质量需符合何种标准，并写明使用的标准规范名称以及编号，如《建筑工程施工质量验收统一标准》（GB 50300—2001）、建筑装饰装修工程施工质量验收规范（GB 50210—2001）、建筑给水排水及采暖工程施工质量验收规范（GB 50242—2002）、通风与空调工程施工质量验收规范（GB 50243—2002）、建筑电气工程施工质量验收规范（GB 50303—2002）、电梯工程施工质量验收规范（GB 50310—2002）等，同时还应当约定当双方对工程质量发生争议时的鉴定机构及其程序。

没有数量和质量的确定，合同履行难，发生纠纷时也不容易分清责任。

4）合同价款和酬金（报酬）

价款是指以物或金钱为标的的有偿合同中取得利益的一方当事人为取得该项利益而应向对方支付的金钱。价款通常指标的物本身的价值，如材料和设备采购合同中购买材料和设备的费用。酬金（报酬）指以行为为标的的有偿合同中取得利益的一方当事人为取得该项利益而应向对方支付的金钱，如建设工程合同中的勘察费、设计费、工程费，运输合同中的运费等。价款和酬金的标准，当事人可以议价商定。

建设工程尤其是大型工程的造价金额通常较大，根据国家相关规定，目前有三种合同价款的方式：固定价、可调价、工程成本加酬金确定的价格。当事人可在合同中约定其中一种。

5）履行的期限

履行期限指当事人履行合同的时间界限，是确定合同是否按时履行或推迟的标准，是一方当事人要求对方履行义务的时间依据。在建设工程合同中，履行期限指完成劳务、交付工程成果的时间。

履行期限的规定应具体、明确，越具体、明确，越有利于当事人安排工作、组织生产。履行期限可按年、季或月或日；既可规定即时履行，也可规定定时履行或者一定期限内履行，如施工的工期表述为"××年×月×日至××年×月×日（共计××天）"；如分期履行，还应该写明每期的具体时间，如本章例文2中对设计费的支付规定。

6）履行的地点和方式

履行的地点是指当事人按合同规定履行合同的地方。一般根据合同的性质以及当事人双方的约定来确定。建设工程施工合同的履行地点就是工程文件所规定的建设工程所在地。

履行的方式是指当事人履行合同或接受履行的方式，包括履行次数、交付货物方式（送货、自提或代运），实施行为方式、移交成果方式、验收方式（验收规范、验收标准、质量检验标准），付款方式（现金支付、转账支付）、价款结算方式（有现金支付、银行汇兑、支票转账、托收承付、委托收款等几种）。如需运输，需写明运输方式。

勘察设计合同往往规定在合同签订后的三日内支付预算勘察设计费的20%作为定金。施工合同中工程款的支付通常可分为三部分：预付款、进度款和结算款。预付款又称材料备料款或材料预付款，是指开工前由发包人向承包人支付的款项，款项用于承包人开工前期的准备工作，该部分款项于开工后从发包人应付工程款中扣除。进度款则指发包人按合同约定的工程进度逐笔支付的款项。由于建设工程施工合同的性质，势不能要求承包人承担垫付工程款的义务，因此根据工程进度支付工程进度款是建设工程施工合同的重要特点。结算款是指工程竣工后，双方对工程总价进行结算所确认的工程款，对发包人已付工程款与结算款的差额部分。

履行合同的地点和方式也是合同中最容易引起纠纷的地方，因此，当事人在签订合同时，对其规定越具体、越明确越好。

7）违约责任

指合同的一方或双方不能履行合同、不能完全履行合同或者不当履行合同义务而依法应承担的责任，一般以支付违约金和赔偿损失（包括修复，换、退货等）为主要承担方式。违约责任可以依据法律、行政法规来确定，也可由当事人在双方依法协商后在合同中明确。

工程合同中发包人可能存在的主要违约事由为：不依合同约定支付工程款，此外还存在着不提供必要的施工条件及资料、不按期组织各类验收等情形。合同应对各种可能的违约情形的违约责任进行规定。发包人承担违约责任的主要方式为：实际履行、赔偿损失和解除合同。

承包人可能存在的主要违约事由是：未按期完工、完成的工程质量不符合法定及约定的质量标准、不能提供必要的工程竣工资料。承包人承担违约责任的主要方式为：修理或重做、赔偿损失、解除合同。

违约责任条款的确定是对非违约方免受或减少损失的补救措施，也是对不按合同规定履行义务的制裁措施，对维护合同的严肃性，督促当事人履行合同具有重要意义。

8）解决争议的办法

因违约产生争议，根据《合同法》的规定解决，当事人可以通过自行协商或者第三人调解解决合同争议。当事人不愿和解、调解或调解不成时，可以根据仲裁协议向仲裁机关申请仲裁，当事人没有仲裁协议的或仲裁协议无效的，可以向人民法院起诉。合同应对履行过程中的索赔程序进行约定，一旦出现索赔事由，守约方应及时向违约方发出索赔通知，并提供相关证据，违约方应按合同约定的期限进行答复和处理。

应该注意的是，合同中主要条款的规定只具有提示性与示范性，并不意味着当事人签订的合同中缺了其中某一条款就会导致合同不成立或者无效。不同类型的合同，其主要条款或者必备条款可能是不同的。合同的主要条款由当事人约定，一般包括这些条款，但不限于这些条款。

3. 结尾

主要包括以下几项内容。

（1）合同文本的份数及保存。

（2）合同的有效期限（合同执行的起止日期）。

（3）附件说明。有附件，注明合同附件的效力。例如，"本合同附件、附表均为本合同的组成部分，且具有同等的法律效力。"附件、附表均写在合同条款的最下方。

（4）落款。双方单位全称和法人姓名，加盖公章或合同专用章，双方代表签字。

如需审批，需写双方主管机关和签证机关的名称并加盖印章。

数额较大、周期较长的合同还要公证。

（5）日期。签订合同的日期。

（6）附项。日期下写明合同当事人的地址、邮编、电挂、电话、图文传真、银行账号等。

二、合同写作时应注意的事项（写作要求）

（1）必须遵守合同法中规定的各项原则、程序及其他有关法律、政策。

（2）签订合同的当事人应具备相应的资格，否则合同不具备法律效力。

（3）签订合同之前，双方应充分了解对方的设备、资金、技术力量和经营管理能力等，以免因对方无力履行合同而受到损失。

（4）格式要规范。

（5）合同内容应齐全，条款完整，不能漏项。

（6）对条款的说明要具体、详细，不能笼统，文字不可模棱两可产生歧义。

（7）定义要清楚、准确，不能含混不清。

（8）字迹要清楚，标点要正确。

（9）如因情况变化必须对合同有所变更、修改甚至废除时，需经过双方协商同意并承担应负的责任。

第三节　建设工程合同示范文本

一、建设工程勘察、设计合同

（一）建设工程勘察、设计合同的概念及特点

勘察合同是发包人（建设单位、设计单位或有关单位）与勘察人就建设工程场地的工程地质、水文地质的勘量、测验、考察而签订明确双方权利义务的协议。

设计合同是发包人与设计人就建设工程的总体布局、建设规模、建设面积、建筑结构、主要经济技术指标、总概算的设想计划而签订的明确双方权利和义务的协议，可分初步设计合同和施工设计合同。

在勘察、设计合同中，勘察设计的发包人是建设单位或有关单位，承包人是持有勘察、设计证书的勘察、设计单位，双方都必须具有法人资格。

设计合同必须根据上级机关批准的设计任务书签订。小型单项工程须具有上级机关批准的文件方能签订；大、中型项目一般采用两段设计，即初步设计和施工图。如单独委托施工图设计任务，应同时具有相关部门批准的初步设计文件方能签订；重大项目和特殊项目，根据各行业的特点，经主管部门指定增加技术设计阶段的，可依法签订技术设计合同。不经有关部门批准，不能订立设计合同。

经国家批准的计划任务书和选择具体建设地点的报告是签订勘察、设计合同的前提。

（二）建设工程勘察、设计合同应具备的主要条款（内容）

（1）双方当事人的姓名或者名称、地址。

（2）建设工程名称、规模、投资额、建设地点。

（3）发包人应提供的资料、技术要求及期限。这些资料是：勘察技术要求及附图、环境影响报告书、计划任务书、选点报告、原料、燃料、水、电、运输等方面的协议以及能满足初步设计要求的勘察资料，如工程项目批准文件（复印件）以及施工或勘察许可文件；工程项目的坐标与标高资料；技术委托书及已有的技术资料和图件，并约定提供的日期、份数。

（4）承包人勘察范围、工作进度和质量要求，或设计的阶段、进度、质量要求、技术经济指标、设计文件内容及份数，是否制作模型等。

（5）勘察、设计取费的标准及支付方式。

（6）违约责任。

（7）争议的解决方式。

勘察、设计合同一般分开签订，除非勘察、设计的承包人为同一单位等某些必要的情况外。

（三）建设工程勘察、设计合同示范文本

目前使用的建设工程勘察设计合同的国家示范文本为适用于岩土工程勘察、水文地质勘察（含凿井）工程测量、工程物探的《建设工程勘察合同》（GF—2000—0203），适用于岩土工程设计、治理、监测的《建设工程勘察合同》（GF—2000—0204），适用于民用建设工程的《建设工程设计合同》（GF—2000—0209），适用于专业建设工程的《建设工程设计合同》（GF—2000—0210）。下文只介绍了其中的两种示范文本的填写，供学习参考。

例文 **1**

建设工程勘察合同（GF—2000—0203）

［岩土工程勘察、水文地质勘察（含凿井）工程测量、工程物探］

工程名称：＿＿＿＿＿＿＿＿＿＿＿

工程地点：＿×× 省 ×× 市 ×× 路 ×× 地＿＿

合同编号：＿＿＿＿＿＿＿＿＿＿＿

（由勘察人编填）

勘察证书等级：＿＿＿＿＿＿＿＿

发包人：＿＿＿＿＿＿＿＿＿＿＿＿

勘察人：＿＿＿＿＿＿＿＿＿＿＿＿

签订日期：＿＿＿＿＿＿＿＿＿＿

中华人民共和国建设部

监制

国家工商行政管理局

发包人：＿＿＿＿＿＿＿＿＿＿＿＿＿＿＿＿＿＿＿＿＿＿＿＿＿

勘察人：＿＿＿＿＿＿＿＿＿＿＿＿＿＿＿＿＿＿＿＿＿＿＿＿＿

发包人委托勘察人承担 ＿×× 单位 ×× 岩土工程＿ 勘察任务。

根据《中华人民共和国合同法》及国家有关法规规定，结合本工程的具体情况，为明确责任，协作配合，确保工程勘察质量，经发包人、勘察人协商一致，签订本合同，共同遵守。

第一条　工程概况：

1.1　工程名称：＿＿＿＿＿＿＿＿＿＿＿＿

1.2　工程建设地点：＿× 市 ×× 路 ×× 号＿

1.3　工程规模、特征：＿地下 × 层，地上 × 层，底面积 ×××××平方米＿

1.4　工程勘察任务委托文号、日期：＿＿＿＿＿＿＿＿＿＿

1.5　工程勘察任务（内容）与技术要求：＿按《岩土工程勘察规范》＿（GB 5002—2001）和本勘察任务书及发包人、设计提出的技术要求，结合场地特点及 ×× 地方标准要求进行＿。

1.6　承接方式：＿总包（包干）＿

1.7　预计勘察工作量：＿按发包人提供的钻孔布置图实施取样，试验孔 ×× 个，普通鉴别孔 ×× 个，孔距不大于 ×× 米；取样试验孔深 ×× ～ ×× 米，普通鉴别孔深 ×× ～ ×× 米。/勘探孔 × 个，其中控制性孔 × 个，一般性孔 × 个，土层 × 米，岩层 × 米。

第二条　发包人应及时向勘察人提供下列文件资料，并对其准确性、可靠性负责。

2.1　提供本工程批准文件（复印件），以及用地（附红线范围）、施工、勘察许可等批件（复印件）。

2.2　提供工程勘察任务委托书、技术要求和工作范围的地形图、建筑总平面布置图。

2.3　提供勘察工作范围已有的技术资料及工程所需的坐标与标高资料。

2.4 提供勘察工作范围地下已有埋藏物的资料（如电力、电讯电缆、各种管道、人防设施、洞室等）及具体位置分布图。

2.5 发包人不能提供上述资料，由勘察人收集的，发包人需向勘察人支付相应费用。

第三条 勘察人向发包人提交勘察成果资料并对其质量负责。

勘察人负责向发包人提交勘察成果资料四份，发包人要求增加的份数另行收费。

第四条 开工及提交勘察成果资料的时间和收费标准及付费方式。

4.1 开工及提交勘察成果资料的时间：

4.1.1 本工程的勘察工作定于＿＿＿＿年＿＿＿＿月＿＿＿＿日开工，＿＿＿＿年＿＿＿＿月＿＿＿＿日提交勘察成果资料，由于发包人或勘察人的原因未能按期开工或提交成果资料时，按本合同第六条规定办理。

4.1.2 勘察工作有效期限以发包人下达的开工通知书或合同规定的时间为准，如遇特殊情况（设计变更、工作量变化、不可抗力影响以及非勘察人原因造成的停、窝工等）时，工期顺延。

4.2 收费标准及付费方式：

4.2.1 本工程勘察按国家规定的现行收费标准 ＿＿（用"√"或按以下提供的方式之一）计取费用；或以"预算包干"、"中标价加签证"、"实际完成工作量结算"等方式计取收费。国家规定的收费标准中没有规定的收费项目，由发包人、勘察人另行议定。

4.2.2 本工程勘察费预算为 ×× 元（大写＿＿＿＿），合同生效后 3 天内，发包人应向勘察人支付预算勘察费的 20%作为定金、计 ×× 元（本合同履行后，定金抵作勘察费）；勘察规模大、工期长的大型勘察工程，发包人还应按实际完成工程进度＿＿＿＿%时，向勘察人支付预算勘察费的＿＿＿＿%的工程进度款，计＿＿＿＿元；勘察工作外业结束后 × 天内，发包人向勘察人支付预算勘察费的＿＿＿＿%，计＿＿＿＿元；提交勘察成果资料后 10 天内，发包人应一次付清全部工程费用。

第五条 发包人、勘察人责任。

5.1 发包人责任：

5.1.1 发包人委托任务时，必须以书面形式向勘察人明确勘察任务及技术要求，并按第二条规定提供文件资料。

5.1.2 在勘察工作范围内，没有资料、图纸的地区（段），发包人应负责查清地下埋藏物，若因未提供上述资料、图纸，或提供的资料图纸不可靠、地下埋藏物不清，致使勘察人在勘察工作过程中发生人身伤害或造成经济损失时，由发包人承担民事责任。

5.1.3 发包人应及时为勘察人提供并解决勘察现场的工作条件和出现的问题（如：落实土地征用、青苗树木赔偿、拆除地上地下障碍物、处理施工扰民及影响施工正常进行的有关问题、平整施工现场、修好通行道路、接通电源水源、挖好排水沟渠以及水上作业用船等），并承担其费用。

5.1.4 若勘察现场需要看守，特别是在有毒、有害等危险现场作业时，发包人应派人负责安全保卫工作，按国家有关规定，对从事危险作业的现场人员进行保健防护，并承担费用。

5.1.5 工程勘察前，若发包人负责提供材料的，应根据勘察人提出的工程用料计划，按时提供各种材料及其产品合格证明，并承担费用和运到现场，派人与勘察人的人员一起验收。

5.1.6 勘察过程中的任何变更，经办理正式变更手续后，发包人应按实际发生的工作量支付勘察费。

5.1.7 为勘察人的工作人员提供必要的生产、生活条件，并承担费用；如不能提供时，应一次性付给勘察人临时设施费_____元。

5.1.8 由于发包人原因造成勘察人停、窝工，除工期顺延外。发包人应支付停、窝工费（计算方法见6.1）；发包人若要求在合同规定时间内提前完工（或提交勘察成果资料）时，发包人应按每提前一天向勘察人支付_____元计算加班费。

5.1.9 发包人应保护勘察人的投标书、勘察方案、报告书、文件、资料图纸、数据、特殊工艺（方法）、专利技术和合理化建议，未经勘察人同意，发包人不得复制、不得泄露、不得擅自修改、传送或向第三人转让或用于本合同外的项目；如发生上述情况，发包人应负法律责任，勘察人有权索赔。

5.1.10 本合同有关条。款规定和补充协议中发包人应负的其他责任。

5.2 勘察人责任：

5.2.1 勘察人应按国家技术规范、标准、规程和发包人的任务委托书及技术要求进行工程勘察。

按本合同规定的时间提交质量合格的勘察成果资料，并对其负责。

5.2.2 由于勘察人提供的勘察成果资料质量不合格，勘察人应负责无偿给予补充完善使其达到质量合格；若勘察人无力补充完善，需另委托其他单位时，勘察人应承担全部勘察费用；或因勘察质量造成重大经济损失或工程事故时，勘察人除应负法律责任和免收直接受损失部分的勘察费外，并根据损失程度向发包人支付赔偿金，赔偿金由发包人、勘察人商定为实际损失的_____%。

5.2.3 在工程勘察前，提出勘察纲要或勘察组织设计，派人与发包人的人员一起验收发包人提供的材料。

5.2.4 勘察过程中，根据工程的岩土工程条件（或工作现场地形地貌、地质和水文地质条件）及技术规范要求，向发包人提出增减工作量或修改勘察工作的意见。并办理正式变更手续。

5.2.5 在现场工作的勘察人的人员，应遵守发包人的安全保卫及其他有关的规章制度，承担其有关资料保密义务。

5.2.6 本合同有关条款规定和补充协议中勘察人应负的其他责任。

第六条 违约责任。

6.1 由于发包人未给勘察人提供必要的工作生活条件而造成停、窝工或来回进出场地，发包人除应付给勘察人停、窝工费（金额按预算的平均工日产值计算），工期按实际工日顺延外，还应付给勘察人来回进出场费和调遣费。

6.2 由于勘察人原因造成勘察成果资料质量不合格，不能满足技术要求时，其运工勘察费用由勘察人承担。

6.3 合同履行期间，由于工程停建而终止合同或发包人要求解除合同时，勘察人未进行勘察工作的，不退还发包人已付定金；已进行勘察工作的；完成的工作量在50%以内时，发包人应向勘察人支付预算额50%的勘察费计_____元；完成的工作量超过50%时，则应向勘察人支付预算额100%的勘察费。

6.4 发包人未按合同规定时间（日期）拨付勘察费，每超过一日，应偿付未支付勘察费的千分之一逾期违约金。

6.5 由于勘察人原因未按合同规定时间（日期）提交勘察成果资料，每超过一日，应减收勘察费千分之一。

6.6 本合同签订后，发包人不履行合同时，无权要求退还定金；勘察人不履行合同时，双倍返还定金。

第七条 本合同未尽事宜，经发包人与勘察人协商一致，签订补充协议，补充协议与本合同具有同等效力。

第八条 其他约定事项：（根据双方约定的具体内容填写）。

第九条 本合同发生争议，发包人、勘察人应及时协商解决，也可由当地建设行政主管部门调解，协商或调解不成时，发包人、勘察人同意由××仲裁委员会仲裁。发包人、勘察人未在本合同中约定仲裁机构，事后又未达成书面仲裁协议的，可向人民法院起诉。

第十条 本合同自发包人、勘察人签字盖章后生效；按规定到省级建设行政主管部门规定的审查部门备案；发包人、勘察人认为必要时，到项目所在地工商行政管理部门申请鉴证。发包人、勘察人履行完合同规定的义务后，本合同终止。

本合同一式_____份，发包人_____份、勘察人_____份。

发包人名称（盖章）：	勘察人名称（盖章）：
法定代表人：（签字）	法定代表人：（签字）
委托代理人：（签字）	委托代理人：（签字）
住　　所：	住　　所：
邮政编码：	邮政编码：
电　　话：	电　　话：
传　　真：	传　　真：
开户银行：	开户银行：
银行账号：	银行账号：
建设行政主管部门备案（盖章）：	鉴证意见（盖章）：
备案号：	经办人：
备案日期：　年　月　日	鉴证日期：　年　月　日

例文 2

建设工程设计合同（民用建设工程设计合同）（GF—2000—0209）

工程名称：_____

工程地点：_____

合同编号：_____

（由设计人编填）

设计证书等级：_____

发包人：_____

设计人：_____

签订日期：＿＿＿＿＿＿＿＿＿＿＿＿＿＿＿＿＿＿＿＿

中华人民共和国建设部

监制

国家工商行政管理局

发包人委托设计人承担＿×× ＿工程设计，经双方协商一致，签订本合同。

第一条　本合同依据下列文件签订：

1.1　《中华人民共和国合同法》、《中华人民共和国建筑法》、《建设工程勘察设计市场管理规定》。

1.2　国家及地方有关建设工程勘察设计管理法规和规章。

1.3　建设工程批准文件。

第二条　本合同设计项目的内容：名称、规模、阶段、投资及设计费等见下表。

序号	分项目名称	建筑规模		设计阶段及内容			估算总额投资/万元	费率/%	估算设计费/元
		层数	建筑面积/平方米	方案	初步设计	施工图			
说明									

第三条　发包人应向设计人提交的有关资料及文件：

序号	资料及文件名称	份数	提交日期	有关事宜
1	地形图	1	合同签订后五日内	
2	设计任务书	1	初步设计开始前三天	
3	建筑红线图、建筑定桩图	1	初步设计开始前三天	
4	有关批文	1	初步设计开始前三天	
5	工程详细地质勘察报告	1	初步设计开始前三天	

第四条　设计人应向发包人交付的设计资料及文件：

序号	资料及文件名称	份数	提交日期	有关事宜
1	建筑方案	3	合同签订订金收到后三天内	说明：施工图包括建筑施工图、结构施工图、给排水施工图、电气施工图、空调暖通施工图
2	初步设计或修建性详规	3	方案通过后十五天	
3	全套施工图	8	方案审查通过后三十天	

第五条　本合同设计收费估算为＿＿＿＿＿＿＿元人民币。设计支付进度详见下表。

付费次序	占总设计费 %	付费额/元	付费时间
第一次付费	20%定金	（由交付设计文件所决定）	本合同签订后三日内
第二次付费	20%		提交第一次效果图时
第三次付费	35%		提交详细方案及修建性详规
第四次付费	20%		提交施工图时
第五次付费	5%		主体工程验收时

第六条 双方责任：

6.1 发包人责任：

6.1.1 发包人按本合同第三条规定的内容，在规定的时间内向设计人提交资料及文件，并对其完整性、正确性及时限负责，发包人不得要求设计人违反国家有关标准进行设计。

发包人提交上述资料及文件超过规定期限15天以上时，设计人员有权重新提交设计文件的时间。

6.1.2 发包人变更委托设计项目、规模、条件或因提交的资料错误，或所提交资料作较大修改，以致造成设计人设计需返工时，双方除需另行协商签订补充协议（或另订合同）、重新明确有关条款外，发包人应按设计人所耗工作量向设计人增付设计费。

在未签合同前发包人已同意，设计人为发包人所做的各项设计工作，应按收费标准，相应支付设计费。

6.1.3 发包人要求设计人比合同规定时间提前交付设计资料及文件时，如果设计人能够做到，发包人应根据设计人提前投入的工作量，向设计人支付赶工费。

6.1.4 发包人应保护设计人的投标书、设计方案、文件、资料图纸、数据、计算软件和专利技术。未经设计人同意，发包人对设计人交付的设计资料及文件不得擅自修改、复制或向第三人转让或用于本合同外的项目，如发生以上情况，发包人应负法律责任，设计人有权向发包人提出索赔。

6.2 设计人责任：

6.2.1 设计人应按国家技术规范、标准、规程及发包人提出的设计要求，进行工程设计，按合同规定的进度要求提交质量合格的设计资料，并对其负责。

6.2.2 设计人采用的主要技术标准是： 按国家及××地方有关设计规范 。

6.2.3 设计合理使用年限为 50 年。

6.2.4 设计人按本合同第二条和第四条规定的内容、进度及份数向发包人交付资料及文件。

6.2.5 设计人交付设计资料及文件后，按规定参加有关的设计审查，并根据审查结论负责对不超出原定范围的内容做必要调整补充。设计人按合同规定时限交付设计资料及文件，本年内项目开始施工，负责向发包人及施工单位进行设计交底、处理有关设计问题和参加竣工验收。在一年内项目尚未开始施工，设计人仍负责上述工作，但应按所需工作量向发包人适当收取咨询服务费，收费额由双方商定。

6.2.6 设计人应保护发包人的知识产权，不得向第三人泄露、转让发包人提交的产品图纸等技术经济资料。如发生以上情况并给发包人造成经济损失，发包人有权向设计人索赔。

第七条 违约责任：

7.1 在合同履行期间，发包人要求终止或解除合同，设计人未开始设计工作的，不退还发包人已付的定金；已开始设计工作的，发包人应根据设计人已进行的实际工作量，不足一半时，按该阶段设计费的一半支付；超过一半时，按该阶段设计费的全部支付。

7.2 发包人应按本合同第五条规定的金额和时间向设计人支付设计费，每逾期支付一天，应承担支付金额千分之二的逾期违约金。逾期超过30天以上时，设计人有权暂停履行下阶段工作，并书面通知发包人。发包人的上级或设计审批部门对设计文件不审批或本合同项目停缓建，发包人均按 7.1 条规定支付设计费。

7.3　设计人对设计资料及文件出现的遗漏或错误负责修改或补充。由于设计人员错误造成工程质量事故损失，设计人除负责采取补救措施外，应免收直接受损失部分的设计费。损失严重的根据损失的程度和设计人责任大小向发包人支付赔偿金，赔偿金由双方商定为实际损失的_____％。

7.4　由于设计人自身原因，延误了按本合同第四条规定的设计资料及设计文件的交付时间，每延误一天，应减收该项目应收设计费的千分之二。

7.5　合同生效后，设计人要求终止或解除合同，设计人应双倍返还定金。

第八条　其他：

8.1　发包人要求设计人派专人留驻施工现场进行配合与解决有关问题时，双方应另行签订补充协议或技术咨询服务合同。

8.2　设计人为本合同项目所采用的国家或地方标准图，由发包人自费向有关出版部门购买。本合同同第四条规定设计人交付的设计资料及文件份数超过《工程设计收费标准》规定的份数，设计人另收工本费。

8.3　本工程设计资料及文件中，建筑材料、建筑构配件和设备，应当注明其规格、型号、性能等技术指标，设计人不得指定生产厂、供应商。发包人需要设计人的设计人员配合加工订货时，所需要费用由发包人承担。

8.4　发包人委托设计人配合引进项目的设计任务，从询价、对外谈判、国内外技术考察直至建成投产的各个阶段，应吸收承担有关的设计任务的设计人参加。出国费用，除制装费外，其他费用由发包人支付。

8.5　发包人委托设计人承担本合同内容之外的工作服务，另行支付费用。

8.6　由于不可抗力因素致使合同无法履行时，双方应及时协商解决。

8.7　本合同在履行过程中发生的争议，由双方当事人协商解决，协商不成的按下列第　(二)　种方式解决：（一）提交仲裁委员会仲裁；（二）依法向人民法院起诉。

8.8　本合同一式_____份，发包人_____份，设计人_____份。

8.9　本合同经双方签章并在发包人向设计人支付定金后生效。

8.10　本合同生效后，按规定到项目所在省级建设行政主管部门规定的审查部门备案。双方认为必要时，到项目所在地工商行政管理部门申请鉴证。双方履行完合同规定的义务后，本合同即行终止。

8.11　本合同未尽事宜，双方可签订补充协议，有关协议及双方认可的来往电报、传真、会议纪要等，均为本合同组成部分，与本合同具有同等法律效力。

8.12　其他约定事项：_(根据双方协议的具体内容填写)_。

发包人名称（盖章）：_____　　　　设计人名称（盖章）：_____

法定代表人（签字）：_____　　　　法定代表人（签字）：_____

委托代理人（签字）：_____　　　　委托代理人（签字）：_____

住所：_____　　　　　　　　　　住所：_____

邮政编码：_____　　　　　　　　邮政编码：_____

电话：_____　　　　　　　　　　电话：_____

传真：_____　　　　　　　　　　传真：_____

开户银行：＿＿＿＿＿＿＿＿　　　　开户银行：＿＿＿＿＿＿＿＿

银行账号：＿＿＿＿＿＿＿＿　　　　银行账号：＿＿＿＿＿＿＿＿

建设行政主管部门备案：（盖章）　　鉴证意见：（盖章）

备案号：　　　　　　　　　　　　　经办人：

备案日期：　　年　　月　　日　　　鉴证日期：　　年　　月　　日

二、建设工程施工合同

（一）建设工程施工合同的概念和特点

建设工程施工合同是指发包人和承包人，为完成商定的建设工程施工任务，而明确相互权利义务的协议。

建设工程施工合同有以下主要特点。

（1）对合同承包方的主体资格要求严格。要审查承包方的资质证明、营业执照、安全生产合格证、企业等级证书。外地建设企业进驻当地施工的，应当根据当地政府的有关规定办理必要的手续，如进省（市）许可证等。

（2）合同的标的物具有特殊性。合同标的物是建设产品，其特殊性表现为：建设产品的固定性和生产的流动性；建设产品类别庞杂，形成其产品个体性和生产的单件性；建设产品体积庞大，消耗的人力、物力、财力多，一次性投资数额大。

（3）施工合同执行周期长。由于建设产品的体积庞大，结构复杂，建设周期都比较长，因此，建设工程施工合同的执行期也较长。

（4）合同内容特殊。建设工程施工合同内容繁杂，许多内容均应当在合同中明确约定，相较于其他种类合同内容要多得多。合同除涉及双方当事人外，还要涉及地方政府、工程所在地单位和个人的利益等，因此建设工程施工合同涉及面较广，也较复杂。

（二）建设工程施工合同（示范文本）的主要内容

目前建设工程施工合同（示范文本）为 2013 年由住房城乡建设部和国家工商行政管理总局共同颁布的《建设工程施工合同（示范文本）》（GF—2013—0201），适用于房屋建设工程、土木工程、线路管道和设备安装工程、装修工程等建设工程的承发包活动。

示范文本内容共分三部分：合同协议书、通用合同条款与专用合同条款。

（1）合同协议书。是对当事人就建设工程施工合同内容达成合意的书面确认，共计 13 条，主要包括工程概况、合同工期、质量标准、签约合同价与合同价格形式、项目经理、合同文件构成、承诺以及合同生效条件等内容，集中约定了合同当事人基本的权利义务。

（2）通用合同条款。是合同当事人根据《建筑法》《合同法》等法律法规的规定，就工程建设的实施及相关事项，对当事人的权利义务作出的原则性约定。通用合同条款共计 20 条，分别为一般约定，发包人，承包人，监理人，工程质量，安全文明施工与环境保护，工期和进度，材料与设备，试验与检验，变更，价格调整，合同价格，计量与支付，验收和工程试车，竣工结算，缺陷责任与保修，违约，不可抗力，保险，索赔和争议解决。

（3）专用合同条款。是对通用合同条款原则性约定的细化、完善、补充、修改或另行约定的条款。合同当事人可以根据不同建设工程的特点及具体情况，通过双方的谈判、协商对相应的专用合同条款进行修改补充。

示范合同同时附有 11 个附件（详见示范文本）。

例文 3

建设工程施工合同（示范文本）（GF—2013—0201）

第一部分　合同协议书

发包人（全称）：_____

承包人（全称）：_____

根据《中华人民共和国合同法》、《中华人民共和国建筑法》及有关法律规定，遵循平等、自愿、公平和诚实信用的原则，双方就 ××项目 工程施工及有关事项协商一致，共同达成如下协议：

一、工程概况

1. 工程名称： ××市××商品住宅楼项目施工工程 。

2. 工程地点： ××市××区××路××号 。

3. 工程立项批准文号： ×发改〔201×〕××号 。

4. 资金来源： 自筹资金/财政拨款/金融机构借款/外商投资 。

5. 工程内容： 商品住宅××层高层4幢，均为框架结构，建筑面积共计×平方米 。

群体工程应附《承包人承揽工程项目一览表》（附件1）。

6. 工程承包范围： 土建、线路、管道、设备安装、装饰装修工程（包括室外道路、围墙、绿化等工程）详见招标投标文件（以工程量清单所列内容为准） 。

二、合同工期

计划开工日期： 二〇一×年×月×日，同时以甲方具备开工条件，并发出开工指令为准 。

计划竣工日期： 二〇一×年×月×日，同时以实际开工日结合约定的合同工期相应计算竣工日期 。

工期总日历天数： ×× 天。工期总日历天数与根据前述计划开竣工日期计算的工期天数不一致的，以工期总日历天数为准。

三、质量标准

工程质量符合 国家现有施工验收标准规定的合格（优良）标准 （招标文件要求或投标中承诺的质量等级）。

四、签约合同价与合同价格形式

1. 签约合同价为：

人民币（大写）_____（￥_____元）；

其中：

（1）安全文明施工费：

人民币（大写）_____（￥_____元）；

（2）材料和工程设备暂估价金额：

人民币（大写）_____（￥_____元）；

（3）专业工程暂估价金额：

人民币（大写）_____（￥_____元）；

（4）暂列金额：

人民币（大写）＿＿＿＿＿＿＿＿＿＿＿＿（￥＿＿＿＿＿＿＿元）。

2. 合同价格形式：<u>　根据双方约定，从三种计价方式中确定其中的一种　</u>。

五、项目经理

承包人项目经理：＿＿＿＿＿＿＿＿＿＿＿＿。

六、合同文件构成

本协议书与下列文件一起构成合同文件：

（1）中标通知书（如果有）；

（2）投标函及其附录（如果有）；

（3）专用合同条款及其附件；

（4）通用合同条款；

（5）技术标准和要求；

（6）图纸；

（7）已标价工程量清单或预算书；

（8）其他合同文件。

在合同订立及履行过程中形成的与合同有关的文件均构成合同文件组成部分。

上述各项合同文件包括合同当事人就该项合同文件所作出的补充和修改，属于同一类内容的文件，应以最新签署的为准。专用合同条款及其附件须经合同当事人签字或盖章。

七、承诺

1. 发包人承诺按照法律规定履行项目审批手续、筹集工程建设资金并按照合同约定的期限和方式支付合同价款。

2. 承包人承诺按照法律规定及合同约定组织完成工程施工，确保工程质量和安全，不进行转包及违法分包，并在缺陷责任期及保修期内承担相应的工程维修责任。

3. 发包人和承包人通过招投标形式签订合同的，双方理解并承诺不再就同一工程另行签订与合同实质性内容相背离的协议。

八、词语含义

本协议书中词语含义与第二部分通用合同条款中赋予的含义相同。

九、签订时间

本合同于<u>　二〇××　</u>年<u>×</u>月<u>×</u>日签订。

十、签订地点

本合同在<u>　××市××区××路××号××大厦×座×室　</u>签订。

十一、补充协议

合同未尽事宜，合同当事人另行签订补充协议，补充协议是合同的组成部分。

十二、合同生效

本合同自<u>　双方法定代表以及授权代表签字并盖章后　</u>生效。

十三、合同份数

本合同一式<u>×</u>份，均具有同等法律效力，发包人执<u>×</u>份，承包人执<u>×</u>份。

发包人：（公章）　　　　　　　承包人：（公章）

法定代表人或其委托代理人：　　法定代表人或其委托代理人：

（签字）　　　　　　　　　　　（签字）

组织机构代码：＿＿＿＿＿＿　　组织机构代码：＿＿＿＿＿＿

地　　址：＿＿＿＿＿＿　　　　地　　址：＿＿＿＿＿＿

邮政编码：＿＿＿＿＿＿　　　　邮政编码：＿＿＿＿＿＿

法定代表人：＿＿＿＿＿＿　　　法定代表人：＿＿＿＿＿＿

委托代理人：＿＿＿＿＿＿　　　委托代理人：＿＿＿＿＿＿

电　　话：＿＿＿＿＿＿　　　　电　　话：＿＿＿＿＿＿

传　　真：＿＿＿＿＿＿　　　　传　　真：＿＿＿＿＿＿

电子信箱：＿＿＿＿＿＿　　　　电子信箱：＿＿＿＿＿＿

开户银行：＿＿＿＿＿＿　　　　开户银行：＿＿＿＿＿＿

账　　号：＿＿＿＿＿＿　　　　账　　号：＿＿＿＿＿＿

第二部分　通用合同条款

（本部分内容是合同当事人根据《建筑法》和《合同法》等法律法规的规定，就工程建设的实施及相关事项，对当事人的权利和义务作出的原则性规定。这部分无需当事人填写，如需细化、完善、补充、修改或另行约定均在专用条款中说明。因此略掉）

第三部分　专用合同条款

1. 一般约定

1.1　词语定义

1.1.1　合同

1.1.1.10　其他合同文件包括：合同履行过程中双方总经理以上的管理者（或双方工地代表人）书面确认的对合同内容有实质性影响的会议纪要、签证、设计变更的资料。

1.1.2　合同当事人及其他相关方

1.1.2.4　监理人：

名　　称：＿＿＿＿＿＿＿＿＿＿＿＿＿＿＿＿＿＿＿＿＿＿＿＿＿；

资质类别和等级：＿＿＿＿＿＿＿＿＿＿＿＿＿＿＿＿＿＿＿＿＿；

联系电话：＿＿＿＿＿＿＿＿＿＿＿＿＿＿＿＿＿＿＿＿＿＿＿＿＿；

电子信箱：＿＿＿＿＿＿＿＿＿＿＿＿＿＿＿＿＿＿＿＿＿＿＿＿＿；

通信地址：＿＿＿＿＿＿＿＿＿＿＿＿＿＿＿＿＿＿＿＿＿＿＿＿＿。

1.1.2.5　设计人：

名　　称：＿＿＿＿＿＿＿＿＿＿＿＿＿＿＿＿＿＿＿＿＿＿＿＿＿；

资质类别和等级：＿＿＿＿＿＿＿＿＿＿＿＿＿＿＿＿＿＿＿＿＿；

联系电话：＿＿＿＿＿＿＿＿＿＿＿＿＿＿＿＿＿＿＿＿＿＿＿＿＿；

电子信箱：＿＿＿＿＿＿＿＿＿＿＿＿＿＿＿＿＿＿＿＿＿＿＿＿＿；

通信地址：＿＿＿＿＿＿＿＿＿＿＿＿＿＿＿＿＿＿＿＿＿＿＿＿＿。

1.1.3　工程和设备

1.1.3.7 作为施工现场组成部分的其他场所包括： 符合通用合同条款的规定 。

1.1.3.9 永久占地包括： 依据设计图纸确定 。

1.1.3.10 临时占地包括： 双方在合同履行过程中确定 。

1.3 法律

适用于合同的其他规范性文件： 按通用合同条款执行 。

1.4 标准和规范

1.4.1 适用于工程的标准规范包括： 按通用合同条款执行 。

1.4.2 发包人提供国外标准、规范的名称： ／（如有则注明） ；

发包人提供国外标准、规范的份数： ／（如有则注明） ；

发包人提供国外标准、规范的名称： ／（如有则注明） 。

1.4.3 发包人对工程的技术标准和功能要求的特殊要求： ／（如有则注明） 。

1.5 合同文件的优先顺序

合同文件组成及优先顺序为： 按通用合同条款执行 。

1.6 图纸和承包人文件

1.6.1 图纸的提供

发包人向承包人提供图纸的期限： 开工 21 日前 ；

发包人向承包人提供图纸的数量： 五套（包括竣工图用） ；

发包人向承包人提供图纸的内容： 全套施工图 。

1.6.4 承包人文件

需要由承包人提供的文件，包括： 完整的竣工图以及技术资料 ；

承包人提供的文件的期限为： 工程竣工验收后×日内 ；

承包人提供的文件的数量为： ×套 ；

承包人提供的文件的形式为： 书面（书面以及电子文档） ；

发包人审批承包人文件的期限： ×日内 。

1.6.5 现场图纸准备

关于现场图纸准备的约定： _____ 。

1.7 联络

1.7.1 发包人和承包人应当在 七 天内将与合同有关的通知、批准、证明、证书、指示、指令、要求、请求、同意、意见、确定和决定等书面函件送达对方当事人。

1.7.2 发包人接收文件的地点： 项目所在地发包人项目部 ；

发包人指定的接收人为： ×× 。

承包人接收文件的地点： 项目所在地承包人项目部 ；

承包人指定的接收人为： 承包方项目经理 。

监理人接收文件的地点： 项目所在地监理人办公室 ；

监理人指定的接收人为： 监理工程师 。

1.10 交通运输

1.10.1 出入现场的权利

关于出入现场的权利的约定： 由承包人按发包人要求负责取得出入施工现场所需的批准手续和全部权利，以及取得施工所需修建道路、桥梁以及其他基础设施的权利，并承担相关手续费和建设费用 。

1.10.3 场内交通

关于场外交通和场内交通的边界的约定： 本项目施工现场大门为界 。

关于发包人向承包人免费提供满足工程施工需要的场内道路和交通设施的约定： 双方另行约定 。

1.10.4 超大件和超重件的运输

运输超大件或超重件所需的道路和桥梁临时加固改造费用和其他有关费用由 承包方 承担。

1.11 知识产权

1.11.1 关于发包人提供给承包人的图纸、发包人为实施工程自行编制或委托编制的技术规范以及反映发包人关于合同要求或其他类似性质的文件的著作权的归属： 按通用合同条款执行 。

关于发包人提供的上述文件的使用限制的要求： 按通用合同条款执行 。

1.11.2 关于承包人为实施工程所编制文件的著作权的归属： 按通用合同条款执行 。

关于承包人提供的上述文件的使用限制的要求： 按通用合同条款执行 。

1.11.4 承包人在施工过程中所采用的专利、专有技术、技术秘密的使用费的承担方式： 按通用合同条款执行 。

1.13 工程量清单错误的修正

出现工程量清单错误时，是否调整合同价格： 否 。

允许调整合同价格的工程量偏差范围： / （按双方约定的填写） 。

2. 发包人

2.2 发包人代表

发包人代表：_____；

姓　　名：_____；

身份证号：_____；

职　　务：_____；

联系电话：_____；

电子信箱：_____；

通信地址：_____。

发包人对发包人代表的授权范围如下： 督促指导监理工程师行使职权，协调施工现场各方面关系，协调工程质量、进度和安全文明施工中存在的问题，解决有关设计和技术签证、办理，签认现场经济技术签证，审核工程进度和报表 。

2.4 施工现场、施工条件和基础资料的提供

2.4.1 提供施工现场

关于发包人移交施工现场的期限要求： 部分施工现场于×年×月×日前完成移交 。

2.4.2 提供施工条件

关于发包人应负责提供施工所需要的条件，包括： 施工用水、用电由发包方指定接点，并满足施工要求，接点至施工现场段管道/管线、计量设备由承包方自行解决。承包人每月底向发包人缴纳水电费（价格执行施工当地价格） 。

2.5 资金来源证明及支付担保

发包人提供资金来源证明的期限要求： ／（如有则注明） 。

发包人是否提供支付担保： ／（如有则注明） 。

发包人提供支付担保的形式： ／（如有则注明） 。

3. 承包人

3.1 承包人的一般义务

（5）承包人提交的竣工资料的内容： 承包方向发包人提交完整竣工图纸以及电子文档 。

承包人需要提交的竣工资料套数： ×套 。

承包人提交的竣工资料的费用承担： 由承包人承担 。

承包人提交的竣工资料移交时间： 工程竣工验收合格后×日内 。

承包人提交的竣工资料形式要求： 书面及电子文档 。

（6）承包人应履行的其他义务： 双方另行约定 。

3.2 项目经理

3.2.1 项目经理：

姓　　名： ＿＿＿＿＿＿＿＿＿＿＿＿＿＿＿＿＿＿＿＿＿＿＿＿ ；

身份证号： ＿＿＿＿＿＿＿＿＿＿＿＿＿＿＿＿＿＿＿＿＿＿＿＿ ；

建造师执业资格等级： ＿＿＿＿＿＿＿＿＿＿＿＿＿＿＿＿＿＿ ；

建造师注册证书号： ＿＿＿＿＿＿＿＿＿＿＿＿＿＿＿＿＿＿ ；

建造师执业印章号： ＿＿＿＿＿＿＿＿＿＿＿＿＿＿＿＿＿＿＿ ；

安全生产考核合格证书号： ＿＿＿＿＿＿＿＿＿＿＿＿＿＿＿ ；

联系电话： ＿＿＿＿＿＿＿＿＿＿＿＿＿＿＿＿＿＿＿＿＿＿ ；

电子信箱： ＿＿＿＿＿＿＿＿＿＿＿＿＿＿＿＿＿＿＿＿＿＿ ；

通信地址： ＿＿＿＿＿＿＿＿＿＿＿＿＿＿＿＿＿＿＿＿＿＿ ；

承包人对项目经理的授权范围如下： ＿＿＿＿＿＿＿＿＿＿＿＿＿ 。

关于项目经理每月在施工现场的时间要求： 同投标文件承诺的时间 。

承包人未提交劳动合同，以及没有为项目经理缴纳社会保险证明的违约责任： 处以×万元罚款，责令限期提交劳动合同并补缴社会保险 。

项目经理未经批准，擅自离开施工现场的违约责任： 处以×万元罚款，承包人承担上述违约给发包人造成的一切损失 。

3.2.3 承包人擅自更换项目经理的违约责任： 处以×万元罚款，承包人承担上述违约给发包人造成的一切损失 。

3.2.4 承包人无正当理由拒绝更换项目经理的违约责任： 处以×万元罚款，承包人承担上述违约给发包人造成的一切损失 。

3.3 承包人人员

3.3.1 承包人提交项目管理机构及施工现场管理人员安排报告的期限： 工程开工前2天 。

3.3.3 承包人无正当理由拒绝撤换主要施工管理人员的违约责任： 处以×万元罚款，承包人承担上述违约给发包人造成的一切损失 。

3.3.4 承包人主要施工管理人员离开施工现场的批准要求： 由总监理工程师批准，发包人认可后方可离开　。

3.3.5　承包人擅自更换主要施工管理人员的违约责任：　处以×万元罚款，承包人承担上述违约给发包人造成的一切损失　。

承包人主要施工管理人员擅自离开施工现场的违约责任：　处以×万元罚款，承包人承担上述违约给发包人造成的一切损失　。

3.5　分包

3.5.1　分包的一般约定

禁止分包的工程包括：　本工程不可分包　。

主体结构、关键性工作的范围：＿＿＿＿＿＿＿／＿＿＿＿＿＿＿。

3.5.2　分包的确定

允许分包的专业工程包括：＿＿＿＿＿／＿＿＿＿＿。

其他关于分包的约定：＿＿＿＿＿／＿＿＿＿＿。

3.5.4　分包合同价款

关于分包合同价款支付的约定：＿＿＿＿＿／＿＿＿＿＿。

3.6　工程照管与成品、半成品保护

承包人负责照管工程及工程相关的材料、工程设备的起始时间：　设备人员进场至验收交付使用前由承包人负责保修，无其他要求的，费用由承包人承担　。

3.7　履约担保

承包人是否提供履约担保：　提供　。

承包人提供履约担保的形式、金额及期限的：　提供合同价款10%作为履约保证金，以银行保函形式提供，工程完工验收合格后履行手续退还　。

4.　监理人

4.1　监理人的一般规定

关于监理人的监理内容：　见监理合同　。

关于监理人的监理权限：　见监理合同　。

关于监理人在施工现场的办公场所、生活场所的提供和费用承担的约定：　见监理合同　。

4.2　监理人员

总监理工程师：

姓　　　名：＿＿＿＿＿＿＿＿＿＿＿＿＿＿＿＿＿＿＿＿＿＿＿＿；

职　　　务：＿＿＿＿＿＿＿＿＿＿＿＿＿＿＿＿＿＿＿＿＿＿＿＿；

监理工程师执业资格证书号：＿＿＿＿＿＿＿＿＿＿＿＿＿＿＿＿；

联系电话：＿＿＿＿＿＿＿＿＿＿＿＿＿＿＿＿＿＿＿＿＿＿＿＿＿；

电子信箱：＿＿＿＿＿＿＿＿＿＿＿＿＿＿＿＿＿＿＿＿＿＿＿＿＿；

通信地址：＿＿＿＿＿＿＿＿＿＿＿＿＿＿＿＿＿＿＿＿＿＿＿＿＿；

关于监理人的其他约定：＿＿＿＿＿＿＿＿＿＿＿＿＿＿＿＿＿＿。

4.4　商定或确定

在发包人和承包人不能通过协商达成一致意见时，发包人授权监理人对以下事项进行确定：

（1）＿＿＿＿＿＿＿＿＿＿＿＿／（如有则注明）＿＿＿＿＿＿＿；

（2） _____ ；

（3） _____ 。

5. 工程质量

5.1　质量要求

5.1.1　特殊质量标准和要求： ＿＿／（如有则注明）＿＿ 。

关于工程奖项的约定： ＿＿／（如有则注明）＿＿ 。

5.3　隐蔽工程检查

5.3.2　承包人提前通知监理人隐蔽工程检查的期限的约定： ＿共同检查前四十八小时书面通知监理人＿ 。

监理人不能按时进行检查时，应提前 ＿二十四＿ 小时提交书面延期要求。

关于延期最长不得超过： ＿四十八＿ 小时。

6. 安全文明施工与环境保护

6.1　安全文明施工

6.1.1　项目安全生产的达标目标及相应事项的约定： ＿要求达到《建筑施工安全检查标准》（JGJ 59—2011）＿ 。

6.1.4　关于治安保卫的特别约定： ＿按通用合同条款执行＿ 。

关于编制施工场地治安管理计划的约定： ＿开工前提供施工场地治安管理计划＿ 。

6.1.5　文明施工

合同当事人对文明施工的要求： ＿达到《建筑施工现场环境与卫生标准》（JGJ 146—2004）＿ 。

6.1.6　关于安全文明施工费支付比例和支付期限的约定： ＿纳入合同价格支付＿ 。

7. 工期和进度

7.1　施工组织设计

7.1.1　合同当事人约定的施工组织设计应包括的其他内容： ＿按招标文件约定（或通用合同条款）执行＿ 。

7.1.2　施工组织设计的提交和修改

承包人提交详细施工组织设计的期限的约定： ＿开工前＿ 。

发包人和监理人在收到详细的施工组织设计后确认或提出修改意见的期限： ＿收到后七天内＿ 。

7.2　施工进度计划

7.2.2　施工进度计划的修订

发包人和监理人在收到修订的施工进度计划后确认或提出修改意见的期限： ＿收到后五天内＿ 。

7.3　开工

7.3.1　开工准备

关于承包人提交工程开工报审表的期限： ＿合同签订后，开工前＿ 。

关于发包人应完成的其他开工准备工作及期限： ＿／（如有则注明）＿ 。

关于承包人应完成的其他开工准备工作及期限： ＿／（如有则注明）＿ 。

7.3.2　开工通知

因发包人原因造成监理人未能在计划开工日期之日起 <u>六十天</u> 天内发出开工通知的，承包人有权提出价格调整要求，或者解除合同。

7.4 测量放线

7.4.1 发包人通过监理人向承包人提供测量基准点、基准线和水准点及其书面资料的期限：<u>合同签订后、开工前</u>。

7.5 工期延误

7.5.1 因发包人原因导致工期延误

（7）因发包人原因导致工期延误的其他情形：<u>① 发包人未按合同规定支付工程款并影响施工进度；② 重大设计变更影响施工进度；③ 政策处理问题影响施工进度；④ 不可抗力，此延误工期须在发现后七天内办理签证，逾期不予认可</u>。

7.5.2 因承包人原因导致工期延误

因承包人原因造成工期延误，逾期竣工违约金的计算方法为：<u>工期延误按合同总价的万分之五/天处罚承包人</u>。

因承包人原因造成工期延误，逾期竣工违约金的上限：<u>不超过合同价款的10%</u>。

7.6 不利物质条件

不利物质条件的其他情形和有关约定：<u>/（如有则注明）</u>。

7.7 异常恶劣的气候条件

发包人和承包人同意以下情形视为异常恶劣的气候条件：

（1）_____<u>双方另行约定</u>_____；

（2）_____；

（3）_____。

7.9 提前竣工的奖励

7.9.2 提前竣工的奖励：<u>/（如有则注明）</u>。

8. 材料与设备

8.4 材料与工程设备的保管与使用

8.4.1 发包人供应的材料设备的保管费用的承担：<u>由承包人承担</u>。

8.6 样品

8.6.1 样品的报送与封存

需要承包人报送样品的材料或工程设备，样品的种类、名称、规格、数量要求：<u>按管理部门要求和发包人需求确定</u>。

8.8 施工设备和临时设施

8.8.1 承包人提供的施工设备和临时设施

关于修建临时设施费用承担的约定：<u>由承包人承担</u>。

9. 试验与检验

9.1 试验设备与试验人员

9.1.2 试验设备

施工现场需要配置的试验场所：<u>按有关规定执行</u>。

施工现场需要配备的试验设备：<u>按有关规定执行</u>。

施工现场需要具备的其他试验条件：<u>/（如有则注明）</u>。

9.4 现场工艺试验

现场工艺试验的有关约定： ＿＿／（如有则注明）＿ 。

10. 变更

10.1 变更的范围

关于变更的范围的约定： ＿执行通用合同条款＿ 。

10.4 变更估价

10.4.1 变更估价原则

关于变更估价的约定： ＿①合同中有相同或类似单价可以参照合同中相同或类似项目的综合单价计算确定；②合同中没有类似工程项目综合单价的，由承包人根据合同中约定的组价原则或参考"计价依据"，提出适当单价，经发包人或其委托的工程造价咨询单位审定后，作为结算依据；③由于清单项目中项目特征或工程内容发生部分变更的，应以原综合单价为基础，仅就变更相应定额调整综合单价；④以上重新组价的综合单价不能高于××省和××市现行工程造价计价规则和依据规定计算的价格，并按中标时审定预算价格和中标价间的下浮幅度下浮＿ 。

10.5 承包人的合理化建议

监理人审查承包人合理化建议的期限： ＿＿／（如有则注明）＿ 。

发包人审批承包人合理化建议的期限： ＿＿／（如有则注明）＿ 。

承包人提出的合理化建议降低了合同价格或者提高了工程经济效益的奖励的方法和金额为： ＿＿＿＿＿／＿＿＿＿＿ 。

10.7 暂估价

暂估价材料和工程设备的明细详见附件11：《暂估价一览表》。

10.7.1 依法必须招标的暂估价项目

对于依法必须招标的暂估价项目的确认和批准采取第 ＿1＿ 种方式确定。

10.7.2 不属于依法必须招标的暂估价项目

对于不属于依法必须招标的暂估价项目的确认和批准采取第 ＿2＿ 种方式确定。

第3种方式：承包人直接实施的暂估价项目

承包人直接实施的暂估价项目的约定： ＿＿／（如有则注明）＿ 。

10.8 暂列金额

合同当事人关于暂列金额使用的约定： ＿此费用按实际发生经招标人签证后确定（全部、部分或不）使用，暂列金不计入工程付款的基数＿ 。

11. 价格调整

11.1 市场价格波动引起的调整

市场价格波动是否调整合同价格的约定： ＿＿／（如有则注明）＿ 。

因市场价格波动调整合同价格，采用以下第＿＿＿＿＿＿＿种方式对合同价格进行调整：

第1种方式：采用价格指数进行价格调整。

关于各可调因子、定值和变值权重，以及基本价格指数及其来源的约定： ＿＿／（如有则注明）＿ ；

第2种方式：采用造价信息进行价格调整。

（2）关于基准价格的约定： ＿＿／（如有则注明）＿ 。

专用合同条款① 承包人在已标价工程量清单或预算书中载明的材料单价低于基准价格的：专用合同条款合同履行期间材料单价涨幅以基准价格为基础超过_____%时，或材料单价跌幅以已标价工程量清单或预算书中载明材料单价为基础超过_____%时，其超过部分据实调整。

② 承包人在已标价工程量清单或预算书中载明的材料单价高于基准价格的：专用合同条款合同履行期间材料单价跌幅以基准价格为基础超过_____%时，材料单价涨幅以已标价工程量清单或预算书中载明材料单价为基础超过_____%时，其超过部分据实调整。

③ 承包人在已标价工程量清单或预算书中载明的材料单价等于基准单价的：专用合同条款合同履行期间材料单价涨跌幅以基准单价为基础超过±_____%时，其超过部分据实调整。

第 3 种方式：其他价格调整方式：_____。

12. 合同价格、计量与支付

12.1　合同价格形式

1. 单价合同。

综合单价包含的风险范围：<u>各种因素引起的材料价格、人工工资、施工机械使用费、管理费、利润等变化及风险因素</u>。

风险费用的计算方法：<u>／（如有则注明）</u>。

风险范围以外合同价格的调整方法：<u>／（如有则注明）</u>。

2. 总价合同。

总价包含的风险范围：<u>／（如有则注明）</u>。

风险费用的计算方法：<u>／（如有则注明）</u>。

风险范围以外合同价格的调整方法：<u>／（如有则注明）</u>。

3. 其他价格方式：<u>／（如有则注明）</u>。

12.2　预付款

12.2.1　预付款的支付

预付款支付比例或金额：<u>开工后支付合同价款的 10% 作为预付款</u>。

预付款支付期限：<u>人员、设备进场开工七日内</u>。

预付款扣回的方式：<u>竣工结算时一次性扣回</u>。

12.2.2　预付款担保

承包人提交预付款担保的期限：<u>××××</u>。

预付款担保的形式为：<u>××××</u>。

12.3　计量

12.3.1　计量原则

工程量计算规则：<u>建设工程工程量清单计价规范（GB 50500—2013）、××省建设工程计价定额（××年）</u>。

12.3.2　计量周期

关于计量周期的约定：<u>按月计量</u>。

12.3.3　单价合同的计量

关于单价合同计量的约定：<u>按月计量</u>。

12.3.4　总价合同的计量

关于总价合同计量的约定：__按月计量__。

12.3.5　总价合同采用支付分解表计量支付的，是否适用第12.3.4项〔总价合同的计量〕约定进行计量：_____/_____。

12.3.6　其他价格形式合同的计量

其他价格形式的计量方式和程序：__/（如有则注明）__。

12.4　工程进度款支付

12.4.1　付款周期

关于付款周期的约定：__/（如有则注明）__。

12.4.2　进度付款申请单的编制

关于进度付款申请单编制的约定：__① 每月月底按完成工程量并经监理签证确认；② 工程完工并经验收合格后，完成施工资料的整理及工程结算书的编制工作并交发包方，支付至协议书约定的合同价款的50%（实际工程量低于合同价的，按实际完成工作量的40%支付），并退还履约保证金；剩余工程款在确认达到合同质量目标，并且结算书经审计部门审核（结果经双方签字盖章确认）后，除留取50%质量保证金外，一个月内结清。农民工工资保障金按有关文件规定执行__。

12.4.3　进度付款申请单的提交

（1）单价合同进度付款申请单提交的约定：__按月提交__。

（2）总价合同进度付款申请单提交的约定：__/（如有则注明）__。

（3）其他价格形式合同进度付款申请单提交的约定：__/（如有则注明）__。

12.4.4　进度款审核和支付

（1）监理人审查并报送发包人的期限：__收到申请七天内__。

发包人完成审批并签发进度款支付证书的期限：__/（如有则注明）__。

（2）发包人支付进度款的期限：__/（如有则注明）__。

发包人逾期支付进度款的违约金的计算方式：__/（如有则注明）__。

12.4.6　支付分解表的编制

2. 总价合同支付分解表的编制与审批：_____。

3. 单价合同的总价项目支付分解表的编制与审批：_____。

13.　验收和工程试车

13.1　分部分项工程验收

13.1.2　监理人不能按时进行验收时，应提前__二十四__小时提交书面延期要求。

关于延期最长不得超过：__四十八__小时。

13.2　竣工验收

13.2.2　竣工验收程序

关于竣工验收程序的约定：__按通用合同条款执行__。

发包人不按照本项约定组织竣工验收、颁发工程接收证书的违约金的计算方法：__按通用合同条款执行__。

13.2.5　移交、接收全部与部分工程

承包人向发包人移交工程的期限：__颁发工程接收证书后七天内__。

发包人未按本合同约定接收全部或部分工程的，违约金的计算方法为：　／　（如有则注明）。

承包人未按时移交工程的，违约金的计算方法为：　／　（如有则注明）。

13.3　工程试车

13.3.1　试车程序

工程试车内容：　／　（如有则注明）。

（1）单机无负荷试车费用由　××　承担；

（2）无负荷联动试车费用由　××　承担。

13.3.3　投料试车

关于投料试车相关事项的约定：　／　（如有则注明）。

13.6　竣工退场

13.6.1　竣工退场

承包人完成竣工退场的期限：　颁发工程接收证书三天内　。

14.　竣工结算

14.1　竣工付款申请

承包人提交竣工付款申请单的期限：　工程竣工验收合格后二十八天内　。

竣工付款申请单应包括的内容：　按通用合同条款执行　。

14.2　竣工结算审核

发包人审批竣工付款申请单的期限：　收到竣工付款申请单二十八天内　。

发包人完成竣工付款的期限：　签发竣工付款申请单二十八天内　。

关于竣工付款证书异议部分复核的方式和程序：　按通用合同条款执行　。

14.4　最终结清

14.4.1　最终结清申请单

承包人提交最终结清申请单的份数：　肆份　。

承包人提交最终结算申请单的期限：　缺陷期满且工程竣工使用两年后　。

14.4.2　最终结清证书和支付

（1）发包人完成最终结清申请单的审批并颁发最终结清证书的期限：　收到申请后二十八天内　。

（2）发包人完成支付的期限：　申请签发后十四天内　。

15.　缺陷责任期与保修

15.2　缺陷责任期

缺陷责任期的具体期限：　十二个月　。

15.3　质量保证金

关于是否扣留质量保证金的约定：　扣留　。

15.3.1　承包人提供质量保证金的方式

质量保证金采用以下第　（2）　种方式：

（1）质量保证金保函，保证金额为：＿＿＿＿＿＿＿＿＿＿＿＿＿＿＿＿＿＿＿＿＿；

（2）　5　％的工程款；

（3）其他方式：　／　（如有则注明）。

15.3.2　质量保证金的扣留

质量保证金的扣留采取以下第　2　种方式：

（1）在支付工程进度款时逐次扣留，在此情形下，质量保证金的计算基数不包括预付款的支付、扣回以及价格调整的金额；

（2）工程竣工结算时一次性扣留质量保证金；

（3）其他扣留方式：＿＿＿＿＿＿／＿＿＿＿＿＿。

关于质量保证金的补充约定：＿＿＿＿＿／＿＿＿＿＿。

15.4　保修

15.4.1　保修责任

工程保修期为：　见工程质量保修书　。

15.4.3　修复通知

承包人收到保修通知并到达工程现场的合理时间：　二十四　小时　。

16.　违约

16.1　发包人违约

16.1.1　发包人违约的情形

发包人违约的其他情形：＿＿／（如有则注明）＿。

16.1.2　发包人违约的责任

发包人违约责任的承担方式和计算方法：

（1）因发包人原因未能在计划开工日期前 7 天内下达开工通知的违约责任：　双方另行约定　。

（2）因发包人原因未能按合同约定支付合同价款的违约责任：　双方另行约定　。

（3）发包人违反第 10.1 款〔变更的范围〕第（2）项约定，自行实施被取消的工作或转由他人实施的违约责任：　双方另行约定　。

（4）发包人提供的材料、工程设备的规格、数量或质量不符合合同约定，或因发包人原因导致交货日期延误或交货地点变更等情况的违约责任：　双方另行约定　。

（5）因发包人违反合同约定造成暂停施工的违约责任：　双方另行约定　。

（6）发包人无正当理由没有在约定期限内发出复工指示，导致承包人无法复工的违约责任：　双方另行约定　。

（7）其他：　／（如有则注明）　。

16.1.3　因发包人违约解除合同

承包人按 16.1.1 项〔发包人违约的情形〕约定暂停施工满　六十　天后发包人仍不纠正其违约行为并致使合同目的不能实现的，承包人有权解除合同。

16.2　承包人违约

16.2.1　承包人违约的情形

承包人违约的其他情形：　双方另行约定　。

16.2.2　承包人违约的责任

承包人违约责任的承担方式和计算方法：　由承包人承担全部费用并承担相关法律责任　。

16.2.3　因承包人违约解除合同

关于承包人违约解除合同的特别约定：　按通用合同条款执行　。

发包人继续使用承包人在施工现场的材料、设备、临时工程、承包人文件和由承包人或以其名义编制的其他文件的费用承担方式：__双方另行约定__。

17．不可抗力

17.1　不可抗力的确认

除通用合同条款约定的不可抗力事件之外，视为不可抗力的其他情形：__／__（如有则注明）。

17.4　因不可抗力解除合同

合同解除后，发包人应在商定或确定发包人应支付款项后__六十__天内完成款项的支付。

18．保险

18.1　工程保险

关于工程保险的特别约定：__按通用合同条款执行__。

18.3　其他保险

关于其他保险的约定：__／__（如有则注明）。

承包人是否应为其施工设备等办理财产保险：__按通用合同条款执行__。

18.7　通知义务

关于变更保险合同时的通知义务的约定：__按通用合同条款执行__。

20．争议解决

20.3　争议评审

合同当事人是否同意将工程争议提交争议评审小组决定：__同意__。

20.3.1　争议评审小组的确定

争议评审小组成员的确定：__由发包人和承包人共同确定__。

选定争议评审员的期限：__合同签订后二十八日内__。

争议评审小组成员的报酬承担方式：__发包人和承包人各承担一半__。

其他事项的约定：__／__（如有则注明）。

20.3.2　争议评审小组的决定

合同当事人关于本项的约定：__按通用合同条款执行__。

20.4　仲裁或诉讼

因合同及合同有关事项发生的争议，按下列第　__(1)__　种方式解决：

(1) 向__××市__仲裁委员会申请仲裁；

(2) 向_____人民法院起诉。

附件（附件具体内容略）

协议书附件：

附件1：承包人承揽工程项目一览表

专用合同条款附件：

附件2：发包人供应材料设备一览表

附件3：工程质量保修书

附件4：主要建设工程文件目录

附件5：承包人用于本工程施工的机械设备表

附件6：承包人主要施工管理人员表

附件7：分包人主要施工管理人员表

附件 8：履约担保格式

附件 9：预付款担保格式

附件 10：支付担保格式

附件 11：暂估价一览表

（三）签订建设工程施工合同应注意的问题

第一，要全面执行法律、法规。建设工程施工合同与其他合同的主要区别就在于该合同签订与履行的过程中需要执行的法律、法规特别多，既有国家制定的有关法律、法规，又有部门和地方制定的有关建设施工方面的法规，而且部门规章和地方法规处于不断变化过程中，因此，在签订建设工程施工合同时，必须全面熟悉和了解现行的法律和法规，以便准确地依据法律、法规订立合同。

第二，通用合同条款和协议条款要相互对照使用。协议条款除第一条外，都要按通用条款顺序协商约定具体内容，写入协议条款。当事人在协商时，还要根据各自的情况以及施工场地的环境条件等对通用合同条款中不适应具体工程的条款进行补充和完善，将通用合同条款中不采用的条款在对应的协议条款中注明不采用，对通用合同条款内未包括的内容，而当事人协商约定需要增加的条款，可以在协议条款内增加并注明。

第三，当事人在依据合同条件和协议条款签订合同时，对国家法律法规规定的建设工程施工合同必备的条款，不能以约定的方式加以改变或不予采用，更不能为回避法律而不采用合同条件中规定的条款。

三、建设工程监理合同

（一）建设工程监理合同的概念和性质

建设工程监理合同又称工程监理委托合同，是指发包人委托他人处理工程监理事务，与他人达成明确双方权利、义务的合同。监理合同是一种委托合同，发包人为委托人（业主），处理发包委托事务的人为监理人。监理人是代表发包人处理工程建设事务的，对发包人负责。

（二）建设工程监理合同的内容

（1）发包人与监理人的姓名或者名称、住址；

（2）委托实施监理工程名称、地点、工程规模和总投资；

（3）委托监理的事务（正常的监理工作和附加的监理工作）；

（4）发包人向监理人提供的有关资料、设备或设施及提供时间；

（5）报酬及支付期限和方式；

（6）委托监理的期限；

（7）违约责任；

（8）双方约定的其他内容。

（三）建设工程监理合同示范文本

目前国家示范文本为 2012 年颁发，在原 2000 年示范文本的基础上，进行修改。内容包括协议书、通用条件和专用条件三部分。下面主要介绍示范文本的填写。

例文 4

建设工程监理合同（示范文本）（GF—2012—0202）

住房和城乡建设部

制定

国家工商行政管理总局

第一部分 协议书

委托人（全称）：_____

监理人（全称）：_____

根据《中华人民共和国合同法》、《中华人民共和国建筑法》及其他有关法律、法规，遵循平等、自愿、公平和诚信的原则，双方就下述工程委托监理与相关服务事项协商一致，订立本合同。

一、工程概况

1. 工程名称：××房屋工程 ；

2. 工程地点：××省××市××路××号 ；

3. 工程规模：建筑面积×平方米，其中地上××平方米，地下××平方米；××栋××层，地下××层，建筑高度××米，建筑类型×× ；

4. 工程概算投资额或建筑安装工程费：工程概算投资为人民币××万元 。

二、词语限定

协议书中相关词语的含义与通用条件中的定义与解释相同。

三、组成本合同的文件

1. 协议书；

2. 中标通知书（适用于招标工程）或委托书（适用于非招标工程）；

3. 投标文件（适用于招标工程）或监理与相关服务建议书（适用于非招标工程）；

4. 专用条件；

5. 通用条件；

6. 附录，即：

附录 A 相关服务的范围和内容

附录 B 委托人派遣的人员和提供的房屋、资料、设备

本合同签订后，双方依法签订的补充协议也是本合同文件的组成部分。

四、总监理工程师

总监理工程师姓名：_____，身份证号码：_____，注册号：_____。

五、签约酬金

签约酬金（大写）：_____（￥ ）。

包括：

1. 监理酬金：_____。

2. 相关服务酬金：_____。

其中：

（1）勘察阶段服务酬金：_____。

（2）设计阶段服务酬金：_____。

（3）保修阶段服务酬金：_____。

（4）其他相关服务酬金：_____。

六、期限

1. 监理期限：

自_____年___月___日始，至_____年___月___日止。

2. 相关服务期限：

（1）勘察阶段服务期限自_____年___月___日始，至_____年___月___日止。

（2）设计阶段服务期限自_____年___月___日始，至_____年___月___日止。

（3）保修阶段服务期限自_____年___月___日始，至_____年___月___日止。

（4）其他相关服务期限自_____年___月___日始，至_____年___月___日止。

七、双方承诺

1. 监理人向委托人承诺，按照本合同约定提供监理与相关服务。

2. 委托人向监理人承诺，按照本合同约定派遣相应的人员，提供房屋、资料、设备，并按本合同约定支付酬金。

八、合同订立

1. 订立时间：_____年___月___日。

2. 订立地点：_____。

3. 本合同一式_____份，具有同等法律效力，双方各执_____份。

委托人：（盖章）   监理人：（盖章）

住所：_____ 住所：_____

邮政编码：_____ 邮政编码：_____

法定代表人或其授权   法定代表人或其授权

的代理人：（签字） 的代理人：（签字）

开户银行：_____ 开户银行：_____

账号：_____ 账号：_____

电话：_____ 电话：_____

传真：_____ 传真：_____

电子邮箱：_____ 电子邮箱：_____

第二部分　通　用　条　件

（本部分内容是合同当事人根据《建筑法》和《合同法》等法律法规的规定，就工程建设的实施及相关事项，对当事人的权利和义务作出的原则性规定。这部分无需当事人填写，如需细化、完善、补充、修改或另行约定均在专用条款中说明。因此略掉）

第三部分 专用条件

1. 定义与解释

1.2 解释

1.2.1 本合同文件除使用中文外，还可用 ＿＿／＿＿ （如有，则注明具体的外文，如"英文"）。

1.2.2 约定本合同文件的解释顺序为：按通用条件执行。

2. 监理人义务

2.1 监理的范围和内容

2.1.1 监理范围包括：施工阶段监理，即从工程开工至工程竣工验收提供监理备案资料为止的监理服务范围，包括土建、水电安装、人防、消防、通风空调、设备安装、装饰、园林景观、绿化、道路及室外工程等，以施工图设计及后续双方补充协议调整的范围为准。（亦可按分部分项工程描述）

2.1.2 监理工作内容还包括：按通用条件执行。

2.2 监理与相关服务依据

2.2.1 监理依据包括：（如有与通用条件相比有不同或增加的依据应在此说明）。

2.2.2 相关服务依据包括：（可根据委托的具体服务内容由双方协议）。

2.3 项目监理机构和人员

2.3.4 更换监理人员的其他情形：（如与通用条件相比有不同或增加的依据应在此说明）。

2.4 履行职责

2.4.3 对监理人的授权范围：（如委托人有赋予监理人处理变更施工合同的权限应在此说明）。

在涉及工程延期＿＿＿＿／＿＿＿＿天内和（或）金额＿＿＿＿／＿＿＿＿万元内的变更，监理人不需请示委托人即可向承包人发布变更通知。（如委托人有赋予监理人处理延期或办理工程造价变更权限的应在此说明）

2.4.4 监理人有权要求承包人调换其人员的限制条件：1. 监理人要求承包人调换项目经理的，应事先和委托人商议，委托人同意后提前七天向承包人发出调换项目经理的通知。2. 监理人要求承包人调换其他管理人员的，应提前七天通知委托人。（应与施工合同的约定的相关条款一致。）

2.5 提交报告

监理人应提交报告的种类（包括监理规划、监理月报及约定的专项报告）、时间和份数：1. 监理人在工程开工前十四日向委托人提供二套《监理规划》。2. 监理人应在每月五日前向委托人提供一份上月的《监理月报》。3. 监理人应根据工程需要或有关规定编制《监理实施细则》，在专项工程开工前十四日向委托人提供二套《监理实施细则》，监理人应及时或按委托人的要求时限和份数提供专项报告（一般建设项目和通常专项工程不需要编制《监理实施细则》，有《监理规划》即可）。

2.7 使用委托人的财产

附录 B 中由委托人无偿提供的房屋、设备的所有权属于：由委托人和监理人双方商议。

监理人应在本合同终止后 十四 天内移交委托人无偿提供的房屋、设备，移交的时间和方式为： 合同终止后十四天内现场移交 。

3. 委托人义务

3.4 委托人代表

委托人代表为： ××、×× 。

3.6 答复

委托人同意在 三 天（3 天内），对监理人书面提交并要求做出决定的事宜给予书面答复。

4. 违约责任

4.1 监理人的违约责任

4.1.1 监理人赔偿金额按下列方法确定：

赔偿金＝直接经济损失×正常工作酬金÷工程概算投资额（或建筑安装工程费）

4.2 委托人的违约责任

4.2.3 委托人逾期付款利息按下列方法确定：

逾期付款利息＝当期应付款总额×银行同期贷款利率×拖延支付天数

5. 支付

5.1 支付货币

币种为： 人民币 ，比例为： ／ ，汇率为： ／ （人民币以外的货币按双方约定注明）。

5.3 支付酬金

正常工作酬金的支付：

支付次数	支付时间	支付比例	支付金额/万元
首付款	本合同签订后 7 天内	20%	××
第二次付款			
第三次付款			
……			
最后付款	监理与相关服务期届满 14 天内		×××

6. 合同生效、变更、暂停、解除与终止

6.1 生效

本合同生效条件： 按通用条件执行 。

6.2 变更

6.2.2 除不可抗力外，因非监理人原因导致本合同期限延长时，附加工作酬金按下列方法确定：

附加工作酬金＝本合同期限延长时间（天）×正常工作酬金÷

协议书约定的监理与相关服务期限（天）

6.2.3 附加工作酬金按下列方法确定：

附加工作酬金＝善后工作及恢复服务的准备工作时间（天）×

正常工作酬金÷协议书约定的监理与相关服务期限（天）

6.2.5　正常工作酬金增加额按下列方法确定：

正常工作酬金增加额＝工程投资额或建筑安装工程费增加额×

正常工作酬金÷工程概算投资额（或建筑安装工程费）

6.2.6　因工程规模、监理范围的变化导致监理人的正常工作量减少时，按减少工作量的比例从协议书约定的正常工作酬金中扣减相同比例的酬金。

7.　争议解决

7.2　调解

本合同争议进行调解时，可提交　政府主管部门/第三方机构　进行调解。

7.3　仲裁或诉讼

合同争议的最终解决方式为下列第　（2）　种方式：

（1）　提请＿＿＿＿＿＿＿＿/＿＿＿＿＿＿＿＿仲裁委员会进行仲裁。

（2）　向　××　人民法院提起诉讼。

8.　其他

8.2　检测费用

委托人应在检测工作完成后　七　天内支付检测费用。

8.3　咨询费用

委托人应在咨询工作完成后　七　天内支付咨询费用。

8.4　奖励

合理化建议的奖励金额按下列方法确定为：

奖励金额＝工程投资节省额×奖励金额的比率；

奖励金额的比率为　25　%。

8.6　保密

委托人申明的保密事项和期限：　有关工程设计、造价及专项技术保密期限为长期　。

监理人申明的保密事项和期限：　有关本工程的监理规划、实施细则、专项监理方案、保密期为长期　。

第三方申明的保密事项和期限：　"无"或"/"（如有，则填写或注明）　。

8.8　著作权

监理人在本合同履行期间及本合同终止后两年内出版涉及本工程的有关监理与相关服务的资料的限制条件：　涉及本工程设计及专项技术内容的，监理人应事先征得委托人同意，不经委托人同意，不得出版相关内容　。

9.　补充条款

　如有，则填写或注明"无"或"/"　。

附录A　相关服务的范围和内容

A-1　勘察阶段：　（根据委托调整）　。

A-2　设计阶段：　（根据委托调整）　。

A-3　保修阶段：　（根据委托调整）　。

A-4　其他（专业技术咨询、外部协调工作等）：　（根据委托调整）　。

附录 B 委托人派遣的人员和提供的房屋、资料、设备

B-1 委托人派遣的人员

名　　称	数量	工作要求	提供时间
1. 工程技术人员			
2. 辅助工作人员			
3. 其他人员			

B-2 委托人提供的房屋

名　　称	数量	面积	提供时间
1. 办公用房	2 间	20+40 平方米	
2. 生活用房	4 间	09 平方米	
3. 试验用房	1 间	20 平方米	
4. 样品用房	1 间	20 平方米	
用餐及其他生活条件	用餐条件与费用由委托人负责，其他生活条件由监理人负责		

B-3 委托人提供的资料

名　　称	份数	提供时间	备注
1. 工程立项文件	1	合同签订后七天内	
2. 工程勘察文件	1	合同签订后七天内	
3. 工程设计及施工图纸	2	合同签订后七天内	
4. 工程承包合同及其他相关合同	1	合同签订后七天内	
5. 施工许可文件	1	合同签订后七天内	
6. 其他文件	1	合同签订后七天内	

B-4 委托人提供的设备

名　　称	数量	型号与规格	提供时间
1. 通讯设备			
2. 办公设备			
3. 交通工具			
4. 检测和试验设备			

四、建设工程造价咨询合同

（一）建设工程造价咨询合同概念

建设工程造价咨询合同指委托人向工程造价咨询单位咨询建设工程造价，与他人达成确定双方权利义务的合同。

（二）建设工程造价咨询合同（示范文本）的内容

《建设工程造价咨询合同（示范文本）》由建设工程造价咨询合同标准条件、建设工程造价咨询合同专用条件、建设工程造价咨询合同执行中共同签署的补充与修正文件构成。

合同标准条件：作为通用范本，适用于各类建设工程项目造价咨询委托。标准条件明确规定了造价咨询合同正常履行过程中委托人和咨询人的义务、权利和责任，合同履行过程中规范化的管理程序，以及合同争议的解决方式等。标准条件应全文引用，不得删改。

专用条件：根据工程项目特点和条件，由委托人和咨询人协商一致后进行填写。专用条件应当对应标准条件的顺序填写。例如，第二条要根据建设工程的具体情况，如工程类别、建设地点等填写所适用的部门或地方法律法规及工程造价有关办法和规定；第四条"建设工程造价咨询业务范围"，首先应明确项目范围如工程项目、单项工程或单位工程以及所承担咨询业务与工程总承包合同或分包合同所涵盖工程范围相一致，其次应明确项目建设不同阶段如可行性研究、设计、招投标阶段或全过程工程造价咨询中投资估算、概算或预算的内容等。

补充与修正文件：双方如认为需要，还可在其中增加约定的补充条款和修正条款。

如果经双方协商同意，可以设立奖罚条款，但必须是对等的。

（三）建设工程造价咨询合同（示范文本）

例文 5

建设工程造价咨询合同（GF—2002—0212）

中华人民共和国建设部

制定

国家工商行政管理总局

第一部分　建设工程造价咨询合同

_____（以下简称委托人）与_____（以下简称咨询人）经过双方协商一致，签订本合同。

一、委托人委托咨询人为以下项目提供建设工程造价咨询服务：

1. 项目名称：××建设工程项目

2. 服务类别：编制标底/土建工程、线路工程、设备安装及装饰工程预算

二、本合同的措词和用语与所属建设工程造价咨询合同条件及有关附件同义。

三、下列文件均为本合同的组成部分：

1. 建设工程造价咨询合同标准条件；

2. 建设工程造价咨询合同专用条件；

3. 建设工程造价咨询合同执行中共同签署的补充与修正文件。

四、咨询人同意按照本合同的规定，承担本合同专用条件中议定范围内的建设工程造价咨询业务。

五、委托人同意按照本合同规定的期限、方式、币种、额度向咨询人支付酬金。

六、本合同的建设工程造价咨询业务自_____年_____月_____日开始实施，至_____年_____月_____日终结。

七、本合同一式四份，具有同等法律效力，双方各执两份。

委托人：（盖章）	咨询人：（盖章）
法定代表人：（签字）	法定代表人：（签字）
委托代理人：（签字）	委托代理人：（签字）
住　　所：	住　　所：
开户银行：	开户银行：
账号：	账号：
邮政编码：	邮政编码：
电话：	电话：
传真：	传真：
电子信箱：	电子信箱：
年　月　日	年　月　日

第二部分　建设工程造价咨询合同标准条件
词语定义、适用语言和法律、法规

第一条　下列名词和用语，除上下文另有规定外具有如下含义。

1. "委托人"是指委托建设工程造价咨询业务和聘用工程造价咨询单位的一方，以及其合法继承人。

2. "咨询人"是指承担建设工程造价咨询业务和工程造价咨询责任的一方，以及其合法继承人。

3. "第三人"是指除委托人、咨询人以外与本咨询业务有关的当事人。

4. "日"是指任何一天零时至第二天零时的时间段。

第二条　建设工程造价咨询合同适用的是中国的法律、法规，以及专用条件中议定的部门规章、工程造价有关计价办法和规定或项目所在地的地方法规、地方规章。

第三条　建设工程造价咨询合同的书写、解释和说明，以汉语为主导语言。当不同语言文本发生不同解释时，以汉语合同文本为准。

咨询人的义务

第四条　向委托人提供与工程造价咨询业务有关的资料，包括工程造价咨询的资质证书及承担本合同业务的专业人员名单、咨询工作计划等，并按合同专用条件中约定的范围实施咨询业务。

第五条　咨询人在履行本合同期间，向委托人提供的服务包括正常服务、附加服务和额外服务。

1. "正常服务"是指双方在专用条件中约定的工程造价咨询工作；

2. "附加服务"是指在"正常服务"以外，经双方书面协议确定的附加服务；

3. "额外服务"是指不属于"正常服务"和"附加服务"，但根据合同标准条件第十三条、第二十条和第二十二条的规定，咨询人应增加的额外工作量。

第六条　在履行合同期间或合同规定期限内，不得泄露与本合同规定业务活动有关的保密资料。

委托人的义务

第七条　委托人应负责与本建设工程造价咨询业务有关的第三人的协调，为咨询人工作提供外部条件。

第八条　委托人应当在约定的时间内，免费向咨询人提供与本项目咨询业务有关的资料。

第九条　委托人应当在约定的时间内就咨询人书面提交并要求做出答复的事宜做出书面答复。咨询人要求第三人提供有关资料时，委托人应负责转达及资料转送。

第十条　委托人应当授权胜任本咨询业务的代表，负责与咨询人联系。

咨询人的权利

第十一条　委托人在委托的建设工程造价咨询业务范围内，授予咨询人以下权利。

1. 咨询人在咨询过程中，如委托人提供的资料不明确时可向委托人提出书面报告。

2. 咨询人在咨询过程中，有权对第三人提出与本咨询业务有关的问题进行核对或查问。

3. 咨询人在咨询过程中，有到工程现场勘察的权利。

委托人的权利

第十二条　委托人有下列权利。

1. 委托人有权向咨询人询问工作进展情况及相关的内容。

2. 委托人有权阐述对具体问题的意见和建议。

3. 当委托人认定咨询专业人员不按咨询合同履行其职责，或与第三人串通给委托人造成经济损失的，委托人有权要求更换咨询专业人员，直至终止合同并要求咨询人承担相应的赔偿责任。

咨询人的责任

第十三条　咨询人的责任期即建设工程造价咨询合同有效期。如因非咨询人的责任造成进度的推迟或延误而超过约定的日期，双方应进一步约定相应延长合同有效期。

第十四条　咨询人责任期内，应当履行建设工程造价咨询合同中约定的义务，因咨询人的单方过失造成的经济损失，应当向委托人进行赔偿。累计赔偿总额不应超过建设工程造价咨询酬金总额（除去税金）。

第十五条　咨询人对委托人或第三人所提出的问题不能及时核对或答复，导致合同不能全部或部分履行，咨询人应承担责任。

第十六条　咨询人向委托人提出赔偿要求不能成立时，则应补偿由于该赔偿或其他要求所导致委托人的各种费用的支出。

委托人的责任

第十七条　委托人应当履行建设工程造价咨询合同约定的义务，如有违反则应当承担违约责任，赔偿给咨询人造成的损失。

第十八条　委托人如果向咨询人提出赔偿或其他要求不能成立时，则应补偿由于该赔偿或其他要求所导致咨询人的各种费用的支出。

合同生效，变更与终止

第十九条　本合同自双方签字盖章之日起生效。

第二十条　由于委托人或第三人的原因使咨询人工作受到阻碍或延误以致增加了工作量或持续时间，则咨询人应当将此情况与可能产生的影响及时书面通知委托人。由此增加的工作量视为额外服务，完成建设工程造价咨询工作的时间应当相应延长，并得到额外的酬金。

第二十一条　当事人一方要求变更或解除合同时，则应当在14日前通知对方；因变更或解除合同使一方遭受损失的，应由责任方负责赔偿。

第二十二条　咨询人由于非自身原因暂停或终止执行建设工程造价咨询业务，由此而增加的恢复执行建设工程造价咨询业务的工作，应视为额外服务，有权得到额外的时间和酬金。

第二十三条　变更或解除合同的通知或协议应当采取书面形式，新的协议未达成之前，原合同仍然有效。

咨询业务的酬金

第二十四条　正常的建设工程造价咨询业务，附加工作和额外工作的酬金，按照建设工程造价咨询合同专用条件约定的方法计取，并按约定的时间和数额支付。

第二十五条　如果委托人在规定的支付期限内未支付建设工程造价咨询酬金，自规定支付之日起，应当向咨询人补偿应支付的酬金利息。利息额按规定支付期限最后一日银行活期贷款乘以拖欠酬金时间计算。

第二十六条　如果委托人对咨询人提交的支付通知书中酬金或部分酬金项目提出异议，应当在收到支付通知书两日内向咨询人发出异议的通知，但委托人不得拖延其无异议酬金项目的支付。

第二十七条　支付建设工程造价咨询酬金所采取的货币币种、汇率由合同专用条件约定。

其　　他

第二十八条　因建设工程造价咨询业务的需要，咨询人在合同约定外的外出考察，经委托人同意，其所需费用由委托人负责。

第二十九条　咨询人如需外聘专家协助，在委托的建设工程造价咨询业务范围内其费用由咨询人承担；在委托的建设工程造价咨询业务范围以外经委托人认可其费用由委托人承担。

第三十条　未经对方的书面同意，各方均不得转让合同约定的权利和义务。

第三十一条 除委托人书面同意外，咨询人及咨询专业人员不应接受建设工程造价咨询合同约定以外的与工程造价咨询项目有关的任何报酬。

咨询人不得参与可能与合同规定的与委托人利益相冲突的任何活动。

合同争议的解决

第三十二条 因违约或终止合同而引起的损失和损害的赔偿，委托人与咨询人之间应当协商解决；如未能达成一致，可提交有关主管部门调解；协商或调解不成的，根据双方约定提交仲裁机关仲裁，或向人民法院提起诉讼。

第三部分 建设工程造价咨询合同专用条件

第二条 本合同适用的法律、法规及工程造价计价办法和规定：《 中华人民共和国合同法》《中华人民共和国建筑法》《中华人民共和国招投标法》及其他有关法律、法规。

第四条 建设工程造价咨询业务范围： C 类/B 类

"建设工程造价咨询业务"是指以下服务类别的咨询业务：

（A 类） 建设项目可行性研究投资估算的编制、审核及项目经济评价；

（B 类） 建设工程概算、预算、结算、竣工结（决）算的编制、审核；

（C 类） 建设工程招标标底、投标报价的编制、审核；

（D 类） 工程洽商、变更及合同争议的鉴定与索赔；

（E 类） 编制工程造价计价依据及对工程造价进行监控和提供有关工程造价信息资料等。

第八条 双方约定的委托人应提供的建设工程造价咨询材料及提供时间：×年×月×日

第九条 委托人应在____日内对咨询人书面提交并要求做出答复的事宜做出书面答复。

第十四条 咨询人在其责任期内如果失职，同意按以下办法承担因单方责任而造成的经济损失。

赔偿金＝直接经济损失×酬金比率（扣除税金）

第二十四条 委托人同意按以下的计算方法、支付时间与金额，支付咨询人的正常服务酬金： 按工程总造价的×‰（仟分之×）计算，共计人民币×××元（大写），于×年×月×日支付/按工程总造价（工程实际投资额）×‰（仟分之×）+工程决算审核核减金额×%（佰分之×）计算，于×年×月×日支付。

委托人同意按以下计算方法、支付时间与金额，支付附加服务酬金： （根据双方协商的具体内容填写）

委托人同意按以下计算方法、支付时间与金额，支付额外服务酬金： （根据双方协商的具体内容填写）

第二十七条 双方同意用 现金 支付酬金，按 人民币 汇率计付。

第三十二条 建设工程造价咨询合同在履行过程中发生争议，委托人与咨询人应及时协商解决；如未能达成一致，可提交有关主管部门调解；协商或调解不成的，按下列第 （二）种方式解决：

（一） 提交_____仲裁委员会仲裁；

（二） 依法向人民法院起诉。

附加协议条款： （根据双方实际的协议填写）或注明"无""/"）

思考与练习

一、判断题

1. 合同一旦签订便具有法律效力，不能更改、终止，否则应承担相应的责任。（   ）

2. 只有书面合同才具备法律效力，为有效合同，口头合同不具备法律效力。（   ）

3. 合同强调公平，即使一方愿意让利，也不允许。（   ）

4. 建设工程合同的签约人必须是具有签约资格的法人，否则为无效合同。（   ）

5. 建设工程施工合同中，只要发包人同意，承包人便可将所承包的部分工程分包给其他专业施工单位。（   ）

6. 工程总承包再分包后，由分包方履行分包部分的责任和义务，并对总承包合同的发包方负责。（   ）

7. 建设工程设计合同必须根据上级机关批准的设计任务书签订。（   ）

8. 勘察、设计合同的发包方和承包方都必须具有法人资格，否则不能签订勘察、设计合同。（   ）

9. 一个企业只要申办了营业执照，便可成为施工合同的承包方。（   ）

10. 合同法中规定的合同主要条款在任何合同中都是必不可少的条款，否则合同无法执行。（   ）

11. 合同的条款必须经双方协商同意后方可写入合同，一方不同意，另一方便不能强行添加。（   ）

12. 施工合同中，承包人必须按照协议书中承诺的开工日期开工，否则便是违约。（   ）

13. 施工合同中如果施工方不能按期完工，除不可抗力外，都应该承担不能按期完工的责任。（   ）

14. 建设工程监理合同是一种委托合同，代表发包人处理建设工程事务，对发包人负责。（   ）

15. 建设工程勘察、设计合同中涉及签订后发包人应支付勘察、设计费20%作为定金，定金无论双方是否继续履行，都无须退还。（   ）

16. 建设工程施工合同中涉及设备和材料的供应，无论是发包人或承包人都可以成为施工所需材料和设备的供应主体，谁供应谁对材料和设备的合格性承担责任。（   ）

17. 建设工程施工合同签订的前提是承包方必须事先拿到该工程项目的施工许可证。（   ）

18. 只有在签约双方盖章后方可认为合同有效。（   ）

二、实践练习

合同语言须准确、周密，以防止产生歧义，造成纠纷。请指出下列合同语言中不确切的地方，并加以修改。

1. 某建筑公司订购钢材，合同中对质量标准规定为："直径22 mm以上"。

2. 某建设工程合同中对合同履行地点规定为："南宁市北际路"。

3. 某合同中的"违约责任"中写道："乙方不能按期完工，每延期一天，应偿付甲方5％的违约金。"

4. 某技术合同对成交金额与付款时间、付款方式的表述为："项目开发经费十万元。甲方在合同签订后向乙方汇出三万元；乙方交付开发成果鉴定证书后，甲方付清全部余款并汇入乙方开户银行账号。"

5. 某施工合同中双方约定："该工程款约为人民币3千万元"。

6. 某建材供应合同中对所提供的材料包装物的表述：用袋装，每袋重量不超过××斤。

三、病例修改（只针对文中出现的问题）

1. 指出下面这份合同在写作上存在的问题。

合　同

买方：广西桂林××建筑公司

卖方：广西柳州市××建材销售公司

兹因施工需要，买方向卖方购方订购下列货物，经双方协议订立如下合约：

一、品名、规格、数量等

品　名	规格	型号	产地	数量	单位	单价	金额
普通热轧钢筋	HRB335	22 mm	××	3 000	千克	5.00	15 000
热轧光圆钢筋	HPB235	8 mm	××	5 000	千克	3.00	15 000
余热处理钢筋	KL400	25 mm	××	2 000	千克	6.00	12 000
货款共计人民币（大写）42 000 元整							

质量等级：合格

收货地址：桂林火车站

交货办法：代办运输，运费由购方承担。具体金额凭铁路运单向卖方办理托收承付，买方不得拒付。

交货期限：8 月份至 10 月份，分三批次交货。

付款方式：托收承付。

付款期限：买方收到货物后，应立即支付货款。

违约责任：卖方不按时交货，则支付货款5％的违约金，买方不按时付款，则每逾期一天，则支付 100 元/天的违约金，并承担一切后果。

……

买方单位：广西桂林××建筑公司（盖章）　　　卖方单位：广西柳州市××建材销售

　　　　　　　　　　　　　　　　　　　　　　　　　　　公司（盖章）

经办人：×××（盖章）　　　　　　　　　　经办人：×××（盖章）

开户银行：×××银行分理处　　　　　　　　开户银行：××银行××县支行

账号：××××××　　　　　　　　　　　　账号：××××××

2. 指出下面这份合同的毛病，在保留原文基本内容的前提下，修改本合同。

建 设 合 同

××学院××系（甲方）

立合同人

××第二建筑公司第二施工队（乙方）

为建筑××学院××系教学大楼，经双方协商，订立本合同，以共同遵守。

一、甲方委托乙方在学院内空地建设教学大楼一幢，面积××平方米，由乙方根据甲方提供的图纸建造。

二、全部建造费（包括材料、人工）约 1 270 000 元。

三、甲方在订立合同后先交一部分建造费，其余在教学大楼建成后抓紧归还所欠部分。

四、工期待乙方筹备就绪后立即开始，力争 3 月中旬开工，争取 11 月左右交活。如不按时交活，每延迟一天，向甲方支付赔偿金。

五、建筑材料由乙方全面负责筹备，所筹备的材料应达其应达到的质量要求。

六、……（略）

七、……（略）

八、合同双方盖章后即刻生效

本合同一式 4 份，双方各执 2 份。

××学院××系（公章）　　　　　　××第二建筑公司第二施工队（公章）

主任：（私章）　　　　　　　　　　施工队队长：（私章）

签订时间：2009 年 2 月 15 日

四、写作题

根据自己的专业，模拟建设工程合同的签约过程，并将双方商议内容按合同的示范文本格式填写。

第十二章

商业广告文案

本章要点

- 广告文案的结构与写法
- 广告文案写作时应注意的事项
- 房地产广告文案写法要点

教学要求

　　通过对商业广告文案基础知识的学习，了解广告以及广告文案的特点，掌握广告文案的结构、内容、写法，并能根据专业的需要，能对广告文案的优劣进行判断；能写作与自己专业所需的较为简单的广告文案。

第一节　商业广告概述

一、商业广告的概念和性质

　　广告，简单地说，就是广而告之。具体地说，就是为了某种特定的需要，通过一定形式的媒体，公开而广泛地向公众传递信息的宣传手段。广告有广义和狭义之分。广义广告包括非经济广告和经济广告。非经济广告指不以盈利为目的的广告，如行政部门、社会企事业单位乃至个人的各种公告、启事、声明等，主要目的是推广；狭义广告仅指经济广告，也称商业广告，是指以盈利为目的的广告，通常是商品生产者、经营者和消费者之间沟通信息的重要手段，也是企业占领市场、推销产品、提供劳务的重要形式，主要目的是扩大经济效益。《广告法》中所指的广告就是狭义广告。本章除涉及一般的商业广告外，还主要涉及与建设类相关的工程建设、房地产类的广告写作的相关知识。

二、商业广告的作用

（一）引导、传递

广告沟通着生产者、经营者、消费者三者之间的联系，起传递信息、引导消费的作用。

253

（二）推广、普及

广告利用各种形式进行宣传、推广，以达到家喻户晓的目的来影响消费者的购买倾向，促使其消费时将其产品作为购买的首选对象。

（三）刺激、诱导

通过用富有说服力、感染力的文字、图片、声音等形式刺激消费者需求，以引起人们对产品或劳务的注意。

（四）促成、催化

广告的最终目的就是促成购买行为，当购买行为达成时，商品得以流通，反过来又促使企业的生产、销售，使生产、销售、消费形成良性循环。

三、商业广告的特点

（一）功利性

广告利用各种形式、手段推销商品、介绍服务，以达到激发人们的消费欲望，实现其经济利益，其功利性十分明显。如果一个商业广告的目的不是销售所广告的商品或服务，那么它就是一个骗子。

（二）独创性

一般而言，人们并不会有意识地去阅读广告，多数广告是没有人看的。要想人们驻足，必须是富有创意的广告。强调广告的独创性与新奇性，对塑造商品或服务的形象，引起人们的关注起非常重要的作用。

（三）真实性

这是广告文案写作的首要原则。广告的生命在于其内容的真实，只有真实地反映商品、劳务或企业的形象，才能赢得消费者的信赖，才能促进其商业利益的达成。

（四）艺术性

广告是一门综合了文学、艺术等多种形式的独特的艺术形式，是广告魅力的源泉，正因为其独特的艺术感染力，激起了消费者的购买欲望，从而实现其经济利益。

四、商业广告的分类

由于分类的标准不同，广告的种类可以有多种。

（一）按传播媒介分

（1）电子广告。包括以广播、电影、电视、网络、电子屏、手机等为传播载体的广告。

（2）户外广告。是指利用户外路牌、灯箱、灯柱、交通工具以及公交站台、火车月台、轮船码头、地铁站台等户外设施作为传播载体的广告。

（3）印刷广告。包括刊登在报纸、杂志、招贴、海报、包装物、宣传单、挂历、各种门票上的广告。

（4）邮寄广告。包括通过邮寄明信片、贺年卡、信函等将传单、商品目录、订购单、产品信息等形式直接传递给消费者的广告。

（5）销售现场广告。又称为售点广告或 POP 广告（Point of Purchase），就是在商场或展销会等场所，通过实物展示、演示等方式进行信息传播的广告。有橱窗展示、商品陈列、模特表演、彩旗、条幅、展板等形式。

（6）其他媒介广告。包括利用新闻发布会、体育活动、年历、各种文娱活动等形式而开展的广告。

在实践中，选用何种媒介作为广告载体是制定广告媒介策略所要考虑的一个核心内容。

（二）按内容分

主要分为产品广告、企业广告、品牌广告、观念广告等类别。

（三）依据广告所指向的传播对象分

主要分为工业企业广告、经销商广告、消费者广告、专业广告等类别。

总之，不同的广告分类方法具有不同的目的和出发点，但最终取决于广告主的需要或是企业营销策略的需要。特别是对于企业而言，广告是其市场营销的有力配合手段和工具。

第二节 广告文案

一、广告文案的概念和性质

广告文案有广义与狭义之说。广义的广告文案是指广告作品的全部，它不仅包括语言文字部分，还包括图画等部分。狭义的广告文案仅指广告作品的语言文字部分。本章只涉及狭义的广告文案。

广告文案是以语言文字进行广告信息内容表现的形式。广告基本是由语言文字与图像所构成的。在广告设计中，文案与图案、图形同等重要，图形具有前期的冲击力，广告文案具有较深的影响力，它是广告内容的文字化表现。一般而言，只要是广告就离不开语言文字，仅有图像或画面的广告是很难令人理解的，更何况，广告的创意与主题都离不开语言文字的展现。从某种意义上来说，语言文字是广告的灵魂。

二、广告文案的结构与写法

广告文案结构是由标题、广告正文、随文和广告口号组成的。

（一）标题

标题是整个广告的题目，要表明广告的主旨，往往也是广告诉求的重点的体现。它的作用在于吸引人们对广告的注意，留下印象，引起人们对广告正文内容的兴趣，因此，标题应具有鲜明的个性与独到之处，从而具有刺激性、吸引力和感召力。标题经常采用的形式有以下几种。

（1）直接标题。用简明的语言直接写明要宣传的企业和商品名称或经营、服务的项目，使人一目了然，如"雪佛兰　热爱我的热爱"。

（2）间接标题。不直接点明广告的主题和主旨，而是以委婉含蓄、耐人寻味的语句引导消费者注意广告后面的内容，如"见证历史　把握未来"（瑞士欧米茄手表）。这类标题多采用比喻、习惯常用语或富有哲理性的文学语言。

（3）复合标题。将直接标题和间接标题结合起来，采用两个或三个标题，形式上有引题、正题、副题或正题、副题或引题、正题等，这种形式在新闻体中常见，且一般用于内容较多而复杂的广告。一般引题用来说明信息意义或交代背景，正题点明广告的主要内容，副题则对正题内容进行补充。例如，美国一家百货的广告标题即采用了这种形式。

慷慨的旧货换新（正题）

带你的太太来 只要几块钱……我们将给你一位新的女人（副题）

这类标题往往综合运用直接与间接结合的方式来概括广告的主旨，如正题为虚，读者可能不懂，但副题一定为实。例如，一款奔驰车的广告标题的主题为"尽揽天下风云"（间接），副题则为"梅赛德斯——奔驰"（直接），虚实结合，却有点睛的作用。

（二）广告正文

正文是对产品、服务用客观的事实具体说明，这也是广告的主要内容以及主旨所在。内容一般包括商品及劳务的名称、规格、性能、功用、使用保养方法、出售方式、接洽方法等。结构上一般用三段的形式来展现。开头的主要任务是引出主要内容，开头的方式可多样，可以是开门见山，如例文1；也可以略作提示，如例文2，用一个反问句的形式，引出要广告的商品；也可以从答疑或解释开始，不一而足。通过以上说明达到激发消费者对产品的购买欲望。主体部分则主要陈述产品或服务的特征与优势所在。结尾一般用带有督促或建议或激励性的文字促成消费者的购买，也可以再次宣传商品或服务的优点。

这部分的写法、表现方式可呈多样化，也没有固定的模式。从结构顺序上来说，可以按时间，也可以按事物的逻辑联系来写，如本章例文3，就是按时间顺序（从清晨一点到半夜十二点，再到清晨六点）来展示所售商品的特色；从表达方式上来说，说明、描写、抒情、议论等表达方式均可以使用，如本章例文4，就是通过客观的说明和叙述来传递信息，以此影响消费者的购买倾向；从体裁的角度来说，一般的文章体裁，以及各种文学、艺术的样式都可以借用。但不论采用何种表现方式，都是为了突出、烘托主旨，为打动消费者，推销其商品或服务。因此在实际的写作中要注意以下几方面。

1. 诉求重点要突出

一则广告要使其主题明确，其诉求重点必须鲜明、突出。什么都想展示的结果是使内容变成大杂烩，其商品或服务的个性以及优势便不突出。

2. 内容简明忌晦涩

广告面对不同层面的消费者，但绝大多数消费者驻足在广告上的时间往往并不多，为使消费者在短时间内对所宣传的商品或服务有一定程度的了解，内容宜简明扼要，切忌拖沓晦涩，而使消费者在理解上出现偏差。

3. 表现形式有吸引力

广告要引人关注所宣传的内容，其表现形式要富有吸引力，让消费者乐于接受。而文学、艺术的各种表现手法和形式可以在更好的层面上展示其内容，因此，常借助如小说、诗歌等文学手法，相声、小品、电影、漫画等艺术形式，增强可读性，感染消费者。

4. 刺激欲望具诱惑力

当广告宣传满足了消费者的某种需求时，消费者就可能由心动到行动地购买商品或服务，这也是广告宣传的目的，因此用具有感召力的语言文字展示来自于商品本身的优良性能或服务的优质，是广告最具影响力之所在。

（三）随文

也称附告，是广告文案中不可缺少的部分，是对广告内容的进一步补充说明，包括广告单位名称、地址、电话、传真、邮政编码、网址、银行账号、经销商及其地址、电话，负责安装、维修及售后服务部门的电话、联系人、服务承诺等，以方便顾客的购买和联系。

（四）广告标语

广告标语（也称广告口号）是企业从长远利益出发，在一定时期内反复使用的、展示宣传主体所倡导的理念的、特定的、简短的宣传语句。口号是战略性的语言，目的是经过反复和相同的表现，以辨明与其他企业精神的不同，使消费者掌握商品或服务的个性，是推广商品不可或缺的要素。广告标语的常用形式有联想式（"钻石恒久远，一颗永流传——第比尔斯"）、哲理式（"多一些润滑，少一些摩擦——统一润滑油"）、比喻式（"善饮者为仙，善酿者为神——小酒神""牛奶香浓，丝般感受——德芙巧克力"）、许诺式（"百万的企业，毫厘的利润——奥尔巴克百货公司企业形象广告"）、推理式（"人头马一开，好事自然来"——人头马 XO）、赞扬式（"麦氏咖啡，滴滴香浓，意犹未尽"）；命令式（或称号召式）（"让母亲重温年轻的梦——伊桑化妆品""给电脑一颗奔腾的芯——英特尔"）、情感式（"科技以人为本——诺基亚手机""不在乎天长地久，只在乎曾经拥有——铁达时表"）等。

广告口号的撰写要注意简洁明了、语言明确、独创有趣、便于记忆、易读上口。广告口号和广告标题之间，经常会出现互转现象，甚至广告口号即广告标题，或广告标题即广告口号，二者处于同一的情况。这种情况一般在无标题文案和无口号文案中出现。因此，写作中既要注意广告口号自身的独特性，也要注意它在互转状态下的特殊性，使二者在互转状态中相互兼顾。

三、广告文案写作应注意的事项（写作要求）

（一）准确规范、点明主题

准确规范是广告文案中最基本的要求。凭借此实现对广告主题和广告创意的有效表现和对广告信息的有效传播。

首先，要求广告文案中所使用的语言要准确无误，避免产生歧义或误解。其次，广告文案中语言表达规范完整，避免语法错误或表达残缺。第三，广告文案中的语言要符合语言表达习惯，不可生搬硬套，自己创造众所不知的词汇。第四，广告文案中的语言要尽量通俗化、大众化，避免使用冷僻以及过于专业化的词语。

（二）简明精练、言简意赅

广告文案在文字语言的使用上，要简明扼要、精练概括。首先，要以尽可能少的语言和文字表达出广告产品的精髓，实现有效的广告信息传播。其次，简明精练的广告文案有助于吸引广告受众的注意力和迅速记忆下广告内容。第三，要尽量使用简短的句子，以防止受众因繁长语句所带来的反感。

（三）生动形象、表明创意

广告文案中的生动形象能够吸引受众的注意，激发他们的兴趣。国外研究资料表明：文

257

字、图像能引起人们注意的百分比分别是 22% 和 78%，能够唤起记忆的百分比分别是 65% 和 35%。这就要求在进行文案创作时采用生动活泼、新颖独特的语言的同时，辅助以一定的图像来配合。

（四）动听流畅、上口易记

广告文案是广告的整体构思，广告语言展示着广告的形象，要注意优美、流畅和动听，使其易识别、易记忆和易传播，从而突出广告定位，很好地表现广告主题和广告创意，产生良好的广告效果。同时，也要避免过分追求语言和音韵美，而忽视广告主题，生搬硬套，牵强附会，因文害意。

四、广告文案写作实例及其分析

例文 1

VOLVO 汽车报纸广告文案。

放心——沃尔沃汽车已来到中国

满载生机勃勃的荣誉，携带近 70 年的安全设计史，今天 VOLVO 汽车已来到中国，以其珍惜生命便是财富，热爱生活、勇于挑战的豪气，准备驶进您的生活。这是一部令您放心的车，入乡随俗，特别针对中国道路行驶需要而制造。它不仅安全可靠、性能卓越，更巧妙地将安全性能与汽车动力完美结合，助您在人生路上，安心驰骋。VOLVO 汽车的外观大方，车厢内部更是宽敞典雅，令人倍感安全舒适。无论在什么场合当中，它都备受瞩目。安稳轻松地为您增添风采。

每一部驶入中国大地的 VOLVO 汽车，都将享有瑞典 VOLVO 汽车公司所建立的完善维修网络为您提供原厂零配件与高质量的售后服务。现在，尽可以放心了！

……（随文略）

【例文分析】

标题特殊在于"放心"一词"一语双关"，既概括了沃尔沃汽车最大的一个特点"性能卓越，安全可靠"，可以让消费者放心购买，同时也是对那些对沃尔沃车向往已久的中国消费者的一个宽慰：不必去国外购买，现在国内也可以购买沃尔沃了。

正文紧扣"放心"二字从三方面来展示产品（这也是本则广告的诉求重点）：一是拥有"近 70 年的安全设计史"、秉承"珍惜生命便是财富"的设计理念；二是"安全可靠、性能卓越"与"汽车动力完美结合"，让您"安心驰骋"；三是完善维修网络提供的是"原厂零配件与高质量的售后服务"，解决消费者的后顾之忧。

这则广告不仅诉求重点非常突出，语言表达上围绕主题没有多余的语言，如首句就直截了当地展开对产品性能的展示。

例文 2

LEVI'S TYPE1 新派牛仔"酷"广告文案。

ARE YOU TYPE1 够胆试吗?

2004 年春夏,又有什么更大胆,更创意的牛仔能让我们比明星更酷?

经典牛仔品牌 Levi's 一向具有不断创新的精神,这次隆重推出 Type1 系列,在欧美、日本、中国的台湾和香港风靡一时。

Levi's Type1 系列走出传统牛仔裤的框框,搅搅新意思,放大了 Levi's 特有的撞钉、红旗、皮印章、加粗双弧线,形象有够创新。如果够胆,够潮流,就来试一试吧。

……(随文略)

【例文分析】

成功的广告一定是能够抓住消费者心理,并能激起其购买欲望的好作品。牛仔裤作为可以表现青春活力、永不落伍的时装,一直以来备受青年人的喜爱,而作为生产牛仔裤最为典型的代表,LEVI'S 这则广告抓住了青年人向注自由、敢于冒险、追求与众不同、追逐时尚的心理特点。标题采用反问句的形式,挑逗着喜爱 LEVI'S 的年轻消费者的内心,也激起了青年人的"没有什么不可以"的欲望,这为进一步引导消费者购买打下了基础。正文部分则用非常简明、直白的语言进一步诱惑着国内的消费者——在"欧美、日本、中国的台湾和香港风靡一时",这使那些追逐潮流的消费者,自是不甘落后,再加之在保留 LEVI'S 传统经典标志性设计的基础上,风格更加夸张,带有一点街头色彩,它可以让你"比明星更酷",这更让那些标榜率性、自由,敢于冒险的青年人按捺不住。

第三节　房地产广告文案

一、房地产广告概述

简单地说就是为销售、求购、出租、求租房地产所刊登的广告。本节主要侧重于房地产的销售类广告。

房地产作为一种较为特殊的商品,是由质量、设计、地段、环境等有形商品与升值潜力、地位象征、风格等无形商品共同构成的。因而,每一房地产都有着与众不同的特色,具有较强的个性与不可替代性。但对于消费者而言,房地产是一种价位高、风险大的投入,在决定购买时往往经过相当慎重的考虑,无论广告信息多么丰富,消费者也不可能仅凭广告,未见商品就指名购买。房地产广告就在于使消费者由注意、理解到感兴趣,因为感兴趣而打电话或专程到房地产销售处询问更多讯息,以进一步了解,从而作出是否购买的决策。

房地产广告最重要的广告形式包括楼书、DM 海报(DM 为英文"Direct Mail"的缩写,译为"直邮邮件""广告信函""直接邮寄函件",是一种广告宣传的手段)以及报纸广告等。

二、房地产广告文案的写法要点

（一）要有与主题相切合的新颖创意

创意就是通过大胆新奇的手法来制造与众不同的视听效果，最大限度地吸引消费者，从而达到产品传播与产品营销的目的。新颖则是从众多的陈词滥调中脱颖而出，瞬间引起消费者感官和心理的反应，激发他们对商品强烈的兴趣，进而产生美好的联想并最终促成购买。这种"新"，既包括立意新，也包括卖点新，因此，针对人们存在的各种心理，包括逆反、好奇心等，作出相应的选择，刻意求新，却不落俗套。

广告定位是广告创意的前提。广告定位先于广告创意，广告创意是广告定位的表现。广告定位所要解决的是"做什么"，广告创意所要解决的是"怎么做"，房地产广告的目的就是向特定的消费者销售房地产，房地产广告宣传则主要关注如何去吸引特定消费者关注，新颖则是广告宣传努力的方向。

85%的广告是没有人看的，如何让你的广告脱颖而出，用创新思维挖掘出产品的卖点，在消费者心中建立起品牌形象和巨大的影响力，从而达到广告最佳的经济效益和社会效益？一方面基于广告宣传者对市场、对销售的产品以及对消费者的了解；另一方面通过从不同角度分析和挖掘产品的卖点，或户型设计科学、或地段好、或交通方便、或周边的自然环境舒适、或社区环境好、或物业管理水平高、或地产商品牌偏好、或建筑风格独特等其他因素。值得注意的是：不要单纯地炒作概念而没有实际内容，在广告文案中要充分说明此房地产的优势，这是独一无二的利益点，以引起消费者的共鸣。

（二）要有能抓住消费者心理需求的明确的诉求重点

消费者的购房动机一般可分两类：理性和感性。

理性购房者更关注房地产价格、质量、地段、物业管理等；而将房地产作为投资的购房者，他们则更关注房地产的增值潜力。

感性购房者追求新、奇、美，喜欢炫耀，追求一种健康舒适的居住环境，更关注房产的建筑风格、建筑的外立面设计、小区的布置、小区的绿化面积等。

正因为如此，房地产广告的诉求主要集中在地段、价格、交通、环境（湖光、山色、海景）、设计（户型、房屋外型）、房产质量、小区环境（园林景观、绿化、配套设施）、物业管理、生活品位等。

但任何产品都不可能满足所有的消费者，不同的房地产广告应针对不同的消费群体，对消费者的兴趣、需要、动机、情感、态度等诸多心理因素都应该有一定程度的了解，并能在广告的诉求点上各有侧重，如针对工薪阶层的普通住宅广告，应较多地强调价格的优惠、布局的合理、交通的方便、服务的完善等。而以富裕阶层的消费者为对象的高档别墅、公寓等则更应注重社区环境以及所代表的身份地位。

但诉求重点的选择上要注意主次，主打需要浓墨重彩，次要的，不具吸引力的内容则点到为止。"十全十美"是没有的，"要表达单一的概念，不要想试着表达太多，如果你贪得无厌，你将一无所成"（攀志育，台湾著名广告学者）。

（三）要运用正确的诉求方法

目前广告诉求的方法常见的有三种：理性诉求、感性诉求和情理诉求。

1. 理性诉求

指广告侧重于运用说理或理性的方法，直陈商品或服务对于消费者的重要性、迫切性以及该商品或服务的若干优点与特点。理性诉求可以采用的手法如下。

（1）阐述重要的事实，用事实打动消费者。通常采用直接陈述、提供数据佐证、列图表、与同类产品类比等方法，提供给诉求对象以信息。阐述的语言要求精练、准确。

也可以采用解释说明、提供成因、示范效果、提出和解答疑问等方式加深诉求对象的理解。

（2）理性比较。理性比较可以从两方面来比较。一方面是同竞争对手比较。通过比较，突显自身优势。优势品牌可以通过比较展示自身的优势，弱势品牌则可以通过比较提升品位，展示独特处。另一方是自身优缺点的比较。通过对优劣势的比较，可以让消费者更全面地了解到房地产的信息。使消费者作出理性的比较和选择，在选择和比较的过程中使消费者产生共鸣，最终产生购买愿望。

（3）恐惧诉求。恐惧诉求通过展现购买的利益和不购买的危害，描述某些使人不安、担心、恐惧的事件或发生这些事件的可能性。但在进行恐惧诉求时需要注意的是展现的恐惧程度要适当，否则适得其反，反而让消费者产生恐惧感，并对这个广告产品产生恐惧的心理反应。恐惧诉求必须与定位对象有适当的距离。

2. 感性诉求

也称情绪诉求，是指广告制作者通过极富人情味的诉求方式，去激发消费者的情绪，满足其自尊、自信的需要，使之萌发购买动机，实现购买行为。感性诉求比理性诉求方法直接得多，传递速度也快得多。

感性诉求方法有以下几种。

（1）以充满情感的语言、形象作用于消费者的需求兴奋点。只有针对消费者的心理需要，处处为消费者着想而发出的肺腑之言，才能取得良好的传播效果。

（2）增加房地产的心理附加价值。人们购买和消费房地产既是物质性需要又有精神性需要。房地产为消费者提供一个避风遮雨的地方，这也是房地产最基本的功能，房地产又给消费者以家的归属感、亲情、爱情以及生活品位的象征等精神方面的需要的满足。

3. 情理诉求

情理诉求指诉求时既阐述理性的元素，也强调情感的调动。房地产是比较特殊的商品，其特性、功能与购买者的实际利益和情感有密切的联系，既需要对房产位置、交通、物业进行理性的分析，也需要对其品位及给人带来的情感感受进行感性的表达；既需要运用理性诉求的各种方法，同时也需要加入感性诉求的种种情感内容；既可以传达客观信息，又可以引发诉求对象的情感共鸣。

（四）要实事求是地展示房地产特色，赢得消费者信赖

准确而真实地表述房地产所在的位置、价格、使用面积等方面的信息，不作虚假的承诺，不使用模糊性语言表述。例如，房地产广告中的"起步价""均价"就是不确切的模糊语言，而对其位置的描述如"距离市中心仅500米"中的"500米"，只是理论上的直线距离，实际距离远非如此。

广告中允许艺术的渲染和夸张，但是是有限度的，脱离生活的真实的艺术夸张，本质是欺骗，虚构应主要表现在语言表达技巧方面，但虚构的形式必须要体现生活和艺术的真实。只不过一小片草地、一个不到百平方米的人工湖，却号称拥有超大面积的绿地、湖等，这种虚假广告不仅不能带动销售，反而影响销售企业的形象以及引起消费者的不满。

"以事实所做的广告比过度虚张声势的广告更能助长销售。你告诉消费者越多，你就销售得越多"（大卫·奥格威）。因此，在阐述事实时，要准确地传达房地产的特点、购买利益并作出利益承诺，阐述的语言要精练、准确。

（五）要遵守房地产广告的相关法律、法规

创作房地产广告时，除了遵守《广告法》中"真实、合法""不得含有虚假的内容，不得欺骗和误导消费者"等一般规则外，还应遵守房地产业有关的法律法规，如《城市房地产管理法》《城市房地产开发经营方案条例》《房产销售管理办法》《消费者权益保护法》等，以及各地的具体管理细则。

（六）语言文字的表达要有感染力

文字的表达首先是通顺，尽量避免使用生僻字，以朴实的手法体现开发商的真诚。

其次是要注意用最凝练的句子完整而简洁地表达出楼盘的主要卖点，同时也要针对项目的目标消费群体的阅读能力和水平让受众理解广告所要表达的意思。

避免陈词滥调的堆砌，"美好""尊贵""皇室的生活""顶级豪宅"之类的毫无个性的字眼，有时只会产生"负面"的影响。

避免平铺直叙，如果想让消费者看完所有的广告内容，要做的就是设法引人入胜，此项工作应该从标题就开始。对于楼盘中的某一个点，仅停留在概念上，难免给人虚无的感觉，但仅停留在其单一的功能上，又给人缺乏氛围和品位的感觉，因此可以把二者巧妙地结合起来，既用直接的文字明确地表述出其功能，又上升到一种氛围和生活化的概念。比如，对于配套中的学校，不要仅说明其与宣传推广的楼盘距离很近，而应进一步阐述诸如预约孩子的辉煌前程等这样的升华概念。

三、房地产广告文案写作实例及其分析

例文 3

水莲山庄，湖景系列广播广告文案。

鲤鱼跃龙门篇

您听过鲤鱼跳跃的声音吗？这是清晨一点的金龙湖畔，请你侧耳倾听。多少人一辈子没有听过这种声音，住在和信水莲山庄，这个声音将回荡在您的睡梦里。天天鲤鱼跳龙门，就在和信水莲山庄。

夜 猫 子 篇

您听过夜猫子的声音吗？这里是夜里十二点的金龙湖畔，请您侧耳倾听。如果您希望晚睡，住在和信水莲山庄，您将不会寂寞。和信水莲山庄，夜深人静，鸟比人忙。

莲 花 篇

您一定看过莲花开放，但是您听过莲花开放的声音吗？这是清晨六点的金龙湖畔，请你侧耳倾听。

没错，这是一群早起的蜜蜂，正照着莲花，叫她快开门。和信水莲山庄，愈早起床，人愈健康。

（本例文引自：高志宏，徐智明 . 广告文案写作：成功广告文案的诞生 . 2 版 . 北京：中国物价出版社，2002.）

【例文分析】

这则文案以系列广告的形式分别通过鱼跃声、鸟鸣声、花开声，传达出水莲山庄环境优雅、安静、贴近自然的特点，这与喧嚣的都市形成鲜明的对比。面对如此生动、美好的自然，怎不让人感到一份眷恋，尤其对那些不堪城市纷扰、不堪环境污染日趋严重的人们来说，这是多么难得的景象。广告者运用情感诉求的方法，没有过多的华丽色彩的语言，只有质朴的叙述，却展现出了一幅悠然而宜人的画面，正是这种意境，唤起人们对自由、宁静的美好生活的向往。

例文 4

万科房地产有限公司报纸广告文案。

鸡生蛋，蛋生鸡

不动产投资的稳健性一面已被人们充分认识，而其高回报的一面却少为世人所知。根据被日本人称为"理财之神"的投资策略家邱永汉先生的研究，东京、台北及香港的地价，在过去的 20 年间均上涨了 100 倍！在同样人多地少、人口密集、经济高速增长的上海，会出现什么样的房地产投资奇迹呢？投资者不妨拭目以待。在已经过去的几年中，投资者已经注意到上海的房价正以每年平均两位数的增长率在顽强上升，势不可当……

【例文分析】

这是一则针对房产投资的消费者而宣传的广告。广告抓住购房者购房的目的就是想获利的消费心理，通过一系列的简单的数字：20 年、100 倍、两位数，通过可以看得到的、听得到的事实，强调房产的升值潜力的巨大：稳健性不足以表现房产的升值空间，高回报正强化着人们的购买意识。如此充满诱惑力的广告怎不令那些投资者从心动到行动。

思考与练习

一、分析理解题

1. 试分析下列广告口号（广告标语）宣传的是商品的什么特点，并指出其广告标语所采用的形式。

（1）人类失去联想，世界将会怎样。（联想电脑）

（2）牙好，胃口就好，吃嘛嘛香。（六必治牙膏）

（3）三菱电梯，上上下下的享受。（三菱电梯）

（4）农夫山泉有点甜。（农夫山泉矿泉水）

（5）不同的酷，相同的裤。（Levi's 牛仔）

（6）沟通从心开始。（中国移动通信）

（7）海尔，真诚到永远。（海尔电器）

（8）我的眼里只有你。（娃哈哈纯净水）

（9）想做就做。（耐克）

（10）邦迪坚信，没有愈合不了的伤口。（邦迪牌创可贴）

（11）万家乐，乐万家。（万家乐电器）

（12）促进健康为全家。（舒肤佳）

（13）小身材，大味道。（Kisses 巧克力）

（14）按捺不住，就快滚。（微软鼠标）

（15）让我们做得更好！（飞利浦）

（16）突破科技，启迪未来。（奥迪汽车）

2. 运用学过的广告的相关知识，分析下面这则广告。

她将一缕温馨的柔情带给全世界，／和蔼的空中服务员／身着一袭纱笼裙，／当她和你相逢，／一绽迷人笑容，／一缕温馨的柔情。／晴空万里，朵朵白云，／你们相逢在舒适的／747、707 或 737／波音机群上，／她将以最殷勤的方式招待您。／我们的女郎，／是新加坡航空公司的灵魂。

（提示：可以从广告的立意、表现形式、诉求重点、诉求方式、语言表达等方面展开。）

3. 请用描述语式介绍你所熟悉的一种食品（或美食），从多个角度进行描述。

二、广告文案写作

1. 根据所提供的材料，写一则报纸广告文案。要求广告标题、口号、正文、附文格式完整；正文字数不少于 200 字。

洁净电器有限公司是美国水质协会会员单位 TOYEAR TECHNOLOGY INC 在中国的独资公司。公司的专利产品拓野纯净水机直接安装在水管上，利用反渗透原理五级过滤将水中污染物全部去除，并保存水中对人体有益的微量元素，使水变得更新鲜、更卫生，起到保健的作用。该净水机有两种规格：双温纯净水机和单温纯净水机。洁净电器有限公司地址：三江市文苑路 116 号；电话：666-77777。

2. 每年的 5 月 17 日，是世界电信日，请为中国电信或中国移动今年的电信日撰写一则企业形象报纸广告。

广告发布时间：今年 5 月 17 日。

广告发布媒介：《南宁晚报》广告版。

广告版面：半版。

要求：分析该企业情况，并根据媒介运用、广告时间的要求，完成该报纸广告的广告文案写作部分。

3. 为本校你所学的专业的应届毕业生写广告文。

广告对象：需缺本专业人才的用人单位。

广告目的：显示社会价值，推销人才。

广告媒介：报纸、当地人才市场、邮送。

内容要求：要有广告标题、正文、随文；突出人才素质，专业特点。

4. 分别用理性诉求方式和感性诉求方式为你的学校撰写一则招生广告。

5. 选择位于你家附近的一个在建的楼盘，撰写一份房地产销售广告。

第十三章

工 程 日 志

本章要点

- 施工日志、施工监理日志、施工安全日志的内容和格式
- 施工日志、施工监理日志、施工安全日志填写应注意的事项

教学要求

本章主要介绍工程建设过程中作为施工员、监理员、安全员等在施工管理中接触最频繁的工程日志（包括施工日志、施工监理日志、施工安全日志），通过对工程日志的特点以及结构和内容构成等的了解，掌握工程日志的写法，并能在实际的工作中，按施工管理的相关要求填写好工程日志。

第一节　施　工　日　志

一、施工日志的概念和作用

施工日志（或称施工日记），是对建设工程整个施工阶段的施工组织管理、施工技术等有关施工活动和现场情况变化的真实的综合性记录，也是处理施工问题的备忘录和总结施工管理经验的基本素材，是工程交付的竣工验收资料的重要组成部分。施工日志是施工资料中一份必不可少的文件。施工日志不列入工程交工资料中，因此，实际工作中往往被忽视。实际上，一本完整的施工日志，对以后的其他工程的施工能起到引导或举一反三的作用。因此在具体施工中应重视这项工作。

二、施工日志的主要内容和格式

（一）施工日志的主要内容

施工日志可按单位、分部工程或施工工区（班组）建立，由专人负责收集、填写记录、保管。施工日志的主要内容包括：基本内容、工作内容、检验内容、检查内容、其他内容等。

1. 基本内容

（1）包括日期、星期、风力风向、气象（阴、晴、雨、雪）、平均温度。平均温度可记为××～××℃，气象按上午和下午分别记录。

（2）工程名称、施工部位。施工部位应将分部、分项工程名称和轴线、楼层（市政工程为桩号）等写清楚。

（3）材料、机械到场及运行情况；材料消耗记录，施工机械型号，数量，施工进展情况记录。

（4）出勤人数、操作负责人。出勤人数一定要分工种记录，并记录工人的总人数。

2. 工作内容

（1）当日施工内容及实际完成情况。

（2）施工现场有关会议的主要内容。

（3）有关领导、主管部门或各种检查组对工程施工技术、质量、安全方面的检查意见和决定。

（4）建设单位、监理单位对工程施工提出的技术、质量要求、意见及采纳实施情况。

3. 检验内容

（1）隐蔽工程验收情况。应写明隐蔽的项目内容、部位、工程所在的楼层、轴线（市政工程则标明桩号）、分项工程、验收参与的单位和人员、验收结论等。

（2）试块制作情况。应写明试块名称、楼层、轴线（市政工程则表明桩号）、试块组数。

（3）原材料进场、送检情况。应写明生产厂家、批号、规格、型号、数量，以及进场材料的验收情况、抽样检验的数量以及以后补上送检后的检验结果。

（4）施工试验情况。写明试验单位、试验结果、施工试验不合格的处理。

4. 检查内容

（1）质量检查情况。当日砼浇注及成型、钢筋安装及焊接、砖砌体、模板安拆、房屋工程的抹灰、屋面工程、楼地面工程、装饰工程等（市政工程则为路槽开挖石灰土、二灰碎石、沥青面层、路沿石安装等）分部分项的质量检查和处理记录；砼养护记录，砂浆、砼外加剂掺用量；质量事故原因的调查及处理方法，质量事故处理后的效果验证。

（2）安全检查情况及安全隐患处理（纠正）情况。检查包括安全网、安全帽、吊车、卷扬机、井架、施工电梯、电闸、水门等情况。

（3）其他检查情况。如文明施工及场容场貌管理情况等。

5. 其他内容

（1）设计变更、技术核定通知及执行情况。

（2）施工任务交底、技术交底、安全技术交底情况。

（3）停电、停水、停工情况。

（4）施工机械故障及处理情况。

（5）冬雨季施工准备及措施执行情况。

（6）施工中涉及的特殊措施和施工方法、新技术、新材料的推广使用情况。

（二）施工日志的格式

根据施工资料管理办法的相关规定，施工日志是从工程开工到结束的施工情况的记录，要求完整。一般由施工单位制作。常见的格式如下。

1. 封面

一般包括工程名称、施工单位名称、施工地点、施工日志记录员、日期。工程名称和施工单位名称应为全称。日期指施工日志内记录的时间段。也有标明建设单位和监理单位的。

2. 主体部分

就施工日志应具备的主要内容进行分别说明，一般设计为表格，按表格提示的内容、项目填写。本章例文 1 就是按表格要求填写的一个示范文本。

三、施工日志的填写应注意的事项

（一）填写要及时、完整、清晰

施工日志应按单位工程填写。记录从开工到竣工验收时止，逐日记载不能中断。按时、真实、详细记录，中途发生人员变动，应当办理交接手续，保持施工日记的连续性、完整性。书写的字迹要工整、清晰，最好用仿宋体或正楷字书写。

（二）要清楚施工日记应记录的内容

施工日志涉及的内容，只要是当天发生的，都应该记载，这将为各项业务工作有效开展提供原始依据。

（三）记录要详细、具体，并应注意一些细节

当日的主要施工内容一定要与施工部位相对应。例如，养护记录，要详细，应包括养护部位、养护方法、养护次数、养护人员、养护结果等。焊接记录，应包括焊接部位、焊接方式（电弧焊、电渣压力焊、搭接双面焊、搭接单面焊等）、焊接电流、焊条（剂）牌号及规格、焊接人员、焊接数量、检查结果、检查人员等。停水、停电一定要记录清楚起止时间，停水、停电时正在进行的具体工作，是否造成影响。总之，检查记录记得很详细还可代替施工记录。

四、施工日志填写实例及其分析

例文 1

施 工 日 志

1. 封面

施 工 日 志

项目名称：××住宅楼工程
施工单位：×××建筑工程公司
施工地点：××市××路××号
时　　间：200×年 9 月 1 日—200×年 9 月 30 日
记录人：×××

2. 施工日志表格范本

表 C-2　施工日志

编号：_____

时间	天气状况	风力	最高/最低温度	备注
上午	晴	2～3级	24～19 ℃	
下午	晴	2～3级	28～23 ℃	
夜间	晴	1～2级	17～8 ℃	
生产情况记录	（施工部位、施工内容、机械作业、班组工作、生产存在问题等） 地下二层 （1）I段（①～⑬/Ⓐ～Ⓙ轴）顶部钢筋绑扎，埋件固定，塔吊作业，型号××，钢筋班组15人，组长×××。 （2）II段（⑭～⑲/Ⓐ～Ⓙ轴）梁开始钢筋绑扎，塔吊作业，型号××，钢筋班组18人，组长×××。 （3）III段（⑲～㉘/Ⓑ～Ⓕ轴）该部位施工图纸由设计单位提出修改，待设计通知单下发后，组织相关人员施工。 （4）IV段（㉘～㊶/Ⓑ～Ⓖ轴）剪力墙、柱模板安装，塔吊作业，型号××，木工组21人，组长×××。 （5）发现问题：I段顶板（①～⑬/Ⓐ～Ⓙ轴）钢筋保护层厚度不够，马镫铁间距未按要求布置。			
技术质量安全工作记录	（技术质量安全活动、技术质量安全问题、检查评定验收等） （1）建设单位、设计、监理单位在现场召开技术质量安全会议，参加人员×××（职务）等。会议决定： ① ±0.000以下结构于×月×日前完成。 ② 地下三层回填土×月×日前完成，地下二层回填土×月×日前完成。 ③ 对施工中发现问题（××××××××××问题），立即返修，整改复查，符合设计、规范要求。 （2）安全生产方面：由安全员带领3人巡视检查，主要是"三宝、四口、五临边"，检查全面到位，无隐患。 （3）检查评比验收：各施工班组施工工序合理、科学，II段（⑭～⑲/Ⓐ～Ⓙ轴）梁、IV段（㉘～㊶/Ⓑ～Ⓖ轴）剪力墙、柱予以验收，实测误差达到规范要求。 参加验收的人员： 监理单位：×××（职务）、×××（职务）等 施工单位：×××（职务）、×××（职务）等			
记录人	×××	日期	××××年×月×日	

（本例文转自《建筑工程资料编制与填写范例》）

【例文分析】

这是一则按分部工程或施工工区（班组）填写的房屋工程土建工程的施工日志。该施工日志对当日施工的情况做了具体、详细的记载，现场技术员把施工日志完整地加以填写，对于加强生产管理，总结经验和日后的查询，将会有较大的保证。

第二节　施工监理日志

一、施工监理日志（监理记录）的概念和作用

施工监理日志是监理工作的各项目活动、决定、问题及环境条件的全面记录，是监理工作重要的基础工作，在很大程度上反映出监理工作的质量。监理日志是工程实施过程中监理

工作的原始记录和最真实的工作依据，是项目监理部监理工作状况的综合反映，是监理的工作量及价值的体现，它作为监理的工程跟踪资料是监理资料的重要组成部分。

二、施工监理日志的主要内容和格式

（一）施工监理日志的分类与填写要求

施工监理日志可分项目监理日志和专业监理日志。每个工程项目必须设项目监理日志，对于专业不复杂的工程项目，由项目总监理工程师确定亦可取消专业监理日志，只设项目监理日志。专业监理日志和项目监理日志不分层次，平行记载并归档。

专业监理日志由专业监理工程师填写，定期由项目总监理工程师审阅并逐日签字；项目监理日志可与主要专业（如土建专业）监理日志合并，由项目总监理工程师或项目总监理工程师指定专人当日填写，项目总监理工程师每日签阅。

（二）专业监理日志记录内容

1. 日期及气象情况

记录当天日期、气温及天气情况（分上午、下午及晚上）。如气候异常及周边环境情况特殊（指的是周边社会、行政、水、电、道路等对本工程有影响的事项）时也应加以记载。

2. 施工工作情况

（1）施工进度情况。记录当天施工部位、施工内容、施工进度、施工班组及作业人数。施工进度除应记录本日开始的施工内容、正在施工的内容及结束的施工内容外，还应记录留置试块的编号（与施工部位对应）。重要的隐蔽工程验收、施工试验、检测等应予摘要记录，以备检索。

（2）建筑材料情况。记录当天建筑材料（含构配件、设备）进场情况，填写材料（含构配件、设备）名称、规格型号、数量、合格证明文件、所用部位、取样送检的数量以及委托单号、试验合格与否（补填）、验证情况、不合格材料处理等。

（3）施工机械情况。记录当天施工机械运转情况，填写机械名称、规格型号、数量及机械运转是否正常，若出现异常，应注明原因。

3. 本专业监理工作情况

1）现场质量（安全）问题的发现和处理

监理人员应做好旁站、巡视和平行检验等现场工作。现场监理工作要深入、细致，这样才能及时发现问题、解决问题，监理人员应在当天现场检查工作结束后，按不同施工部位、不同工序进行分类整理，并按时间顺序记录当日主要监理工作和监理在现场发现及监理预见到的问题，并应逐条记录监理所采取的措施及处理结果，对于当日没有结果的问题，应在以后的监理日志中得到明确反映。一般包括如下几方面内容。

（1）巡视现场。主要是检查进度、质量、投资等的实际施工情况是否符合设计、规范、施工合同和施工组织设计的要求；对发现的质量、进度、投资等问题或隐患处理情况、处理未完的追踪情况及处理无结果向建设单位、建设行政主管部门的汇报情况。

（2）旁站情况。旁站内容、部位、范围或工程量、检测和试件留置情况等。

（3）平行检测情况。各种材料、设备、工序报验的验收情况（应记录材料、设备的规格型号、使用部位、合格证明文件、见证抽样复检的品种、试样的数量，或工序验收的部位、工程量和质量、检查验收情况和检测报告等）；在经施工单位自检合格已完成的分部分项工程，监理按比例进行抽检的记录。

（4）现场协调情况。包括组织、管理、技术等协调。

2）有关会议纪要及工程变更及洽商摘要

（1）各种会议情况。首次工地例会、日常工地例会、质量和进度专题会等。

（2）各种资料的审查、签署情况（特别是竣工资料）和收集情况。

（3）往来函件情况。当日收发文号、收发文的主题以及重要文件的内容摘要。包括收到的各方要求、请示来文和当日签发的监理指令（如指令单、通知单、联系单）、监理报表（各种施工单位报审表及监理签证等），并应逐一说明监理落实处理上述收发文的情况。

3）本专业重要监理事件的记录

4）其他事宜

主要是安全文明施工检查情况（监理在巡视中发现的问题和隐患、向承包商发出的有关指令、承包商执行指令的情况及其整改处理复查认定情况）、工地停工情况（注明原因、范围、起止时间）以及来访检查情况（指上级部门的检查、建设部门的检查、有关单位参观访问等）、合理化建议等。

（三）项目监理日志记录内容

（1）日期及气象情况。记录当天日期、气温及天气情况（分上午、下午及晚上）。

（2）项目施工工作情况。记录主要专业相应施工工作情况。

（3）项目监理工作情况。与项目监理日志合并的主要专业监理工作情况，内容可比照专业监理日志中相应要求填写；专业监理日志所未记载的收发文；涉及整个项目的会议及工地洽商等，项目监理日志应予记载；专业监理日志所未记载的综合性监理事件，对于重大监理事件，应予详细记载；其他事宜。

（四）施工监理日志的格式

根据施工资料管理办法的相关规定，施工监理日志从监理工作开始起到监理工作结束止。目前监理规范对施工监理日志的格式尚未有统一的规定，一般由施工监理单位自行设计，具体包括以下内容。

1. 封面

一般包括工程名称、记录类别、记录人、总监理工程师、记录时间、施工监理单位名称、建设单位名称。工程名称、施工监理单位名称和建设单位名称应为全称。日期指施工监理日志内记录的时间段。

2. 主体部分

可按主要内容分别说明，一般设计为表格式，按表格提示的内容、项目填写。例文2就是一个施工监理日志的推荐表格。

三、监理日志填写（记录）时应注意的事项（写作要求）

（一）准确记录日期、气象情况

有些监理日志往往只记录时间，而忽视气象记录，其实气象情况与工程质量有直接关系。因此，监理日志除写明日期外，还应详细记录当日气象情况（包括气温、晴、雨、雪、风力等天气情况）及因天气原因而延误的工期情况。

（二）做好现场巡查，真实、准确、全面地记录工程相关问题

监理人员在书写监理日志之前，必须做好现场巡查，增加巡查次数，提高巡查质量，巡查结束后按不同专业、不同施工部位进行分类整理，最后工整地书写监理日志，并做记录人的签名工作。记录监理日志时，要真实、准确、全面地反映与工程相关的一切问题（包括"三控制、二管理、一协调"）。

（三）监理日志应注意监理事件的"关闭"

监理人员在记监理日志时，往往只记录工程存在的问题，而没有记录问题的解决，从而存在"缺口"。发现问题是监理人员经验和观察力的表现，而解决问题是监理人员能力和水平的体现，是监理的价值所在。在监理工作中，并不只是发现问题，更重要的是怎样科学合理地解决问题。因此，监理日志也应记录所发现的问题、采取的措施及整改的过程和效果，使监理事件圆满"闭合"。

（四）关心安全文明施工管理，做好安全检查记录

一般的委托监理合同中，大多不包括安全内容。虽然安全检查属于委托监理合同外的服务，但直接影响操作工人的情绪，进而影响工程质量，所以监理人员也要多关心、多提醒。做好检查记录，从而保证监理工作的正常开展。

（五）监理日志应内容严谨真实、书写工整、用语规范

监理日志体现了记录人对各项活动、问题及其相关影响的表达。文字如果处理不当，如错别字多，涂改明显，语句不通，不符合逻辑，或用词不当、用语不规范、采用日常俗语等都会产生不良后果。语言表达能力不强的监理人员在日常工作中要多熟悉图纸、规范，提高技术素质，积累经验，掌握写作要领，严肃认真地记录好监理日志。

（六）及时上交审阅

监理日志记录后，要及时交项目总监理工程师审阅，以便及时沟通和了解，从而促进监理工作正常有序地开展。

四、施工监理日志填写实例及其分析

例文 2

施工监理日志

1. 封面

施工监理日志

工程项目名称：××住宅楼工程××项目
工 程 地 址：××市××路××号
建 设 单 位：××单位
监 理 单 位：×××建设监理公司×××项目监理部
总 监 工 程 师：×××
记 录 人：×××
起 止 时 间：200×年9月1日—200×年9月30日

2. 施工监理日志表

施工监理日志

编号：_____

日 期	星期	四	天气	晴	气温	14～27℃	风力	1～2级
200×年9月15日								
工程名称	××住宅楼工程				监理人员		7人	

施工情况	在施部位	1. 四层5段柱模板安装
		2. 四层1段柱钢筋绑扎
		3. 三层2段顶板混凝土养生
		4. 三层3段顶板钢筋绑扎
		5. 三层4段顶板模板安装
	施工其他情况	1. 楼西侧暖沟砌砖
		2. 楼南侧肥槽回填土
监理工作纪实	中间验收情况	1. 下午3：20四层5段柱模板安装验收合格
		2. 下午4：00三层4段柱模板安装验收合格
		3. 下午4：20四层2段柱放线验收合格
	旁站及见证	四层5段柱混凝土浇灌18：30开始22：00结束
		现场见证取样试块1组，编号：128#
	其他工作	上午9：00召开监理例会，10：00结束，主要解决施工的进度和质量问题。落实下周的进度和质量目标，确定了安装专业的插入时间

记录人：_____

（本例文转自《建设工程监理文件编制与实施指导》）

【例文分析】

这是一个由监理单位自行设计的项目监理日志。项目监理日志详细记录当天日期、气温及天气情况，并对项目施工工作情况、项目监理工作情况做了详细的记载，对工程进度、施工质量做了比较全面的记录，甚至对监理会议以及建设单位领导来现场检查工作情况也作了记录。全面详细的施工监理日志，不仅为监理工作提供了方便，有时还是工程延期、索赔的依据。记录用语的准确、规范、严谨是监理工作规范的前提条件之一。

例文 3

施工监理日志

编号：_____

日 期		星期	四	天气	晴	气温	14～27 ℃	风力	1～2 级
200×年×月××日									
工程名称		××住宅楼工程			监理人员		7 人		
施工情况	在施部位	1#楼：二层梁板模板支设							
		2#楼：三层剪力墙钢筋绑扎							
		3#楼：二层结构梁板模拆除；七层楼面放线							
		商铺 7#楼：结构二层墙体砌筑							
	材料设备进场	今日上午钢材进场 32 吨（Φ20，两个批号）							
监理工作纪实	巡视情况	上午巡视检查： 　1. 1#楼梁板模板支设，模板支撑搭设检查符合施工组设要求（立杆间距、扫地杆设置、水平杆步距和斜撑等均符合要求） 　2. 模板的几何尺寸和标高抽查符合要求，能控制在规范允许范围内，起拱符合要求 　3. 发现部分梁内模板锯屑、木条、扣件等杂物较多，口头要求施工单位 1#～ 3#楼质量员黄××进行相应清理整改，下午复查 　4. 3#楼模板拆除，施工方昨日已报送拆除报验，混凝土同条件试块强度达到 89%，符合拆模条件（小于 8 米跨度拆模要求，悬挑梁除外） 　5. 检查施工方安全管理人员在岗值班，安全防护（警示标志）设置到位 　6. 轴线放样检查符合要求。施工放样后能及时进行混凝土覆盖养护							
		下午巡视检查： 　1. 复查 1#楼模板清理，施工方模板内清理基本到位 　2. 2#楼剪力墙钢筋检查发现 21 轴交 B 轴、17 轴交 A 轴等共六处 11 根暗柱钢筋电渣压力焊焊包不合格，责成质量员黄××进行整改，并发出监理通知单 016#，要求加强工序质量自检工作。整改后报监理复查。其余如 1～18 轴钢筋绑扎检查各项指标均基本符合要求 　3. 7#楼墙体砌筑检查，砂浆符合设计要求（成品砂浆 M5），水平灰缝砂浆饱满度尚可，但外墙竖向灰缝较差，要求分管质量员顾××进行整改（因刚开始部分墙体的砌筑，返工部分墙体），发出监理工作联系单 041#，要求做好相关墙体砌筑技术交底并检查交底落实情况 　4. 复查 7#楼墙体整改情况，已按要求进行整改中，部分返工的墙体业缝饱满度检查符合要求							
	旁站及见证	1. 现场见证取样试块 1 组，编号：××#							
		2. 下午对上午进场钢筋进行见证取样送检，取样员黄××，详见见证取样登记台账							
	其他工作								

续表

工程名称	××住宅楼工程	监理人员	7人
建设单位其他外部环境			
审阅：×××（总监代表）			记录人：×××

【例文分析】

这也是一个由监理单位自行设计的项目监理日志。重点是记录监理工作情况：巡视检查，尤其是针对在巡视检查中发现的问题及时认定、复查、追踪，并提出了整改要求，以避免不了了之形成隐患。

第三节　施工安全日志

一、施工安全日志的概念和作用

施工安全日志是从工程开始到竣工，由专职安全员对整个施工过程中的重要生产和技术活动的连续不断的翔实记录，是项目每天安全施工的真实写照，也是工程施工安全事故原因分析的依据。施工安全日志在整个工程档案中具有非常重要的位置。

二、施工安全日志记载的内容和格式

（一）施工安全日志的内容

施工安全日志的内容可分为三个方面：基本内容、施工内容、主要记事。

（1）基本内容。包括日期、星期、天气。

（2）施工内容。包括施工的分项名称、层段位置、工作班组、工作人数及进度情况。

（3）主要记事。包括以下内容。

① 巡检情况（发现安全事故隐患、违章指挥、违章操作等）。

② 安全设施用品进场记录（数量、产地、标号、牌号、合格证、份数等）。

③ 设施验收情况。

④ 设备设施、施工用电、"三宝、四口、五临边"防护情况。

⑤ 违章操作、事故隐患（或未遂事故）发生的原因、处理意见和处理方法。

⑥ 其他特殊情况。

（二）施工安全日志的格式

根据施工资料管理办法的相关规定，施工安全日志或由主管部门制定按规定表格填写，或由施工单位自行设计。其包括以下内容。

1. 封面

一般包括工程名称、施工单位、安全员、记录日期。工程名称和施工单位名称应为全称。日期指施工安全日志内记录的时间段。

2. 主体部分

可按安全日志的主要内容分别说明，一般设计为表格式，按表格提示的内容、项目填写。例文4是一个施工安全日志填写的实例。

三、施工安全日志填写过程中应注意的主要问题

（一）按专业逐日分别填写，并保持记录时间的连续

施工安全日志应按土建、设备安装等专业划分，分别填写。土建专业的施工安全日志必要时也可涵盖其他专业的部分内容。施工安全日志从开工开始到竣工验收时止，逐日记载不许中断和后补。若工程施工期间有间断，应在日志中加以说明，可在停工最后一天或复工第一天里描述。

（二）施工安全日志内容的填写要齐全真实，记录要具体详细

施工安全日志的记录不应是流水账，要有时间、天气情况的记录，施工的分项工程名称和层段位置的轴线、楼层等写清楚，工作班组、工作人数和进度等均要详尽记录。其他检查记录一定要具体详细。出现停水、停电一定要记录清楚起止时间，停水、停电时正在进行什么工作，是否造成经济损失等，是由于哪方面原因造成的，为以后的工期纠纷留有证据。

"检查情况"一栏记录了安全事故隐患，后面的"整改措施"中有对应违章操作、事故隐患（或未遂事故）发生的原因、处理意见和处理方法等相关的内容，不能空白，填写应闭合。

（三）应抓住事情的关键意思，同时应注意详简得当

该记的事情一定不要漏掉，但记述时要抓住事情的要点，要点一定要表述清楚。例如，发生了什么事；事情的严重程度；何时发生的；谁干的；谁领谁干的；谁说的；说什么了；谁决定的；决定了什么；在什么地方（或部位）发生的；要求做什么；要求做多少；要求何时完成；要求谁来完成；怎么做；已经做了多少；做得合格不合格等。只有围绕这些关键意思进行描述，才能记述清楚，才具备可追溯性。

（四）施工安全日志记录不宜用圆珠笔填写，否则对保存不利

四、施工安全日志填写实例及其分析

例文 4

施工安全日志

1. 封面

施工安全日志

（200×年 9 月 1 日至 200×年 9 月 30 日）

工程名称：_____

施工单位：_____

安 全 员：_____

2. 施工安全日志记录表

施工安全日志

施工安全日志		编号	Aq-c11-2
施工单位	××建筑工程公司	工程名称	××××工程
检查日期	×年×月×日	星期一	天气	×××××
检查单位	项目经理部安全生产检查小组		
检查项目或部位	现场安全施工、文明施工		
检查人员	×××，×××，×××，×××，×××，×××		

检查记录及结论：

经检查主要存在以下问题：

1. ××号井架一根缆风绳被拆除；

2. ××号房××层阳台处缺防护栏杆，××号房进出口无通道防护棚；

3. 在作业层施工的钢筋班 3 工人未戴安全帽；

4. 圆盘锯未使用安全防护罩；

5. 在机修间进行电焊作业的工人×××，无焊工上岗证

记录人：×××

整改措施：

1. 由机管员（×××）当天立即将缆风绳复原，转入到事故隐患处理程序处理

2. 由架子班在当天搭设好阳台处防护栏杆，并于两天内搭设好通道防护棚。责任人：×××

3. 当天晚上对钢筋班进行安全教育。责任人：×××，×××

4. 立即设置好圆盘锯安全反防护罩，并教育木工不得任意移开安全反防护罩。责任人：×××

5. 立即停止该工人的电焊作业，无电焊工上岗证人员不得从事焊割工作

制定人：×××　　负责人：×××

复查意见：

1. 缆风已设置好，并有对相关人员的教育记录（当天即完成）

2. ××号房×××层阳台处防护栏已按要求搭设好，并有验收记录，××号房进出口无通道防护棚已按要求搭设好，并有相应的验收记录（两天内已整改完）

3. 已做好对钢筋班的安全教育及当事人已作罚款处理，每人 10 元，有记录及签名（当天处理完）

4. 木工房内安全防护罩已按要求搭设设置，并有对木工班的安全教育记录（当场整改完）

5. 已将该工人调离机修工岗位，并在转岗前按规定做好相应的安全教育，并对机修班长进行了批评教育记录及罚款 20 元，有记录及签名（在第二天下午整改完）

负责人：×××
×年×月×日

（本例文转自《施工现场安全资料编写与实例》）

【例文分析】

这是一则按专业填写的土建专业的施工安全日志。土建专业的施工安全日志有时也可涵盖其他专业的部分内容。安全员根据表格设置的内容详细、真实地记录当天对施工安全情况的检查，检查记录也是完备的，不仅体现在有对施工中安全状况的检查，也有对发现的问题整改措施的制定（包括定整改责任人，定整改措施，定整改时间），同时也有对措施执行情况的检查。专业化的语言表述是必不可少的一环。

思考与练习

一、分析下列工程日志写作存在的毛病

1. 下面是一则施工日志中对当日施工情况的记录，请指出记录中存在的问题。

2008 年 9 月 15 日　天气：晴　温度：21 度−16 度　星期一

钢筋工×××人	绑扎基础钢筋	××轴到××轴
木工×××人	支护/加固基础模板	××轴到××轴
电工×××人	预留管道×××	××轴到××轴

2. 下面是建筑施工监理日志记录，请指出记录中存在的问题。

（1）今日进钢筋大约 12t、进水泥大约 100t。

（2）今天打混凝土。

（3）19:06 以前灌砼（5 料斗）封底，测孔深为大约 25.70，导管埋深约为 1.30m。旁站：×××。

（4）旋喷桩（DK×××+383 涵基处理）估计上午未施工。

（5）进场材料及检验意见：轻质砖，丰用 325#水泥，沙子，基本符合要求。

二、写作训练题

请根据自己的实习岗位，拟写工程日志。

参 考 文 献

［1］ 曹力．建筑工程资料编制与填写范例．北京：地震出版社，2006.

［2］ 郑大勇．资料员一本通．北京：中国建材工业出版社，2006.

［3］ 张实德．应用写作．北京：高等教育出版社，2003.

［4］ 姜晨光．建设工程招投标文件编写．北京：化学工业出版社，2008.

［5］ 刘宏彬．新编应用文写作教程．北京：新华出版社，2008.

［6］ 姚雅丽，李中会．应用文写作．北京：北京师范大学出版社，2008.

［7］ 吴绪久．实用写作．北京：科学出版社，2005.

［8］ 上海市建筑施工行业协会工程质量安全委员会．施工现场安全资料编写与实例．北京：中国建筑工业出版社，2005.

［9］ 刘新华．新合同法全书．北京：中国物资出版社，1999.

［10］ 建设工程项目进度管理编委会．建设工程项目进度管理．北京：中国计划出版社，2007.

［11］ 徐占发．建设工程监理文件编写与实施指导．北京：人民交通出版社，2005.

［12］ 顾永才．建设工程合同管理．北京：科学出版社，2010.

［13］ 杨文丰．高职应用写作．北京：高等教育出版社，2006.

［14］ 梁成林．应用写作．桂林：广西师范大学出版社，2005.

［15］ 洪威雷．大学应用文写作．天津：天津大学出版社，2008.

［16］ 许利平．全国高职高专教育精品专业规划教材：职业口才训练教程．北京：北京交通大学出版社，2007.

［17］ 标准文件编写组．中华人民共和国标准施工招标资格预审文件．北京：中国计划出版社，2007.

［18］ 苑芳圻．工程监理文件编写指南．北京：中国建筑工业出版社，2008.